建筑防灾系列丛书

由浅入深认识火灾

建筑防灾系列丛书编委会　主编

中国建筑工业出版社

图书在版编目（CIP）数据

由浅入深认识火灾/建筑防灾系列丛书编委会
主编 . —北京：中国建筑工业出版社，2016.9
（建筑防灾系列丛书）
ISBN 978-7-112-19679-1

Ⅰ．①由…　Ⅱ．①建…　Ⅲ．①火灾-普及读物　Ⅳ.
①X928.7-49

中国版本图书馆 CIP 数据核字（2016）第 194951 号

责任编辑：张幼平
责任设计：李志立
责任校对：王宇枢　焦　乐

建筑防灾系列丛书
由浅入深认识火灾
建筑防灾系列丛书编委会　主编

*

中国建筑工业出版社出版、发行（北京海淀三里河路 9 号）
各地新华书店、建筑书店经销
北京佳捷真科技发展有限公司制版
北京云浩印刷有限责任公司印刷

*

开本：787×1092 毫米　1/16　印张：15　字数：292 千字
2017 年 2 月第一版　　2017 年 2 月第一次印刷
定价：**38.00** 元
ISBN 978-7-112-19679-1
（29131）

序

随着我国经济的高速发展，城市化进程加快，社会各系统相互依赖程度不断提高，灾害风险以及造成的损失也越来越大，并日益深刻地影响着国家和地区的发展。

我国是世界上自然灾害最为严重的国家之一。灾害种类多，分布地域广，发生频率高，造成损失重，总体灾害形势复杂严峻。2016 年，我国自然灾害以洪涝、台风、风雹和地质灾害为主，旱灾、地震、低温冷冻、雪灾和森林火灾等灾害也均有不同程度发生。各类自然灾害共造成全国近 1.9 亿人次受灾，1432 人因灾死亡，274 人失踪，1608 人因灾住院治疗，910.1 万人次紧急转移安置，353.8 万人次需紧急生活救助；52.1 万间房屋倒塌，334 万间不同程度损坏；农作物受灾面积 2622 万公顷，其中绝收 290 万公顷；直接经济损失 5032.9 亿元（摘自民政部国家减灾办发布 2016 年全国自然灾害基本情况）。

我国每年受自然灾害影响的群众多达几亿人次，紧急转移安置和需救助人口数量庞大，从一定意义上说，同自然灾害抗争是我国人类生存发展的永恒课题。正是在这样一种背景之下，人们意识到防灾减灾工作的重要性，国家逐步推进防灾减灾救灾体制机制改革，把防灾减灾救灾作为保障和改善民生、实现经济社会可持续发展的重要举措。

国务院办公厅于 2016 年 12 月 29 日颁布了国家综合防灾减灾规划（2016－2020 年），将防灾减灾救灾工作纳入各级国民经济和社会发展总体规划。规划要求进一步健全防灾减灾救灾体制机制，提升防灾减灾科技和教育水平。中共中央、国务院印发的《关于推进防灾减灾救灾体制机制改革的意见》，对防灾减灾救灾体制机制改革作了全面部署，《意见》明确了防灾减灾救灾体制机制改革的总体要求，提出了健全统筹协调体制、健全属地管理体制、完善社会力量和市场参与机制、全面提升综合减灾能力等改革举措，对推动防灾减灾救灾工作具有里程碑意义。

顺应社会发展需求和国家政策走向，《建筑防灾系列丛书》寻求专业领域的敞开，实现跨领域的成果和科技交流。丛书包括《地震破坏与建筑设计》、《由浅入深认识火灾》、《漫谈建筑与风雪灾》、《城市地质灾害与土地工程利用》。这些分册的内容都紧扣建筑防灾主题，以介绍防灾减灾科技知识为主，结合与日常应用相关的先进实用技术，以深入浅出的文字和图文并茂的形式，全面解析了当前建筑防灾工作的重点、热点，有利于相关行业的互动参与。

归根到底，《建筑防灾系列丛书》的目的就是要通过技术成果展示的方式，唤起社会各界对防灾减灾工作的高度关注，增强全社会防灾减灾意识，提高各级综合减灾能力，努力实现"从注重灾后救助向注重灾前预防转变，从应对单一灾种向综合减灾转变，从减少灾害损失向减轻灾害风险转变"（引自习近平总书记在唐山抗震救灾和新唐山建设 40 年之际讲话）。

"十三五"时期是我国全面建成小康社会的决胜阶段，也是全面提升防灾减灾救灾能力的关键时期。中国防灾减灾事业是一个涉及国计民生的整体问题，需要社会每一个人的参与，共同建设，共同享有。面临诸多新形势、新任务与新挑战，让我们携手并肩，继续努力，为实现全面建设小康社会，促进和谐社会发展做出更大的贡献！

前　言

　　早在我国上古时代就有火神祝融的传说，火的使用已成为人类文明发展的重要标志。正确、合理的用火可以造福于人类，不正确、不合理的用火则可能引发火灾，给人类带来灾难。正如古人所说："善用之则为福，不能用之则为祸。"

　　火灾是在时间和空间上失去控制的燃烧所造成的危害。多少年来，火灾一直与人类相伴，对人类的文明造成了重大破坏。南宋在杭州建都后，先后发生火灾 20 次，其中 5 次使全城为之一空。公元 1210 年 3 月的一场大火烧了数天，蔓延到城内外 10 余里，烧毁宫室、军营、仓库、民宅等 58000 余家，受灾达 186300 余人。其火烧面积之大、损失之重，是历史上我国城市火灾之最。1666 年 9 月 2 日，英国伦敦全城被大火整整烧了五天，市内 448 英亩的地域中 373 英亩成为瓦砾，占伦敦面积的 83.26%，古老的圣保罗大教堂付之一炬。火灾造成 13200 户住宅被毁，财产损失 1200 多万英镑，20 多万人流离失所，无家可归。到了近代，随着西方工业革命的兴起，社会经济快速发展，火灾与人类的关系更加密切。这期间已经有足够多且比较集中的财产积累更容易酿成重大与特大火灾。消防科技与消防产业由此蓬勃发展起来。

　　经过 20 多年的发展，消防专业已经形成了一门综合性很强的新型交叉学科，涉及建筑、规划、结构、材料、电子、给排水和暖通等专业，并逐渐在公共安全、防灾减灾应急体系等领域发挥越来越重要的作用。但是从专业知识到实际应用，中间还有很长的一段路要走，防火知识的普及更是如此。因此编者特编撰此书，以促进全社会对防火工作的广泛参与。我们更希望通过此书，使广大读者能够掌握火灾的基本防治技术，了解灾难到来时的正确应对措施，减少火灾时的人员和财产损失。

　　本书首先以案例的形式向读者普及火灾基本知识，接着阐述我们所处的环境中可能引发火灾的各种因素，最后介绍了建筑中各种防火设计的基本概念、作用以及设计原理。我们希望不同层次的读者在本书中都能够找到自己感兴趣的内容：如果您是非本专业的读者并且视其为科普作品来阅读的话，建议您重点阅读第一、第二章；如果您属于政府官员、高校师生等需要对建筑防火工作有一定认识的人群，建议您重点阅读第二、第三章；如果您从事安全专业的科研以及工程实践工作，建议您重点阅读第三、第四章，同时期待您提出批评和建议。

本书由张靖岩主编、统稿。第一章由孙旋、张靖岩执笔，第二章由沈金波、张靖岩、朱春玲执笔，第三章由刘松涛、王大鹏、王广勇、沈金波执笔，第四章由王广勇、王大鹏、沈金波、刘松涛、张靖岩、朱春玲执笔。本书编著过程中参照了国内外大量的已有科技成果，在此对他们的工作表示衷心的感谢。由于篇幅和其他条件所限，书中所列的参考资料会有遗漏，特此说明。由于编者水平有限，书中难免会有一些疏漏及不当之处，敬请读者提出宝贵意见。

本书为住房和城乡建设部防灾研究中心推出的《建筑防灾系列丛书》之一，在撰写过程中得到防灾研究中心的大力支持，中心的一些同志也为本书的编写提供了有益的帮助，在此一并表示感谢。

编　者

目　录

第一章　从一场大火谈起

第二章　火灾其实离我们很近

第三章　给建筑穿上防火服

第四章　建筑防火设计体系剖析

结语

第一章 从一场大火谈起

以案例的形式阐述最基本的火灾概念

在人类发展的历史长河中，火，燃尽了茹毛饮血的历史；火，点燃了现代社会的辉煌。正如传说中所说的那样，火是具备双重性格的"神"。火给人类带来文明进步、光明和温暖，但是，失去控制的火，也会给人类造成灾难。

对于火灾，在我国古代，人们就总结出"防为上，救次之，戒为下"的经验。随着社会的不断发展，在社会财富日益增多的同时，发生火灾的危险性也在增多，火灾的危害性也越来越大。据统计，我国 20 世纪 70 年代火灾年平均损失不到 2.5 亿元；80 年代火灾年平均损失不到 3.2 亿元；进入 90 年代，特别是 1993 年以来，火灾造成的直接财产损失上升到年均十几亿元，年均死亡 2000 多人。实践证明，随着社会和经济的发展，消防工作的重要性越来越突出。"预防火灾和减少火灾的危害"是对消防立法意义的总体概括，其包括了两层含义：一是做好预防火灾的各项工作，防止发生火灾；二是火灾绝对不发生是不可能的，而一旦发生火灾，就应当及时、有效地进行扑救，减少火灾的危害。

本章将列举若干典型火灾案例，有侧重地从起火、火灾发展、人员逃生和消防外部扑救的行动过程进行论述，最后总结一些减少建筑火灾发生和损失的要点，以供广大读者参考。

第一节 火灾的发生

常见的火灾产生原因有电气故障、生活用火不慎、违反安全规定、纵火、自燃、吸烟、燃放烟花爆竹、小孩玩火等。图 1-1 给出了 2000～2004 年来按火灾原因分类的火灾次数及损失情况，可看出电气故障在总数中所占比例一般都在 20％以上，在损失中所占比例一般在 30％以上，是引发火灾最主要的原因，且它的比例还有增长的趋势。实际上这与生产的发展和人民生活的改善密切相关。现代化的工厂与企业的用电规模都相当大，普通家庭中的电器设备也大量增加，而安装不合理或使用不当就会引起火灾。

近些年来，一些影响较大的火灾案例很值得我们深思，其中很多完全是可以避免或者在火灾初期就可以得到控制的，但最终悲剧却还是发生了。下面我们就通过一些典型案例来分析火灾到底是如何发生的，这样有助于我们更加深刻地了解火灾的成因。

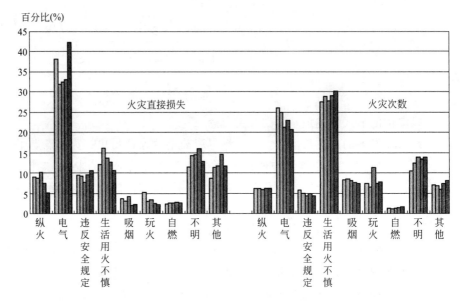

图 1-1　2000～2004 年的火灾次数及损失情况，按火灾原因分类

一、新疆克拉玛依大火

　　1994 年 12 月 8 日，克拉玛依市教委和新疆石油管理局教育培训中心在克拉玛依市友谊馆举办迎接新疆维吾尔自治区"两基"（基本普及九年义务教育、基本扫除青壮年文盲）评估验收团专场文艺演出活动。全市 7 所中学、8 所小学的学生、教师及有关领导共 796 人参加。在演出过程中，18 时 20 分左右，舞台上方的 7 号光柱灯突然烤燃了附近的纱幕，接着引燃了挂在后幕做背景的多个呼啦圈，由于幕布的阻挡，迅速消耗的氧气在舞台区域内形成了一个高压区，幕布膨胀如气球，并最终引燃了大幕。火势迅速蔓延至剧场，各种易燃材料燃烧后产生大量有害气体，顷刻间，电线短路，灯光熄灭，剧场里一片黑暗。浓烟中，教师们嘶哑地叫喊着，组织学生们逃生。但是，他们怎么也没有想到，馆内的 8 个安全门，只有 1 个门是开着的。烈火、浓烟、毒气以及你踩我挤、东撞西碰，很快地夺去了一个又一个生命。此次大火由于友谊馆内很多安全门紧锁，酿成325 人死亡、132 人受伤的惨剧，死者中 288 人是学生，另外 37 是老师、家长、工作人员和自治区教委成员。

二、辽宁阜新艺苑歌舞厅火灾

　　阜新市艺苑歌舞厅建于 1974 年，原为阜新市评剧团排练厅，1987 年市评剧团将该排练厅改为舞厅。1994 年 11 月 27 日 13 时 28 分左右，该舞厅三号雅间起火。舞厅承包人王某听说着火后，跑进舞池，看到三号雅间西南角从下往上有 1 米多高火焰，返身跑到寄存处提起 1 具干粉灭火器，扑救无效后报警。这起火灾先后调动 3 个公安消防中队和 1 个企业专职消防队的 14 辆消防车、85 名消防员参加灭火战斗，于当日 14 时 30 分将大火扑灭。历时 1 小时扑救，整座建筑全部过火。经核查和法医鉴定，这起火灾共死亡 233 人，伤 20 人（其中重伤 4 人），直接财产损失 12.8 万元，为一起特别重大火灾事故。经调查和现场勘查认定，是坐在该舞厅三号雅间西南角沙发靠背上的舞客邢某吸烟时，将点燃的报纸塞入脚下沙发破损洞内，引燃沙发起火。

图 1-2 新疆克拉玛依火灾后现场图片

三、洛阳东都商厦火灾

东都商厦始建于 1988 年 12 月，1990 年 12 月 4 日开业，位于洛阳市老城区中州东路，6 层建筑，地上 4 层、地下 2 层，占地 3200m²，总建筑面积 17900m²，东北、西北、东南、西南角共有 4 部楼梯。2000 年 11 月前，商厦地下一、二层经营家具，地上一层经营百货、家电等，二层经营床上用品、内衣、鞋帽等，三层经营服装，四层为东都商厦办公区和东都娱乐城。

2000 年 12 月 25 日 20 时许，为封闭两个小方孔，东都分店负责人王某某（台商）指使该店员工王某某和宋某、丁某某将一小型电焊机从东都商厦四层抬到地下一层大厅，并安排王某某（无焊工资质）进行电焊作业，未作任何安全防护方面的交代。王某某施焊中也没有采取任何防护措施，电焊火花从方孔溅入地下二层可燃物上，引燃地下二层的绒布、海绵床垫、沙发和木制家具等可燃物品。

21 时 35 分、21 时 38 分，洛阳市消防支队"119"和公安局"110"相继接到东都商厦发生火灾的报警，立即调集 800 余名消防官兵和公安民警、30 余台消防车辆进行扑救。洛阳市委、市政府主要负责人立即赶赴火灾现场，组织指挥抢险和救护工作。22 时 50 分，火势得到有效控制；

26 日零时 45 分大火最终被扑灭。此次火灾造成 309 人中毒窒息死亡，7 人受伤，直接经济损失 275 万元。

图 1-3　洛阳东都商厦火灾调查现场图片

四、深圳舞王俱乐部火灾

深圳舞王俱乐部位于深圳市龙岗区龙岗街道龙东社区三和二村的三和综合市场，属于单栋钢筋混凝土框架结构，由深圳市龙岗区龙岗镇龙东社区三和二经济合作社投资兴建，共 5 层（一至四层每层 1695m²，第五层 920m²），高度 21m，总建筑面积约 7700m²，2002 年上半年完工，2004 年主体验收合格。一层为旧货市场，二层东半部分为茶餐厅、西半部为旧货仓库，第三层为舞王俱乐部（设有一个演艺大厅和 10 个包房，其中演艺大厅建筑面积约 700m²），第四层一部分空置、一部分为舞王俱乐部员工宿舍，第五层为舞王俱乐部办公室和员工宿舍。舞王俱乐部于 2007 年 9 月 8 日开业。

图 1-4　深圳舞王俱乐部火灾前图片

图 1-5 深圳舞王俱乐部火灾后现场照片

2008 年 9 月 20 日 22 时 48 分 35 秒，舞王俱乐部员工王某某演出时使用自制道具手枪向舞台上方发射烟花弹，烟花弹发出一道耀眼白光并伴有巨大声响。约 15 秒后，演出人员及舞台周边观众发现舞台上方顶棚着火，俱乐部工作人员使用灭火器扑救未奏效。浓烟从舞台上方沿顶棚向四周迅速蔓延，并伴有大量熔融滴落物，在场人员开始疏散。火灾致 43 人遇难，88 人受伤。

以上四个案例中的火灾起因可以归结为人为原因以及非人为原因，其中非人为原因有很多是管理不慎造成的。如果克拉玛依友谊馆舞台上的高温热源与可燃材料能够得到较好的控制；辽宁阜新艺苑歌舞厅内的人不在沙发上吸烟；洛阳东都商厦内的电焊工按照规定程序进行操作；深圳舞王俱乐部不在舞台上燃放烟花。那么至少已成惨痛事实的火灾不会如期发生。但是，现在已经没有那么多的如果，"前事不忘，后事之师"，我们提醒广大读者要记住过去的教训，以此为鉴，避免悲剧再次发生。

第二节 火灾的蔓延

经验告诉我们，起火初期是扑灭火灾的最有利时机。但是火势的发展往往是难以预料的，比如周围可燃物过多且燃烧速度很快、扑救方法不当、对起火物质的情况不了解、灭火器材的效用所限等原因，均有可能控制不住火势而造成大范围的蔓延。了解建筑内的火灾蔓延规律是成功扑救火灾与顺利逃生的前提。

从蔓延途径来讲，火灾蔓延方式分为水平蔓延、竖向蔓延、管道蔓延以及窗口蔓延等。

一、火灾在水平方向的蔓延

1. 未设防火分区。对于主体为耐火结构的建筑来说，造成水平蔓延的主要原因之一是建筑物内未设水平防火分区，没有防火墙及相应的防火门等形成控制火灾的区域空间。

2. 洞口分隔不完善。对于耐火建筑来说，火灾横向蔓延的另一途径是洞口处的分隔处理不完善。如，户门为可燃的木质门，火灾时被烧穿；普通防火卷帘无水幕保护，导致卷帘失去隔火作用；管道穿孔处未用不燃材料密封等。

3. 火灾在吊顶内部空间蔓延。装设吊顶的建筑，房间与房间、房间与走廊之间的分隔墙只做到吊顶底皮，吊顶上部仍为连通空间，一旦起火极易在吊顶内部蔓延，且难以及时发现，导致灾情扩大；就是没有设吊顶，隔墙如不砌到结构底部，留有孔洞或连通空间，也会成为火灾蔓延和烟气扩散的途径。

4. 火灾通过可燃的隔墙、吊顶、地毯等蔓延。可燃构件与装饰物在起火时直接成为火灾荷载，由于它们的燃烧导致火灾扩大。

案例分析：江西南昌市万寿宫商城火灾

南昌市万寿宫位于南昌市最繁华的商业街胜利路和中山路交汇处。该建筑外形仿宋，古今合璧，集娱乐、商业、办公和居民住宅于一体。商城占地 17400m²，总建筑面积 100000m²，其中商业区 50000m²，共分 6 个区，区内容纳了 3000 多户国营、集体、个体经营者，是江西省最大的室内小商品批发市场。

该商城存在严重的火灾隐患，没有严格执行国家的有关建筑防火设计规范要求。一是建筑布局不合理，商业与居民住宅混建，商城经营人员和居民过于集中，发生事故后人员、物资疏散困难。二是建筑连片，按规定，像万寿宫这样的商城，每个楼层内每 250m² 必须设一防火分区，然而商城内层与层之间、区与区之间根本无防火分隔；部分住宅区楼梯与营业区未按规范要求严格分开；一、二、三区采用封闭通廊连接，未安装防火卷帘。最终，商城为此付出了代价：1993 年 5 月 13 日 21 时 30 分，万寿宫商城二区二楼发生火灾。商城内居民发现火情后，只顾抢救财物，没有及时报警。直至 22 时 07 分南昌市消防支队才接到报警，此时大火已燃烧了近半个小时，南昌市 14 个消防中队的 25 辆消防车和消防人员立即赶到火场灭火。由于火场面积大，22 时 20 分，火场调动 6 个企业专职消防队的 9 辆消防车增援。14 日凌晨 2 时 30 分左右，省消防总队又调集周围县市消防中队前往增援。为控制火势从燃烧最为猛烈的二区向西边蔓延，消防队员采取强制性的破拆。8 时 30 分，经过长达 11 小时的奋战，大火被扑灭。整个火场共投入 34 辆消防车、350 名干警。这起火灾烧毁（损）、倒塌房屋面积 12647m²，造成 123 户的 603 位居民和 209 个集体、个体商业户受灾，568 个摊位和部分机电设备被烧毁，直接经济损失 586 万元，间接经济损失 261 万元。

图 1-6 江西南昌市万寿宫商城火灾后现场图片

二、火灾通过竖井蔓延

在现代建筑物内，有大量的电梯、楼梯、设备、垃圾等竖井，这些竖井往往贯穿整个建筑，若未作完善的防火分隔，一旦发生火灾，就可能蔓延到建筑的其他楼层。

1. 火灾通过楼梯间蔓延。建筑的楼梯间，若未按防火、防烟要求进行分隔处理，则在火灾时犹如烟囱一般，烟火很快会由此向上蔓延。

2. 火灾通过电梯井蔓延。电梯间未设防烟前室及防火门分隔，则其井道形成一座座竖向"烟囱"，发生火灾时则会抽拔烟火，导致火灾沿电梯井迅速向上蔓延。

3. 火灾通过其他竖井蔓延。建筑中的通风竖井、管道井、电缆井、垃圾井也是建筑火灾蔓延的主要途径。此外，垃圾道是容易着火的部位，也是火灾中火势蔓延的主要通道。

三、火灾通过空调系统管道蔓延

建筑空调系统未按规定设防火阀、采用可燃材料风管、采用可燃材料做保温层都容易造成火灾蔓延。通风管道蔓延火灾，一是通风管道本身起火并向连通的空间（房间、吊顶、内部、机房等）蔓延；二是它可以吸进火灾房间的烟气，而在远离火场的其他空间再喷冒出来。

案例分析——美国米高梅旅馆火灾

米高梅旅馆投资 1 亿美元，于 1973 年建成，同年 12 月营业。该旅馆大楼为 26 层，占地面积 3000m²，客房 2076 套，拥有 4600m² 的大赌场，有 1200 个座位的剧场，有可供 11000 人同时就餐的 80 个餐厅以及百货商场等。旅馆设施豪华、装饰精致，是一个富丽堂皇的现代化旅馆。

1980 年 11 月 21 日上午 7 时 10 分左右，"戴丽"餐厅（与一楼赌场邻接）发生火灾，由于旅馆内空调系统没有关闭，烟气通过空调管道到处扩散。同时通过楼梯井、电梯井和各种竖向孔洞及缝隙向上蔓延。由于餐厅内有大量可燃塑料、纸制品和装饰品等，火势迅速蔓延，7 时 25 分，整个旅馆变成火海。大量易燃装饰物、胶合板、泡沫塑料坐垫等在燃烧中放出有毒烟气。在很短时间内，烟雾充满了整个旅馆大楼。经 2 个多小时扑救，才将大火扑灭。清理火场时发现，由于火灾时没有关闭空调设备，有毒烟气经空调系统迅速吹到各个房间，遇难者大部分是因烟气中毒而窒息死亡：84 名死者中有

图 1-7 米高梅酒店火灾现场

64 人死于旅馆的上部楼层，其中大部分死于 21～25 层的楼面上；64 人中有 29 人死于房间内，21 人死于走廊或电梯厅，5 人死于电梯内，9 人死于楼梯间。

四、火灾由窗口向上层蔓延

在现代建筑中，从起火房间窗口喷出的烟气和火焰，往往会沿窗间墙经窗口向上逐层蔓延。若建筑物采用带形窗，火灾房间喷出的火焰被吸附在建筑物表面，有时甚至会卷入上层窗户内部。

案例分析——巴西焦玛大楼火灾

焦玛大楼于1973年建成，地上25层、地下1层，首层和地下一层是办公档案及文件储存室，二层～十层是汽车库，十一层～二十五层是办公用房，标准层面积585m²，楼内设有1座楼梯和4台电梯，全部敞开布置在走道两边。建筑主体是钢筋混凝土结构，隔墙和房间吊顶使用的是木材、铝合金门窗，办公室设窗式空调器，铺地毯。

1974年2月1日上午8时50分，第十二层北侧办公室的窗式空调器起火，窗帘引燃房间吊顶和隔墙，房间在十多分钟就达到轰燃。9时10分消防队到达现场时，火焰已窜出窗外沿外墙向上蔓延，起火楼层的火势在水平方向传播开来。烟、火充满了唯一的开敞楼梯间，并使上部各楼层燃烧起来。外墙上的火焰也逐层向上蔓延。消防队到达现场后仅半个小时，大火就烧到二十五层。虽然消防局出动了大批登高车、水泵车和其他救险车辆，但消防队员无法到达起火层进行扑救。10时30分，十二层～二十五层的可燃物烧尽之后，火势才开始减弱。火灾造成179人死亡，300人受伤，经济损失300余万美元。

图1-8　焦玛大楼火灾现场图片

据联合国世界火灾统计中心（WFSC）统计，近年来在全球范围内，每年发生的火灾就有600万至700万起，每年有6.5万至7.5万人死于火灾，每年的火灾经济损失可达整个社会生产总值（GDP）的0.2%。通过多年人们与火灾的斗争，人们已经认识和掌握了火灾发生与预防的一些科学规律，但是由于火灾更有其偶然性、突发性等特点，系统、有效防治火灾还有大量问题需要研究。因此，人们就更需要想方设法进一步研究探索预防和控制火灾的理论和对策，有效地保护生命财产安全。总之，"水火无情，警钟长鸣"，防御火灾是人类社会的一项长期、永恒的任务。

第三节　火灾中的人员逃生

在人员集中的场所，由于火灾的突然降临，会使众多的火灾现场被困人员感到大难临头，惊惶失措，争相逃命，互相拥挤，结果造成几十人、几百人死亡的特大恶性火灾时有发生，给国家和人民群众的生命财产造成了巨大损失。

人们在遇到火灾时，因为各自阅历、心态和掌握的逃生知识不同，表现出不同的应变能力，从而选择不同的逃生方法，也因此拥有不同的生命轨迹。本节以口述形式呈现人们的逃生心理和逃生习惯在火灾中起到的作用，以期读者能有更好的理解。

一、成功逃生举例

1. 辽宁阜新艺苑歌舞厅大火成功逃生的人

16岁的职业中学女学生侯某目睹了最初发生的情景。开始她并没有害怕，觉得没什么大不了的，不会着大火，还与其他人手拍、脚踩，又用水浇，都无济于事。只是那天她穿了件漂亮的皮衣裳，怕弄脏烧坏了，才出去，等到了10多米外的北门，回头一看，火已经窜出雅间，烧向舞厅的棚顶。她说："这时我向外跑，之后到舞厅附近一个水房洗了脸，出来时，看见大火已经烧到舞厅的房顶了。"她想不通，为什么火着得这么凶，这么快。

54岁的谢某满头白纱布，双手也被烧伤，在医院里他回忆了那天大难不死的经过。听到有人喊："着火了！快跑吧！"这一刹那间，黑压压的人群潮水似地涌向北门，他被挤到长凳上，尽管他站在那里比别人高出一截，但下身被死死地箍住。舞厅里发出撕心裂肺的哭叫，恐怖笼罩，人们拥挤、踩压更加猛烈。眼睁睁地看着浓烟逼过来，大火在头上的棚顶烧过来，此时谢某长叹一声，"完了！"他想今天非死在这里不可，尽管他离门口只有1米多远。他觉得有些昏迷，向前倒下，趴在了许多人的脑袋上。朦胧中，突然他感到了光亮，一股新鲜的冷气扑过来。后来，外面一个人撕掉棉门帘，冲他大喊，"快把胳膊伸过来！"他深深地吸了一口冷气，顿觉有了点力气，把手伸过去，被人用力拉出门外……在病床上他说，"从看见火光到被人救出去，也就是两三分钟时间，当自己被拉着向外爬时，身底下的人已经不动了，舞厅里也听不到呼救声了。"后来听说他身后有二百多人都惨死了，一想起来既后怕，又感到万幸。

2. 上海"11·15"大火成功逃生人口述

（1）女孩顺利奔下二十六楼毫发无伤

火灾发生后，当烟气侵袭到二十六楼时，25岁女孩顾轶昕正准备出门。推开门时，烟气呛得她一阵咳嗽，"当时倒没觉得是很大的事，之后看到下面有火，我就拨了 119，119 说已经知道了。"随着烟气越发浓烈呛人，小顾决定给父亲打电话。父亲立刻告诉她两件事：趴下，用湿毛巾捂住口鼻。

这两件事救了她一命。随着火焰与热气炸破了家里的窗户，小顾终于决定冒险逃出去。她捂着口鼻，带着手机，冷静地找到了消防通道，开始往下奔跑。

"太累了，而且很呛，走到一半的时候我就觉得已经要站不起来了，但是还是强撑着继续跑。"小顾的努力让她成功逃生，并且几乎毫发无伤。在医院的病房里，她不断接听、拨打着手机，向亲戚朋友们报平安。她说："对人生的感悟，一下子就不一样了。"

（2）退休医生救了 5 个邻居

火灾中，具备专业知识可能会改变许多人的命运。石阿姨就是其中之一。家住十二楼的石阿姨今年刚刚退休，退休前曾经在浦东和虹桥机场从事医务工作，石阿姨的丈夫也是医生。

"起火的时候我们正在房间里，看到十三楼很多人都从脚手架上往楼下爬，年轻的是爬得动的，但是年老的爬到一半就爬不动了。我就打开窗户把有些人放进来。不久之后我就看到脚手架往下塌了。"

"后来我们就慢慢退出门外，退到楼梯，我还不停地给 119 打电话，报告我们现在的位置，后面跟着被我放进来的人。接着消防员找到我们，把我们救出了着火的大楼。"

"石阿姨做过医务工作，所以对逃生比较有经验，当时湿毛巾和手电筒她都准备好了，还救出了 5 个人。"

（3）火灾初期从电梯逃生

住在顶楼的张阿姨是从电梯下来的。她回忆说，当时"几个脚手架往下面掉，从对面传来像放鞭炮一样的噼啪响声，玻璃窗已经烧焦了"。他们到了一楼后物业切断了电源，楼道里面全黑了，"很多人掏出手机，借着微弱的光线下楼"。

（4）顺着脚手架，夫妻从二十三层爬下

火灾亲历者周先生说，火灾发生后，他和妻子从二十三楼墙外的脚手架爬下自救。周先生 40 余岁，住在胶州路教师公寓的二十三楼，火灾发生时，他和妻子正在家中睡午觉，后被浓烟熏醒，此时，黑烟已从屋外钻进楼道和房间，"到处都是烟，一片漆黑"。他随后冲到楼道，用拳头打破消防栓的玻璃，取出了楼道内的灭火设备，将二十三楼窗外的火扑灭了一部分，然后和妻子顺着二十三楼外的脚手架逐渐往下爬。爬到大约十楼的位置，夫妇二人遇到前来救援的消防队员，妻子先被解救，周先生随后安全脱险。

（5）丢下 40 万现金匆忙下楼

周女士住在胶州路 728 号 2605 室。当天下午，美梦被一阵浓烈的焦煳味打断，周女士从窗口望出去，外面有些烟雾。由于窗外有脚手架，她看得并不真切，于是打开大门再看了看，"大楼里很安静，有些淡淡的烟。"

"这时候老公给我打电话说下面着火了，叫我收拾一下快走，我没太在意。"在周女士看来，二十六楼的高度应该很安全，窗外呼啸的消防车很快就可以将火扑灭。

然而，10分钟后，火苗烤坏了周女士东侧小屋的窗户，蔓延进屋。"我这时候才开始逃，之前都认为只要撤离一会儿就能回来了。"

带上手机、钥匙，捂着口鼻，周女士甚至没有带上家里的40万元现金就匆忙离开家。门外，一名男子蹲在角落拨弄着手机，看到周女士他立即招了招手，示意她也蹲下。

时间一点一点流逝，周女士没了耐心，决定自行逃生，便冲进了运行中的电梯。谁知电梯下到七楼自动打开之后再也关不上，电梯外一片漆黑，浓烟阵阵。周女士半眯着眼睛，凭着记忆从消防通道继续往下走。

通道里很安静，一个人都没有，只有无尽的黑暗和浓烟，伴着滴滴答答的水声，"我不知道走了多久，反正不停转圈往下，直到走到自行车库。"

最终，周女士从自行车库门走出大楼，眼前是忙碌的消防人员。有人看到周女士后将其搀扶到安全地带后离开。

（6）夫妻水表房里惊魂1小时

李先生今年60多岁，当时他和老伴在家里，听见窗外轰轰的响声，"感觉就像是推土机。"他本没在意，突然大门响了。"不得了了失火了！"楼上的老太冲下来求救，"她头发烧焦了，脸上都是灰。"李先生回忆道。

李先生家朝南，由于西北面的火一时并未波及他家，烟雾还未蔓延进来。十几分钟过后，朝南的脚手架上走来两三个年纪大的邻居，看到窗子开着，就爬进了房间。李先生拿了一些湿毛巾给邻居们，还拿脸盆浇灭家中窗帘冒起的火，"当时想着没那么严重，我还不想走"。

又过去十几分钟后，四处的烟都窜进了房间，邻居们决定离开，"他们就躲在消防通道那里，大概因为太黑了，都没下楼"。而李先生和老伴则四处寻找空气新鲜的地方，"我拿手机打了点光，看到家门口的水表间，我们就钻了进去，里面相对空气比较好"。

之后的一个多小时，对这对老夫妻来说是如此漫长，只能听见门外隆隆的声音，"当时真的什么都不去想了"。

幸运的是，随着门外消防员大叫寻人，李先生应声得以脱险，夫妻两人随着消防员一路从十七楼沿通道走下楼。

在上海"11·15"特大火灾中，有部分居民因掌握了火场逃生的知识而逃生成功，也有一些居民由于不懂火场逃生的知识而不幸罹难。事实再次说明：在突然袭来的灾难面前，群众性的自救互救比来自外界的任何救

图 1-9　上海"11·15"大火现场图片

图 1-10　上海"11·15"大火居民
等待救援现场

援都要更及时、更有效；民众具不具备应急防护的知识和技能，结果是大不一样的。广大民众应不断增强居安思危和自我保护意识，努力学习和掌握灾害事故发生时进行紧急避险、逃生、应急防护、自救互救的知识与技能，这样才能在灾害事故发生时及时有效地保护自己。

3. 吉林商业大厦火灾成功逃生

2010 年 11 月 5 日发生的吉林商业大厦火灾中，有一支 80 多人的老年舞蹈队在火灾中沉着应对，通过自救聚集到安全位置最后全部获救，这也是本次火灾中最为成功的一次集体自救和营救行动。这个故事一时间在吉林市传为佳话。

5 日 9 时 20 分，张丽英老人像往常一样来到吉林商业大厦五楼的铭阳老年舞蹈班里跳舞，和她一起的还有 80 多位老人。正当她们兴致勃勃地跳着形体舞时，舞蹈班的老师王秀梅突然冲进来大喊："楼下着火了！大家快点儿跑！"

张丽英和大家冲出教室门时，发现楼里一片漆黑，有一些老人急得哭了起来。危急之中，张丽英大喊："大家不要慌，排好队，上窗户边上的缓台。"在她的组织下，80 多位老人排着队上了缓台。

随后，张丽英果断地拨打 119，通知消防部门商业大厦的火势，并告知她们被困的准确位置。"我当时只有一个信念，就是大家不会放弃我们不管的。"张丽英事后说。

随着浓烟越来越重，人们不得不向着更高的地方攀爬。距离缓台一人多高的地方，有一段梯子直通楼顶。于是这些老人开始了沉着冷静地疏散。这一过程中，有4名男子加入了营救行列。下面有人托着，上面有人拽着……通过这种秩序井然的你拉我拽，就在大火迅速蔓延的时候，80多位老人都成功地爬上了天台。

回忆起当时的场景，舞蹈老师吕海英依然非常激动，"现在想想，当时要不是大家沉着冷静，恐怕没有几个人能上去。"

由于这些老人及时准确地报告了受困的位置，很快消防队员就赶了过来，并用云梯将他们解救出来。当最后一个老人被成功解救出来后，大家紧绷的心才彻底放松下来，很多人紧紧地抱在一起，激动地流下了热泪。

二、失败逃生举例

随着现代社会的快速发展，各种大型商场、娱乐场所、公众聚集场所日益增多，高层建筑也增多，一旦发生了火灾，会造成大量的人员伤亡。面对突如其来的大火，为什么有些年老体弱的人能够顺利地躲过劫难，而一些年轻人，急于逃生却不幸遇难。其实，这里边正确的逃生心理起着重要的作用。根据众多火灾案例说明，大家在逃生中存在以下错误行为。

原路脱险。这是人们最常见的火灾逃生行为模式。因为大多数建筑物内部的平面布置、道路出口一般不为人们所熟悉，一旦发生火灾时，人们总是习惯沿着进来的出入口和楼道进行逃生，当发现此路被封死时，才被迫去寻找其他出入口。殊不知，此时已失去最佳逃生时间。因此，当我们进入一个新的大楼或宾馆时，一定要对周围的环境和出入口进行必要的了解与熟悉。多想万一，以备不测。

向光朝亮。这是在紧急危险情况下，由于人的本能、生理、心理所决定，人们总是向着有光、明亮的方向逃生。光和亮就意味着生存的希望，它能为逃生者指明方向道路、避免瞎摸乱撞而更易逃生。而这时的火场中，95％的可能是电源已被切断或已造成短路、跳闸等，光和亮之地正是火魔肆无忌惮地逞威之处。

盲目追随。当人的生命突然面临危险状态时，极易因惊慌失措而失去正常的判断思维能力，当听到或看到有什么人在前面跑动时，第一反应就是盲目紧紧地追随其后。常见的盲目追随行为模式有跳窗、跳楼，逃（躲）进厕所、浴室、门角等。只要前面有人带头，追随者也会毫不犹豫地跟随其后。克服盲目追随的方法是平时要多了解与掌握一定的消防自救与逃生知识，避免事到临头没有主见而随波逐流。

自高向下。俗话说：人往高处走，火焰向上飘。当高楼大厦发生火灾，特别是高层建筑一旦失火，人们总是习惯性地认为：火是从下面往上烧的，越高越危险，越下越安全，只有尽快逃到一层，跑出室外，才有生的希望。

殊不知，这时的下层可能是一片火海，盲目地朝楼下逃生，岂不是自投火海吗？随着消防装备现代化的不断提高，在发生火灾时，有条件的可登上房顶或在房间内采取有效的防烟、防火措施后等待救援也不失为明智之举。

冒险跳楼。人们在开始发现火灾时，会立即作出第一反应。这时的反应大多还是比较理智的分析与判断。但是，当选择的逃生路线失败或发现因判断失误而逃生之路又被大火封死，火势愈来愈大，烟雾愈来愈浓时，人们就很容易失去理智。此时的人们也不要跳楼、跳窗等，而应另谋生路，万万不可盲目采取冒险行为，以避免未入火海而摔下地狱。

值得一提的是，孩子、老人、病人、残疾人和孕妇由于体质或智能不足，思维出现差错和行动迟缓，在火灾伤亡者中占有相当大的比例。这些人遇紧急情况时自我保护能力有限，而护理人员又多为女士，因此，婴儿、小孩儿、残疾人或者老年人等在逃生过程中需要特殊照顾，引导其采用正确的疏散方法进行逃生。但是在真正发生火灾时，由于慌乱或者缺乏自救技能，仍有很多酿成了悲剧。

1. 吉林中百商厦逃生失败案例

据吉林市某消防中队的一位官兵赵某某介绍："我们是在中午 11 时 33 分接到的报警后到达现场的。吉林市几乎所有的消防官兵全来了。当时，我来到现场后就看到很多的人从四楼的窗户上往下跳，有的人跳下来就摔死了，摔伤的也很多。1 时半左右，火还没有完全灭，我们就上楼救人了。我是从东侧上去的，我们在四个方向都上去了人。在四楼里面没有人。商厦只有东西两侧有楼梯，我顺着楼梯爬上去，当我上了五楼之后，被惊呆了，整个楼层里面堆满了死人。我想他们可能是从下面楼层逃上来的，因为三楼以下的窗子上都是铁栅栏，想出也出不去。我看到这些人被烟熏得黑黑的，都大张着嘴，鼻子里面向外流着血，表情极为痛苦，我感觉他们很可怜。我们不知道这里总共死了多少人。"

2. 某幼儿园火灾事故

2001 年 6 月 4 日 21 时许，某艺术幼儿园小六班幼儿就寝。21 时 10 分许，小六班班主任杨慧珍点燃 3 盘蚊香，分别放置在床铺之间南北向 3 条走道的地板上。22 时 10 分许，杨慧珍上 3 楼教师寝室睡觉，临走时，告诉当晚值班的保育员吴枝英"点了蚊香，注意一下"。23 时 10 分许，幼儿园保教主任倪惠琛和值班保健医生厥韵韵巡察到小六班时，发现该班点了蚊香。当时倪惠琛问厥韵韵"点蚊香对幼儿有何影响？"厥回答说："对幼儿呼吸道有影响。"倪便要吴枝英将寝室窗户打开，保持空气流通。吴枝英回答"窗户已经打开了。"随后倪、厥等二人离去。23 时 30 分许，小六班保育员吴枝英离开小六班寝室到卫生间洗澡洗衣服等，而后在学习活动室给幼儿的毛巾编号，约有 45 分钟未到寝室巡察。5 日 0 时 15 分左右，吴枝英在活动室听到寝室内"噼叭"响，随即进入幼儿寝室，发现16 号床龚骏杰的棉被和 14 号罗文康床上枕头起火，吴枝英随即将龚骏杰抱出寝室，并到小六班外呼救，然后又从小六班寝室内救出 3 名学生。此时，寝室内的烟火已很大，随后赶来的武警中队官兵和幼儿园工作人员用脸盆到盥洗室装水灭火，同时使用室内消火栓出水扑救。

由于部分教师和保育员上岗前未经过培训，缺乏相应的消防安全知识和灭火自救技能。火灾造成 13 名（其中男性 7 名、女性 6 名）3～4 岁的儿童死亡，1 人轻伤；烧毁烧损壁挂式空调 2 台、儿童睡床 29 张和床上用品，过火面积 43.2m²，直接财产损失 13463 元。

3. 某医院手术室火灾事故

2011 年 8 月 24 日 19 时 30 分许，朱某因车祸被送入外科大楼 3 楼 1 号手术室接受全麻下肢截除手术。手术室内共 6 名医护人员，包括两名手术医生、两名麻醉医生、两名护士。手术后期，一名麻醉医生、一名护士离开手术室进行患者手术情况录入。21 时 45 分许，另一名护士发现隔壁二号手术室空气净化器起火，即取灭火器扑救，无果，赶到二楼用座机报告医院总机室。同时火势蔓延至 1 号手术室，另一名麻醉医生离开 1 号手术室呼救并告知同事用手机报警，因烟雾很大无法返回手术室。两名手术医生继续缝合伤口，后因照明断电，烟雾浓重，在查明呼吸机工作正常（一般呼吸机停电后可自主工作半小时左右）而手术床在停电状态下无法搬动的情况下，只得撤离现场寻求救援。消防队员进入 3 楼 1 号手术室发现被困患者，其呼吸软管已脱落（事后发现其断口呈熔融状），将其抬至三楼楼梯口，经院方现场抢救无效死亡。

火灾发生后，公安、消防和卫生部门立即成立火灾事故调查小组。经调查认为，火灾根源在于医院在消防安全管理中存在薄弱环节，手术室等特殊区域应急预案缺失，由此造成医务人员应急反应能力不足。

三、火场逃生的原则

火场逃生的原则可用 16 个字说明：确保安全、迅速撤离、顾全大局、帮救结合。"确保安全、迅速撤离"是指被火灾围困的人要抓住有利时机，就近利用一切可用的工具、物品，想方设法迅速离开危险区，不要因为抢救贵重物品而贻误逃生良机。"顾全大局、帮救结合"包括三层含意，一是自救与互救结合，特别要帮助老弱病残、妇女儿童、智障、精神病人等逃生；二是自救与抢险结合，应设法扑灭火灾，消除灾情，抢救财物，防止更多的人员伤亡和经济损失；三是火灾确实难以扑灭时，应坚持"以人为主，救人第一"。

第四节   火灾扑救

一、我国的消防力量

提到火灾扑救，不可避免地要介绍一下我国的消防力量。我国现行的消防体制大体分为三大类：第一类即公安消防队，实行兵役制，列入武警序列，受公安部和武警总部双重管辖，以公安部为主，在公安部下设消防局，占全国消防力量的 60%，据报道有 13 万兵力。第二类为各大企业的专业消防队，这部分消防力量约占全国消防力量的 35% 以上，据报道人数有 7 万～8 万之多。第三类即各类义务消防员，在全国消防力量中的比例不足 5%，人数不详。

武警消防部队，即公安消防队系中国人民武装警察部队序列的一个警种，是公安机关的重要职能部门，也是国家武装力量的重要组成部分。担负着公安消防保卫任务和应付突发事件的双重职能，新《消防法》第三十七条规定消防部队按照国家规定承担重大灾害事故和其他以抢救人员生命为主的应急救援工作。2006 年 5 月，国务院下发《关于进一步加强消防工作的意见》，要求"充分发挥公安消防队作为应急抢险救援专业力量的骨干作用"，进一步明确了"公安消防队在地方各级人民政府统一领导下，除完成火灾扑救任务外，要积极参加以抢救人员生命为主的危险化学品泄漏、道路交通事故、地震及其次生灾害、建筑坍塌、重大安全生产事故、空难、爆炸及恐怖事件和群众遇险事件等的救援工作，并参与配合处置水旱灾害、气象灾害、地质灾害、森林火灾、草原火灾等自然灾害，矿山、水上事故，重大环境污染、核与辐射事故和突发公共卫生事件"的职能。

武警消防部队执行中国人民解放军的条令条例和供给标准，享受解放军的同等待遇。消防部队人员配额为国家兵役编制，人员工资，服装、生活费由国防经费支出，所需消防车辆及装备器材等消防业务经费由所在地方财政开支。

武警消防部队管理机构的设置是：

1. 公安部消防局，下设办公室、政治处、政策研究处、防火监督处、标准规范处、战训处、警务处、科技处、宣传处、后勤装备处、审计处、财务处，负责全国消防工作的统一组织、指挥、协调、领导。

2. 各省、市、自治区设武警消防总队。

3. 地（市、州、盟）设武警消防支队。

4. 县（市、旗）设消防大队，下辖各中队，同时又是各级公安机关的业务机构。

武警消防部队以执勤为中心，时刻保持高度警惕，做好防火、灭火及抢险救援等各项任务，消防部队要求执勤人员听到出动信号后，必须按照规定着装，首车驶离车库时间一般不得超过 60 秒。

在我国，拨打"119"火警电话与公安消防队出警灭火都是免费的。

二、消防部队的灭火作战程序

一般来讲，消防部队的灭火作战主要有如下几步：

1. 接警出警程序

发生事故后，"119"总控制室接到报警，然后发出指令，出动应急救援队伍奔赴现场，随后开展紧急疏散、现场急救、泄漏处理以及火灾扑救等活动。

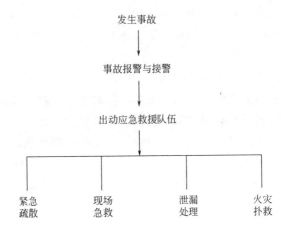

图 1-11 接警出警程序图

2. 紧急疏散

1）建立警戒区域

（1）区域边界应设警示标志，且有专人警戒；

（2）除消防、应急人员及坚守岗位人员外，其他人员禁止进入警戒区域内；

（3）区域内严禁火种。

2）紧急疏散

（1）需戴防护品或采取简易有效的防护措施，并有相应的监护措施；

（2）应向上风方向转移，明确有专人引导、疏散，路上设哨卡指明方向；

（3）不允许在低洼处滞留；

（4）要查清是否有人留在污染区与着火区。

3）现场急救

（1）选择有利地形；

（2）做好自身及伤病员的个体防护；

（3）至少 2～3 人为一组，以便相互照应；

（4）所用的救援器材需具备防爆功能。

3. 当救护人员发现有人受伤时的处理方式

1）立即将患者脱离现场至空气新鲜处；

2）呼吸困难时给氧，呼吸停止时立即进行人工呼吸，心脏骤停时，立即进行心脏按压；

3）皮肤污染时，应用清水冲洗，冲洗要及时、彻底，反复多次，头、面部灼伤时要注意眼、耳、鼻、口腔的清洗；

4）当人员烧伤时，用流动清水冲洗降温，用清洁布覆盖创伤面，避免创面污染，不要任意把水泡弄破，患者口渴时，可适量饮水或含盐的饮料；

5）经现场处理后，应迅速送往医院救治。

4. 火灾控制

发生火灾时，灭火人员不应单独行动，出口应始终保持清洁和畅通，选择正确的灭火剂，同时还应考虑人员的生命安全。扑救火灾时绝不可盲目行动，应针对发生火灾的性质选择不同的灭火制剂和灭火方法。灭火后，现场仍然要派人监控，清理现场，消灭余火。

三、消防部队的实际灭火作战案例介绍

2009 年 8 月 25 日 21 时 30 分左右，南昌市红谷滩新区丰和中大道 998 号绿地中央广场 B 区 3 号施工楼因悬挂在二十三层外立面脚手架西北侧的广告灯线路短路，引发西侧脚手架防护网发生火灾。南昌市消防支队调度指挥中心接到报警后，先后调集了 6 个中队、12 辆消防车、80 余名消防官兵赶赴现场进行扑救。经过 1 小时 14 分钟的奋力扑救，大火于 22 时 53 分被扑灭。此次灭火战斗，成功地保住了 3 号施工楼六层的 2 套样板房及内部大量贵重物品，保护财产价值约 380 余万元，有效地阻止了火势向 4 号楼蔓延，火灾仅造成 3 号施工楼 1200m² 防护网被烧损（总面积 2185m²），无人员伤亡。

此次火灾扑救从首批力量到场至战斗结束，分为两个阶段。

第一阶段：重点设防、阻止蔓延

21 时 39 分，南昌市消防支队特勤二中队到达现场。经火情侦察，发现 3 号施工楼的十二楼至顶楼西侧立面脚手架防护网已经着火，火势正迅速向周边蔓延，并伴有大量飞火，六楼样板房和大楼南侧 4 号施工楼正受到火势的威胁。由于着火建筑外墙施工脚手架层层相连，脚手架外部又被易燃的纤维防护网包裹，第一出动力量赶到火场时，火势已由上至下四处蔓延，形成大面积燃烧。加上举高车伸展高度有限，水炮射流无法喷射到二十四层以上的着火点，该阶段责任区中队把力量主要布置在阻止火势蔓延方面，设防待援。责任区中队设置的水枪阵地有效地阻止了火势向 3 号楼六层样板房和 4 号施工楼脚手架蔓延，成功地将火势控制在 3 号施工楼脚手架层面上。

第二阶段：内外夹攻、强攻灭火

21 时 43 分支队全勤指挥部值班人员到达现场，组织控火设防，调集力量。21 时 50 分，南昌市消防支队所有党委成员和增援力量相继到达火场。迅速成立了以支队长和政委为总指挥的火场指挥部，确定了设防布控、上下合击、内外强攻的战术。并根据现场情况，及时调整火场力量，将现场划分为四个战斗区，分别由南昌市消防支队参谋长和指挥长组织实施。

由于战斗运用得当，火势在 22 时 38 分被基本控制，于 22 时 53 分彻底扑灭。

图 1-12　绿地中央广场火灾前照片

图 1-13　绿地中央广场火灾扑救图

四、火灾初期自救方法

扑救火灾最有利的时机是在火灾的初期阶段。此时燃烧范围小，火焰温度不高，扑救容易，只要用简单的方法或身边的灭火器就能将火灾扑灭。下面根据燃烧原理介绍一些扑灭初期火灾的方法：

1. 冷却灭火法

将灭火剂直接喷洒在可燃物上，使可燃物的温度降低到自燃点以下，从而使燃烧停止。用水扑救火灾，其主要作用就是冷却灭火。一般物质起火，都可以用水来冷却灭火。火场上，除用冷却法直接灭火外，还经常用水冷却尚未燃烧的可燃物质，防止其达到燃点而着火；还可用水冷却建筑构件、生产装置或容器等，以防止其受热变形或爆炸。

2. 隔离灭火法

可燃物是燃烧条件中最重要的条件之一，如果把可燃物与引火源或空气隔离开来，那么燃烧反应就会自动中止。如用喷洒灭火剂的方法，把可燃物同空气和热隔离开来、用泡沫灭火剂灭火产生的泡沫覆盖于燃烧液体或固体的表面，在冷却作用的同时，把可燃物与火焰和空气隔开等，都属于隔离灭火法。采取隔离灭火的具体措施很多。例如，将火源附近的易燃易爆物质转移到安全地点；关闭设备或管道上的阀门，阻止可燃气体、液体流入燃烧区；排除生产装置、容器内的可燃气体、液体，阻拦、疏散可燃液体或扩散的可燃气体；拆除与火源相毗连的易燃建筑结构，形成阻止火势蔓延的空间地带等。

3. 窒息灭火法

可燃物质在没有空气或空气中的含氧量低于 14％ 的条件下是不能燃烧的。所谓窒息法就是隔断燃烧物的空气供给。因此，采取适当的措施，阻止空气进入燃烧区，或使用惰性气体稀释空气中的氧含量，使燃烧物质缺乏或断绝氧而熄灭，适用于扑救封闭式的空间、生产设备装置及容器内的火灾。火场上运用窒息法扑救火灾时，可采用石棉被、湿麻袋、湿棉被、沙土、泡沫等不燃或难燃材料覆盖燃烧或封闭孔洞；用水蒸气、惰性气体（如二氧化碳、氮气等）充入燃烧区域；利用建筑物上原有的门以及生产储运设备上的部件来封闭燃烧区，阻止空气进入。此外，在无法采取其他扑救方法而条件又允许的情况下，可采用水淹没（灌注）的方法进行扑救。

第二章　火灾其实离我们很近

　　介绍和我们日常生活紧密相关的周围环境中可能引发火灾的因素，如室内物品、装修材料、电气的使用等。如果使用、管理不慎可能引发火灾。通过此章您可对所处环境有多大的火灾风险有一个基本概念。

　　我们生活在一个周围遍布可燃物的环境中：桌椅是木质的，书刊是纸质的，衣服被褥是布质的，甚至室内装修的材料很多也都是可燃的。在这种环境下，如果有足够的氧气以及一定的外加热量，很容易发生火灾。这就是所谓的发生火灾的三要素，三者缺一不可。其中可燃物数量是火灾严重性与持续时间的决定性因素。氧气主要由室内空间的大小、通风口的面积及通风形式决定。发生火灾前，引燃可燃物的热量由某个热源供给，例如炉具、电加热器、电火花、点着的香烟等。通过控制可燃物、氧气、外加热量中的任意一种，都可以避免火灾的发生。本章通过认识我们周围的可燃物与危险源，使广大读者能够初步认清其所处环境的危险性，有利于我们更好地规避火灾风险。

第一节　日常用品中可燃物的认识

　　建筑中火灾发生发展与其中存在的大量可燃物有密切关系，可燃物的类型、数量以及分布都对火灾的发生和蔓延有决定性的作用，要对建筑中火灾的发生及其危险程度、火灾的扑救进行控制，必须对其中的可燃物有一定的把握。

　　火灾科学中将着火空间内所有可燃物燃烧时所产生的总热量值称为火灾荷载。建筑中的火灾主要是建筑物的可燃结构、建筑物内的可燃物在燃烧，其火灾荷载就是建筑物的可燃结构和建筑物内的可燃物品的总潜热能。火灾中产生的热量会对建筑物的墙、柱、梁、楼板、屋顶、楼梯、门、窗、吊顶等所有建筑构件造成极大的威胁。当火灾荷载的热值突破了建筑物的主要构件的耐火极限时，就极易造成建筑物整体失去稳定性而坍塌。因此为了人们的安全，对火灾荷载进行定量研究是非常重要的，否则无法准确评估建筑物火灾危险性的大小，以及着火后火灾蔓延范围。

　　有关科研部门通过对电器城、家具城、商场、民宅、办公室等地的调查，总结出目前应用较多的日常用品，然后再一一确定所有物体的热值。表 2-1、表 2-2、表 2-3 分别为课题组经计算所得建筑中常用家具、电器、衣物燃烧热值表。

建筑中常用家具热值表   表 2-1

房屋类别	家具名称	热值(MJ)
卧室	罗汉床三件套	1518
	木床带棉垫	450
	木床带塑料垫	480
	床头柜	160
	床尾柜	708
	地柜	546
	五斗柜	1113
	梳妆台	476
	衣柜(双开门)	1164
客厅、门厅及其他	电视柜	613
	单人沙发	243
	双人沙发	466
	三人沙发	738
	角几	364
	茶几	728
	单屉桌	330
	椅子(木)	202
	椅子(填充垫料)	250
	椅子(金属腿)	60
	凳子(金属腿)	40
	凳子(木)	170
	红木三件套	1174
	红木五件套	2126
	红木十件套	3614
	工艺架	506
	门架	205
	小吧台	1316
	壁炉	1216
	博古架	405
厨房	餐具柜	506
	餐椅	202
	餐桌	708
	桌子(金属腿)	250
	可活动加长餐桌	600
	独腿小圆桌	100
	方桌	420

续表

房屋类别	家具名称	热值(MJ)
书房	两头沉书桌(木)	2200
	一头沉书桌(木)	1200
	金属腿写字台	840
	单人扶手椅	330
	书柜(2开门)	789
商场	货架	1250
	试衣间	1500
	营业小柜台	313

建筑中常用电器热值表 表2-2

电器名称	热值(MJ)	电器名称	热值(MJ)
电视(21寸及以下)	160	电视(25寸及以上)	304
热水器	280	钢琴	2800
冰箱	378	台式电脑	120
洗衣机	180	打印机	80
电话	24	饮水机	560
柜式空调	72	壁式空调	30

常用衣物热值表 表2-3

类别	衣物名称	热值(MJ)
羊毛衣物	大衣	23
	羊毛套装	28
	羊毛女裤	18.4
	羊毛连衣裙	18
	羊毛裤	11.5
	薄毛衣	11.3
	短裙子	10.5
	儿童毛衣	6.9
棉布衣物	睡衣套装	19
	儿童套装	8.38
	上衣	13.42
	裤子	8.38
	短袖T恤	4.19
涤纶衣物	涤纶套装	16
	厚夹克	18
	裤子	6

续表

类别	衣物名称	热值(MJ)
皮质衣物	夹克(牛皮革)	5.07
	女鞋(牛皮)	4.98
	男鞋(牛皮)	5.81
	皮带(人造革)	1.21
防寒服	长羽绒服	20
	中款棉衣	16.77
	儿童羽绒服	10
床上用品	枕头	21.6
	床单	11.74
	被套	15.7
	四件套	30.19
	被子	54

通过以上各表我们对各种日常家居用品的热值有了一个初步的认识，进而对其火灾危险性也能够有一个初步了解。如在卧室中，床上用品起火后是很危险的；在客厅中的红木家具起火后发热量也很大；而钢琴燃烧起来就是一个大火团。

但是随着起火空间大小不同，火灾形势会有较大变化，所以引入火灾荷载密度——是指着火空间中所有可燃材料完全燃烧时所产生的总热量与空间的特征参考面积之比，亦即单位面积上的可燃材料的总发热量。火灾发生时，火灾荷载密度大，火势会较为猛烈，燃烧持续时间长（根据实验证明火灾荷载密度为 $1100MJ/m^2$ 时，其持续燃烧时间可达 1.3h）。以木质建筑为例，在高温作用下，木质构件表面炭化并受热起火燃烧，木材受高温作用发生炭化前，其力学特性不会有太大变化。但是，当有明火引燃时，木材的着火温度仅为 240℃～270℃，在 400℃～470℃下木材也能自燃。木材起火燃烧后，表面逐渐炭化，力学特性就会迅速受到破坏，剩余截面的面积不能承受原有全部荷载，楼板承重力不断下降，而吊顶或木楼板烧穿后承重结构也发生变化，一段时间内就会造成楼板或顶棚下沉，易燃结构建筑就会很快发生坍塌。因此在火灾发生时，如果火灾荷载过大，势必导致火势猛烈，燃烧持续时间长，建筑内温度会持续攀高，建筑结构的力学特性受到破坏，如果火灾持续时间过长就会造成建筑坍塌，产生巨大损失。

在我们日常生活中，还有一些容易被人忽视的小型日用品，如香水、摩丝、灭蚊剂、指甲油和打火机等，这些日用品如果使用、管理不当，也可能会变成"潜伏"在家里的危险品。这些物品之所以存在隐患，是因为其原材料多是化学危险品。如摩丝的主要成分有树脂、酒精和推动剂丙烷、丁烷等易燃易爆化合物；有些香水的酒精含量高达 70% 以上；指甲油原料主要是甲苯、树脂和硝化棉等。以上这些生活用品均有化学危险品的属性，如果保管或使用不当，就有可能引发火灾。

在此我们提醒广大读者，选购类似化学品物品时要认真检查其是否有危险化学成分，是否属合格产品，使用前要认真阅读使用说明书和使用事项。使用打火机、摩丝、灭蚊剂、空气清新剂等物品时，要避免摔砸、碰撞、挤压，以防止出现泄漏，引起爆炸伤人。另外，要把这些物品放在阴凉通风的干燥处，不可靠近热源、火源，更不要让小孩玩耍，以免造成意外事故。如需要使用电吹风时，必须在使用摩丝、染发水 3～5 分钟后方可进行，以防其中挥发出的可燃气体遇热起火燃烧。

第二节　电气火灾隐患

一、建筑配电系统的组成及危险性分析

1. 建筑配电系统的组成

一般来说建筑物的电气系统由电源、配电设备、电气线路和用电器具组成。电源部分与我们日常生活的距离比较远，主要是指变压器及其附属设备等，这部分电气设备一般位于变电室，有专人值班和维护。配电系统包括各级配电设备及电气线路，各级配电设备主要包括断路器等具有接通和断开电路，过电流、短路保护及剩余电流保护功能的设备；电气线路是指由电源到配电设备再到用电器具之间的电缆电线。各级配电设备一般位于配电柜和配电箱内，电气线路一般则为隐蔽敷设，不是埋地敷设，就是墙内暗敷，无法观察。用电器具与我们的生活最为密切，种类最多，我们日常使用的各类生活用电器、办公电器，均属于此列。

2. 危险性分析

上述 4 个部分中，电源由于其事关供电的安全与可靠，不仅有相关监测装备，而且有专人值班维护，因此火灾风险最小。电气线路由于施工安装时不可避免的磨损，加之隐蔽安装出现问题不易发现、也不易更换，而且电气线路在建筑物里横向和竖向都要扩展至几乎所有区域，用量非常大，绝缘材料本身又可以燃烧，因此其本身具有火灾风险；此外一旦发生火灾，由于电线电缆在建筑物里的纵横分布，很容易造成火灾蔓延，因此其火灾危险性也最大。配电设备一般位于配电箱内，相对于电气线路其数量要少很多，而且更为集中，出现问题易于发现、维修，因此其火灾危险性相对于电气线路要小很多。至于用电器具，由于使用者本身的用电安全知识参差不齐，加之贪图方便、疏忽大意、不严格遵守电器的使用说明等诸多原因，导致发生火灾的情况屡见不鲜。

二、电气火灾的主要原因

1. 短路

统计数据显示,短路引起的火灾占电气火灾的一半以上。电气线路发生短路主要有两个原因,一是受机械损伤,线芯外露接触不同电位导体而短路,例如线路布设过低,又未用套管或线槽等外护物做机械保护,受外物碰撞挤压因绝缘损伤而短路,或线路穿墙或楼板时,未设套管,受外力损伤而短路等;二是电气线路因过热、水浸、长霉、阳光辐射等的作用而导致绝缘水平下降,在电气外因触发下,例如受雷电瞬态过电压或电网暂时过电压的冲击,耐压强度过低的绝缘被击穿而短路。这些原因中以过热导致绝缘劣化最为常见。导致绝缘过热的热源有外部热源,例如距电气线路太近的暖气管道、高温的炉子等;也有内部热源,即电气线路过载温升过高的线芯。

现以常用的 PVC 绝缘导线为例来说明过载内部热源引起短路的过程,如图 2-1 所示,当线路中未通过负载电流时,PVC 绝缘的温度和室温相同。当线路中有负载电流流过时,如果电流未超过线路的额定载流量,则其工作温度不超过允许工作温度 70℃,线路按此状况工作,使用寿命可以达到预期寿命。如果线路过载,则工作温度会超过允许工作温度 70℃,此时线路仍能正常工作,但绝缘的老化将加速。过载越多,老化越快,使用寿命越短。因此线路过载超过一定倍数和一定时间后,其过载防护应切断电源以避免线路的严重老化,否则会在过电压等外因触发下转化为短路。

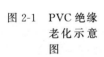

图 2-1　PVC 绝缘老化示意图

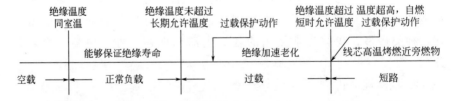

如果负载电流剧增而过载防护电器失效,当线芯温度达到约 160℃时,绝缘将熔化,过载可在短时间内转化为短路,此时的异常高温可引燃线路近旁的可燃物,导致火灾。

1) 短路故障的接触形式

按导体之间的接触形式不同可分为金属性接触和电弧性接触。

(1) 金属性短路

当不同电位的两导体接触时,短路电流可达线路额定载流量的几百倍以至上千倍,此时保护设备如果及时动作,则可以避免事故的发生。显然,金属性短路虽然起火危险大,但只要按规范要求安装过电流防护设备,并保持其防护的有效性,这种故障是不难防范的,火灾也可以避免。

这里需要说明的是，电气线路的过载一般并不直接引起火灾，过载的后果是因绝缘劣化加速绝缘损坏而引起短路，短路才是引起火灾的直接起因。

（2）电弧性短路

如果导体之间是电弧性接触，则情况大为不同，由于故障电流并不大，此时短路保护并不动作，过电流保护又因电流不够大而无法及时动作，电弧持续存在。由于电弧的温度非常高，可达上千度，因此如果产生电弧的部位周围存在可燃物，则引发火灾的危险性非常大。

2）电弧性短路的危险性分析

如对两电极间施加不大于 300V 的电压，不论极间空气间隙为多小，间隙是不会被击穿的。如果空气间隙为 10mm，则需施加 30kV 的电压才能击穿燃弧。这种电弧对于低压配电系统来说，只要电气设备的安装符合相关安全要求，则出现的可能很小。

如果将两电极接触后再拉开来建立电弧，则维持 10mm 长的电弧只需 20V 的电压。电弧电压与电弧电流无多少关联，但电弧的局部温度却很高，会成为引火源。这种电弧出现的概率要大大高于击穿空气产生的电弧。

（1）带电导体间的电弧性短路起火

电弧性短路的发生有多种形式，例如当电气线路的两线芯相互接触而短路时，线芯未焊死而熔化成团，两熔化金属团收缩脱离接触时可能建立电弧。又如线路绝缘水平严重下降，雷电产生的瞬态过电压或电网故障产生的暂态过电压都可能击穿劣化的线路绝缘而建立电弧。电弧持续存在很容易导致火灾的发生。

（2）接地故障电弧起火

在电气线路短路起火中，接地故障电弧引起的火灾远多于带电导体间的电弧火灾。这首先是因为接地故障发生的概率远大于带电导体间短路的概率。在短路起火中电弧性接地故障导致火灾的危险最大。根据国外消防资料和我国一些电气短路火灾案例的分析，所谓短路起火实际上绝大部分为电弧性接地故障起火。

2. 接触不良

各种电气连接可按图 2-2 方式进行分类：线路与设备端子之间、线路与线路之间的永久性连接，称为"固定连接"；开关触点、插头/插座等，随时能够完成开/合功能的连接，称为"活动连接"。

图 2-2　电气连接的种类

无论哪类连接，都应保证可靠的电气连通、适当的机械强度以及必要的保护措施。与电气系统其他部分相比，电气连接点在电气连通、机械强度和保护措施三方面都是最薄弱或最易出现故障的环节，会直接导致发热、打火或电弧，进而引起电气火灾。

几种连接方式中，以活动连接的危险性为最大，下面进行深入分析。

1）固定连接

（1）导线与设备端子之间的连接

一些典型导线与设备端子固定连接方式，如图 2-3 所示，其接触力来自紧固螺栓或弹簧（簧片）。

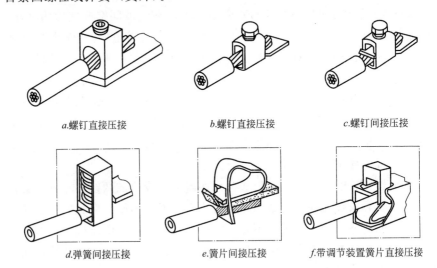

a.螺钉直接压接   b.螺钉直接压接   c.螺钉间接压接

图 2-3 导线与设备端子连接形式

d.弹簧间接压接   e.簧片间接压接   f.带调节装置簧片直接压接

（2）线路与线路之间的连接

线路与线路之间的连接除受前面所述共性因素的影响之外，还有如下特点：

a. 除机械连接外，还可通过熔化金属实现连接，因此连接质量易受焊接温度、焊接材料等加工工艺影响。

b. 线路连接后，一般要求采取绝缘措施，如果绝缘措施强度不够或者处理不当，就会形成潜在故障点。

实际工程中，对于 6mm 及以下的细导线接续，最容易出现的问题是只将导线绞合在一起，既不采用机械加固，也不焊接，之后直接用绝缘胶布包裹。这样的连接点存在以下安全隐患。

a. 导体间没有足够的接触力，无法保证长期使用过程中的导电性。

b. 连接的机械强度不够，容易松脱。

c. 绝缘胶布附着力随时间降低，可能松脱。

美国《国家电气规范》（NEC）第 110.14 B 条款规定："导体应使用特定连接装置接合或连接，或采用铜焊、熔焊、锡焊等熔化金属或合金方法连接。焊接前，首先应将导线接合或连接在一起，以保证机械和电气可靠性，然后再进行焊接。所有接合与连接点，以及导体自由端，都应用绝缘物覆盖，或采用特定绝缘装置达到同样效果。导线连接器或用于导体直埋的连接（编接、插接、捻接、叠接、拼接等）安装方法，都应列入此类用途。"

"铰接＋焊接"方式受施工现场条件和操作人员技术影响较大，易出现虚焊、假焊，尤其不适合可焊性差的铝线接续。

2）铝线连接不良起火

众所周知，铝线起火的危险远大于铜线，其实铝线的起火，其原因并不在于铝线自身，而在铝线的连接。与铜线相比，铝线连接的起火危险大的原因有以下几点：

（1）铝线表面易在空气中氧化。凡导体表面都或多或少地存在膜电阻。若膜电阻引起连接处过热，过热又使膜电阻增大，导电情况就越恶化，而铝线连接中这类过热的情况尤为严重。

（2）高膨胀系数。铝的膨胀系数比铜大 39％，比铁大 97％，当铝线与这两种金属导体连接并通过电流时，连接点因存在接触电阻而发热。三种导体都膨胀，但铝比铜、铁膨胀更多，从而使铝线受挤压，线路断电冷却后连接处出现空隙而松动，并因进入空气而形成氧化铝薄膜，这样就使接触电阻增大。

（3）易出现电解腐蚀作用。如果不同电位的两金属之间存在电解质液体，则两金属将形成局部电池。铝导体与铜导体接触面间存在含盐水份时就形成此种局部电池。电解作用将使电位较低的铝导体受到腐蚀而增大接触电阻。

由于历史原因，我国很长一段时间内执行以铝代铜的技术政策，铝线的应用在我国十分广泛。铝线敷设的施工中，特别是在小截面的铝线敷设施工中，往往不重视铝线的连接质量，只是简单地将铝线压接在设备端子螺栓上，或将两根线芯铰接再包以电工胶布，如此不规范的施工自然使铝线连接起火事故屡屡发生。改革开放后，建筑电气设计施工中铜的应用已不受限制，设计规范中也不再有以铝代铜的政策要求。

3）活动连接

建筑电气中常见的活动连接包括交流接触器的触点、过流保护装置的触点、各类开关触点、插头/插座等。电器装置中的触点一般都处于相对密封环境中，其可靠性由产品的设计、材料、制造工艺保证，一般不会受工程安装的影响。而插头/插座连接较为特殊，其电气安全性不仅与产品本身质量有关，还与安装和日常使用有关，下面重点分析一下。

（1）插头/插座连接的特殊性

既然是电气连接，无论"活动"还是"固定"，影响其连接质量的因素是相同的，即接触面积、接触面材料、接触面状态（氧化、灰尘、油污等）及接触压力等因素。插头/插座连接特殊之处在于：

a. 接触压力受限

为了便于接通与分断操作，也就是方便人们使用中的插拔，插头/插座间的极片接触压力不能很大，无法像固定连接那样，通过增大接触力来补偿。

b. 接触面积受限

插座极片的形状与加工误差有关，不可能与插头极片完全重合，两者实际只通过有限几个点形成电气连接，与固定连接相比，接触电阻更大。

由于上述原因，与其他类型的活动连接相比，插头/插座更易出现虚接、过载、过热。严重时，额定工作电流就会使接触点温度迅速上升至300℃。家用和类似用途单相插头/插座一般情况下的额定容量为10A，这也是我们日常生活中使用最频繁的插座，大功率电器用插头/插座最高为16A，插座上面都有额定电流和额定电压的标识，从外观看16A的插座要明显大于10A的插座。

（2）插座/插座常见安全隐患

防止插头/插座出现火灾隐患必须确保：使用满足产品标准规定的插头/插座；线路与插座之间的固定连接可靠；负载电流不要超过插头/插座额定容量。此外还要注意一个易被忽视的安全问题——接线极性。

a. 插座接线极性

国家标准《建筑电气工程施工质量验收规范》GB 50303-2002 中对插座的接线要求是强制条款，第22.1.2条款规定："单相两孔插座，面对插座的右孔或上孔与相线连接，左孔或下孔与零线连接，单相三孔插座面对插座的右孔与相线连接，左孔与零线连接；……接地（PE）线接在上孔。"正规的插头上在铜片的旁边会标注相应的字母，"L"代表相线，俗称火线，"N"代表中性线，俗称零线，如图2-4所示。

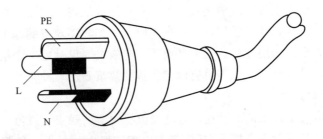

图 2-4　插头示意图

b. 转换适配器带来的安全隐患

我们都知道，国外的插头/插座制式与国内不同，国内的电器需要转换器才能使用国外的插座。为了解决不同制式插头/插座的兼容问题，出现了转换适配器，如图2-5所示。转换适配器在方便使用的同时，带来了安全隐患，增加了活动连接点数量，发生高阻连接概率升高了，更容易发生过载，转接后电源极性可能发生改变，造成安全隐患。

c. 插线板造成过载

图 2-5　插头/插座转换适配器

插头/插座连接原理决定了单个插座的带载能力有限，在实际使用中，由于墙壁插座的安装数量和间距不能完全满足实际使用的需要，往往需要使用多个插口适配器或带延长线的插线板，这样很容易造成墙壁插座过载而起火。

d. 带载接通与分断

如果利用插头/插座代替电源开关完成电器设备，尤其是大功率电器的接通与分断，很容易造成打火，甚至引起电弧。即便不会立即引起火灾，触点也会快速氧化甚至出现熔蚀，影响金属表面平整度，使连接状态劣化，成为火灾隐患。

3. 散热不良和电气装置的布置

1）散热不良

散热不良之所以会导致火灾，是因为散热不良会导致热量积聚，从而使电气设备或线路所在的微环境温度超过允许的最高环境温度，进而引起电气设备或线路的发热异常，轻则导致电气设备或线路的绝缘受到损害，重则引起绝缘燃烧。

对于散热不良来说，最典型的例子就是荧光灯，很多情况下荧光灯安装在封闭的吊顶中，本身的散热通风条件就很差，而其中发热量最大的镇流器又安装于灯罩内部，不利于热量散失，与此同时，荧光灯经常连续工作，甚至 24 小时一直工作，上述因素共同作用，发生镇流器发生散热不良，发生异常发热的风险比较大。

2）电气装置的布置

电气装置中的电气设备如果设计时布置不当，离可燃物太近，即便没有发生故障，其正常工作时的高温或电火花也可引燃起火。最常见的电气设备高温源是电灯泡。100W 和 200W 白炽灯的玻璃壳表面温度分别达 220℃和 300℃，1000W 碘钨灯的灯管表面温度可高达 800℃，部分可燃物的燃点则低于此，如表 2-4 所示。

部分可燃物的燃点　　　　　　　表 2-4

可燃物名称	纸张	棉花	布	麦草	豆油	松木	涤纶纤维
燃点（℃）	130	150	200	200	220	250	390

如果实际中将大功率灯泡布置得太靠近可燃物，则烤燃起火的危险是很大的。1994 年克拉玛依一次剧场演出时烧死 325 人的大火就是灯泡烤燃舞台幕布引起的。在电气装置安装中这类高温电气设备必须与可燃物保持适当的距离，或用低热导的隔板隔开。

目前电气线路和设备也进入家具内部，成为电气装置的一个组成部分，例如衣柜内如装有照明灯泡，则应注意防止灯泡热量烤燃衣物起火。为此须在衣柜门上安装连锁开关，在关上柜门时切断柜内照明电源，以防柜门关闭后热量积蓄引燃衣物起火。

荧光灯等气体放电灯，其工作温度不足以引燃起火，但其镇流器，无论是电感式或电子式，都有可能成为引发火灾的起火源，这是因为电感式镇流器是个发热器件，其温度是随铁芯励磁电流的增大而升高的，当电网电压偏高（例如某些地区电压不稳定，夜间电压正偏差过大），而铁芯质量差时，镇流器的励磁电流剧增，铁芯将产生异常高温，镇流器如安装在可燃物上很容易烤燃起火。例如 1993 年造成重大经济损失的北京隆福大厦火灾，就是由于镇流器半夜烤燃木质商品柜而引起的。电子式镇流器发热量小，但它含有诸多的电子元件，当由于某种原因（例如电网中的各种电压）导致任一电子元件被击穿短路时，同样能引起电气火灾。

在宾馆、旅店中，有时将小配电箱安装在客房的木质衣柜内，这种布置是存在起火危险的。配电箱内的微型塑壳断路器正常时发热量不大，但如断路器使用日久，因各种原因触头间活动连接的接触电阻超过规定或触头间打火，或接线端子的固定连接不良，断路器都可产生异常高温，它将烤燃木质衣柜而引燃起火。

有些线路防护电器工作时是要迸发电火花的，例如熔断器和火花间隙型的电涌防护器。这类防护电器的布置和安装应离可燃物有适当距离，其下方也不应放置可燃物，以防坠落的电气火星引燃起火。

4. 电线电缆的防火封堵

建筑火灾中，火和烟气往往通过电线电缆和各类管道等穿越的孔洞向其他区域或楼层扩散，使得火灾事故扩大，造成严重的后果。电线电缆具有较高的火灾危险性，不仅本身具有成为火源的可能性，而且其绝缘材料具有燃烧性能，外部火源也可能引燃电线电缆。

现代建筑中，电线电缆的用量非常大，而且各种管道纵横穿越，一旦发生火灾，通过这些孔洞、竖井的烟囱效应，火灾蔓延扩散的危险性大大增加。

第三节　建筑内部装饰装修的防火

建筑装修是指在房屋工程上抹灰、粉刷并安装门窗、水电等设备。装饰是指在身体或物体的表面加些附属的东西，使其美观。建筑室内装修至少包括墙面、地面、顶棚这三大基本部分。我国现行的建筑内部装修设计防火规范所涉及的装修材料包括以下几种类型：

a. 饰面材料：在房间和通道墙壁上的贴面材料；房间和通道的吊顶材料；嵌入吊顶中的导光材料；地面上的饰面材料以及楼梯上的饰面材料。另外，还有用于绝缘的饰面材料等。

b. 装饰件：包括固定或悬吊在墙上的装饰画、雕刻板、凸起造型图案等。

c. 悬挂物件：包括布置在各部位的挂毯、帘布、幕布等。

d. 活动隔断：指可伸缩滑动和自由拆装的隔断。

e. 大型家具：指大型的笨重家具，这些家具一般是固定的，例如收银台、酒吧柜台等。另外有些布置在建筑内的轻板结构，如货架、档案柜、展台、讲台等也应属大型家具。

f. 装饰织物：包括窗帘、家具包布、床罩等纺织物品。

一、建筑装饰装修材料的火灾危险性

目前我国对民用建筑和工业厂房的内部装饰装修防火设计做出了明确规定。在民用建筑中包括顶棚、墙面、地面、隔断的装修，以及固定家具、窗帘、帷幕、床罩、家具包布、固定饰物等；在工业厂房中包括顶棚、墙面、地面和隔断的装修。总体上讲对装饰装修材料和施工的要求为：不许大量使用易燃、可燃材料；不许破坏原有消防系统，影响、妨碍消防设备的使用；不许电气线路杂乱，过负荷运行，照明灯具距可燃物太近。

由于室内装饰装修材料所用的大多是导热率低、热容小的有机高分子材料，如木材（实木、胶合板、大芯板等）和一些软包材料（海绵，泡沫塑料或各类可燃织物等），所以装修材料在火灾时表面温升速度快，热解出可燃气体多，且大多含有毒有害气体（包括一氧化碳、二氧化碳、二氧化硫、硫化氢、光气等），最终导致室内火势大，烟雾及有毒气体多，从而造成严重的经济损失和人员伤亡。

二、常用装修材料的燃烧性能

装修材料按其燃烧性能应划分为四级，见表 2-5。

装修材料燃烧性能等级　　　　　　　　　　　　　表 2-5

等级	装修材料燃烧性能
A	不燃性
B_1	难燃性
B_2	可燃性
B_3	易燃性

现行国家标准《建筑内部装修设计防火规范》GB50222-95 介绍的我

国常用建筑内部装修材料燃烧性能等级划分举例见表 2-6。

常用建筑内部装修材料燃烧性能等级划分举例　　　　表 2-6

材料类别	级别	材料举例
各部位材料	A	花岗石、大理石、水磨石、水泥制品、混凝土制品、石膏板、石灰制品、黏土制品、玻璃、瓷砖、马赛克(陶瓷锦砖)、钢铁、铝、铜合金等
顶棚材料	B$_1$	纸面石膏板、纤维石膏板、水泥刨花板、矿棉装饰吸声板、玻璃棉装饰吸声板、珍珠岩装饰吸声板、难燃胶合板、难燃中密度纤维板、岩棉装饰板、难燃木材、铝箔复合材料、难燃酚醛胶合板、铝箔玻璃钢复合材料等
墙面材料	B$_1$	纸面石膏板、纤维石膏板、水泥刨花板、矿棉板、玻璃棉板、珍珠岩板、难燃胶合板、难燃中密度纤维板、防火塑料装饰板、难燃双面刨花板、多彩涂料、难燃墙纸、难燃墙布、难燃仿花岗岩装饰板、氯氧镁水泥装配式墙板、难燃玻璃钢平板、PVC 塑料护墙板、轻质高强复合墙板、阻燃模压木质复合板材、彩色阻燃人造板、难燃玻璃钢等
	B$_2$	各类天然木材、木制人造板、竹材、纸制装饰板、装饰微薄木贴面板、印刷木纹人造板、塑料贴面装饰板、聚酯装饰板、复塑装饰板、塑纤板、胶合板、塑料壁纸、无纺贴墙布、墙布、复合壁纸、天然材料壁纸、人造革等
地面材料	B$_1$	硬 PVC 塑料地板、水泥刨花板、水泥木丝板、氯丁橡胶地板等
	B$_2$	半硬质 PVC 塑料地板、PVC 卷材地板、木地板、腈纶地毯等
装饰织物	B$_1$	经阻燃处理的各类难燃织物等
	B$_2$	纯毛装饰布、纯麻装饰布、经阻燃处理的其他织物等
其他装饰材料	B$_1$	聚氯乙烯塑料、酚醛塑料、聚碳酸酯塑料、聚四氟乙烯塑料、三聚氰胺、脲醛塑料、硅树脂塑料装饰型材、经阻燃处理的各类织物等。另见顶棚材料和墙面材料中的有关材料
	B$_2$	经阻燃处理的聚乙烯、聚丙烯、聚氨酯、聚苯乙烯、玻璃钢、化纤织物、木制品等

下面就常用装修材料燃烧性能作一简单介绍。

1）宝丽板

宝丽板内层系木质，表面上有一层有色漆或清漆，比较容易燃烧。与宝丽板相似的有柏板及胶合板等，这些材料的燃烧主体是木材料，燃烧时分解出各种气体，多伴有大量烟雾，有一定毒性，短时间内即可使人窒息。

2）聚苯乙烯塑料

聚苯乙烯有较好的耐水、耐腐蚀性，可作门窗材料，其泡沫状纸有较好的装饰效果。燃烧时，火焰呈橙黄色，向空中喷出深黑细炭末，发生特殊的苯乙烯单体气味，并产生有毒的一氧化碳气体。

图 2-6　宝丽板

图 2-7　聚苯乙烯塑料

3）聚乙烯、聚丙烯

聚乙烯、聚丙烯以其耐冲击、耐磨蚀的特点在装饰材料中占有一席之地，均为易燃物质。燃烧时，火焰呈蓝色，上端黄色，燃烧有熔滴、冒黑烟、发出石蜡气味和石油气味，并产生有毒的一氧化碳气体。

图 2-8　聚乙烯、聚丙烯管

图 2-9　有机玻璃

4）有机玻璃

有机玻璃的化学名称叫聚甲基丙烯酸甲酯，它具有较好的透光率，常制作平板或瓦楞板供采光用，还可用作大型吊顶灯具。它易燃，火焰浅蓝色，顶端白色，产生有毒的一氧化碳气体。

5）尼龙

尼龙的化学名称是聚酰胺，是一种消声性耐油性极好的材料。

燃烧时有熔滴，能产生一氧化碳、一氧化氮有毒气体及氰化氢剧毒气体。

6）酚醛树脂

它是一种耐湿、耐热、耐腐蚀的装饰材料木材填料，缓燃缓熄，火焰呈黄色，冒黑烟，并产生有毒的酚蒸气。

图 2-10 尼龙管

图 2-11 酚醛树脂板

7）聚氯乙烯

硬的难燃自熄，软的缓燃缓熄，火焰呈黄色，燃烧时无熔滴，有碳痕，并产生刺激性的氯化氢气体等。

图 2-12 聚氯乙烯管

图 2-13 胶合板

8）胶合板

胶合板，为阔叶树薄板纵横胶结而成，有 3、5、7 层之分，其燃烧性能与胶粘剂有关。使用酚醛树脂，三聚氰胺树脂作粘合的防火性好，不易燃烧，使用尿素树脂作粘合剂的，因其中掺有面粉，所以防火性差，易于燃烧，难燃胶合板是用磷酸铵、硼酸和氧化亚铅等防火剂浸过的薄板制造的。

9）复合板

复合板是根据质轻、隔热、高浓度及经济等条件，设计制造的一种新型板材，是由芯材和面材组成的，芯材为纤维板、泡沫塑料或无机纤维等材料；面材有金属板、石棉水泥板、塑料板等。从防火要求来说，面材应选用耐火、难燃及导热性差的板材，芯材最好选用难燃、耐热的材料。

10）纤维板

纤维板的燃烧性能取决于胶粘剂，使用无机胶粘剂，则得到难燃的纤维板；使用合成树脂作胶粘剂，则随着树脂不同而得到可燃或难燃的纤维板。

11）木丝板

图 2-14 复合板

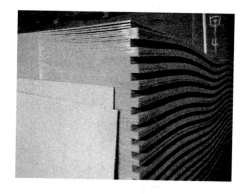

图 2-15 纤维板

木丝板是由木丝与水泥混合压制而成，木质被水泥包裹后，热分解及燃烧都受到一定限制，270℃左右木质开始炭化，大约在 400℃后化成灰烬。

12）岩棉板和矿渣棉板

岩棉板和矿渣棉板是新型的轻质绝热防火材料，它们广泛应用于工业和民用建筑物屋面、墙体和防火门上。也常用于平面曲率半径较大的罐体、锅炉、热交换器等工业设备上，起防火、隔热、保温的作用。

岩棉板以岩棉为基料，矿渣棉板以矿渣棉为基料，岩棉和矿渣棉都是不燃的无机纤维，板材在成型加工中掺加的有机物含量一般均低于 4%，故其燃烧性能可达到 A 级，是良好的不燃性板材，可长期使用在 400～600℃的工作温度中。

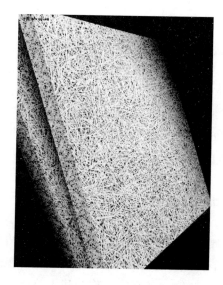

图 2-16 木丝板

图 2-17 岩棉板

矿渣棉板经过进一步深加工，可制成矿渣棉装饰吸声板，广泛应用于影剧院、宾馆、播音室、办公楼、商店等建筑的墙面和顶棚的吸声、隔声、保温、隔热及装饰。

三、建筑物室内装饰装修的防火要求

建筑物室内装饰装修的防火技术应满足以下两条要求：

1. 建筑物室内装饰装修要注意材料选择

为了有效地预防室内装饰装修火灾的发生，以及一旦发生火灾能防止火势蔓延扩大，减少火灾损失，应选用不燃或耐火（难燃）的室内装饰装修材料。重要部位的吊顶应选用轻钢龙骨和石膏板等非燃烧材料；一般部位或面积不大的吊顶可用耐火极限为 0.25 小时的难燃材料，不应用木龙骨和夹板吊顶，若吊顶的局部因雕刻、曲面等装潢工艺需要，局部可使用夹板材料，但一定要对轻钢龙骨、板材的表面作防火处理；面积较大的吊顶，内部应有分隔；管道设在吊顶内，其穿过墙体的空调应严密封堵。较大的室内，由于工艺或工作需要，在装饰装修时，用材料将其隔开。为防止火灾蔓延，应选用非燃烧材料，如石膏板、矿棉板等。目前有些室内装修选用纤维板、木胶合板等可燃材料作隔墙，很不安全，应尽量不用。墙面装饰装修一般用壁纸，具有美观、方便施工等优点。壁纸的种类很多，如纺织品壁纸、乙烯壁纸、化纤壁纸等。但从防火角度考虑应选用非燃烧、难燃烧或经过防火处理的壁纸。地面装饰装修的材料种类很多，应尽量选用耐火或比较耐火的地面材料。有些建筑内地面铺设尼龙地毯，地毯底下再铺垫泡沫塑料，这样不耐火，反而会产生大量有毒烟气，对安全疏散和扑救不利。因此应进行防火处理或采用比较耐火的地面材料，如陶瓷地面砖等。

2. 室内装修的电气安装一定要符合要求

导线敷设要按照国家规范进行，一般采用穿管明敷或暗敷，导线的接线盒要进行封闭处理，导线不得穿越或穿入风管。照明灯具种类很多，如碘钨灯、环型吸顶灯、高压汞灯等，这些灯产生的温度很高，有的高达 800℃。因此，照明灯具要与室内装饰装修材料保持一定距离，并且不能安装在可燃的构件上。若必须安装在可燃的构件上，应采取嵌垫非燃烧材料的方法进行处理。另外照明灯具还应考虑通风隔热及散热等防火条件。

第四节　建筑外墙外保温系统的防火

第二次能源危机以后，世界各国都已意识到解决能源危机的出路是在开发新能源的同时节约能源的消耗。而建筑能耗在人类整个能源消耗中一般要占到 30%～40%，因此建筑节能意义重大。作为建筑节能核心组成部分的外墙外保温系统技术在欧美的应用发展迅速，针对所在区域建筑结构状况及气候特点所应用的外墙外保温系统呈现出节能水平的差异化，但其应用技术已相对成熟，所对应的各种标准也较为完善。

外保温系统是安装在外墙外表面的非承重保温构造的总称，由保温层、防护层、连接材料（胶粘剂、锚固件等）和饰面层构成，主要功能是保温隔热，其核心材料是保温隔热材料，通常占系统体积的 80％以上。目前国内存在的墙体保温隔热材料有：聚苯板、聚氨酯、胶粉聚苯颗粒保温浆料、岩棉、矿棉、玻璃棉、泡沫玻璃、膨胀蛭石以及传统的加气混凝土砌块等。

我国外墙外保温系统的发展，在建筑节能政策、法规的推动下，从国外引进及自主开发的外保温技术正表现出蓬勃发展的趋势，相关标准、规范和各级工法等也随之产生、应用并不断被修编。发展中的外保温技术在中国国情背景下有喜有忧，存在这样或那样的问题。诸如基础理论研究薄弱，重应用轻科研，对某些关键问题的认识不足，监督机制还需完善等。

一、外墙外保温系统的火灾危险性

尽管国内外的外墙外保温技术发展水平存在着差异，但对外墙外保温系统的原则性要求都是一致的，即安全性、耐久性和有效性。在我国，耐久性和有效性方面通过借鉴吸收和自主创新都已形成了一定的测试方法和评判标准，而安全性方面在标准和规范的要求中还未充分体现并在行业内部存在着争议，尤其是在外保温的防火安全性方面，一直都存在着巨大的安全隐患，和保温材料相关的火灾事故时有发生。而高层建筑甚至超高层建筑或密集型建筑群的外保温防火安全性问题尤为突出。

保温材料的英文解释是"Thermal Insulation Material"，一般是指导热系数小于或等于 $0.2W/(m \cdot K)$ 的材料。所谓外墙保温，是指将保温、装饰材料等按一定方式复合在一起，对外墙起到隔热保温作用。外保温材料系统一般采用聚苯乙烯泡沫塑料等有机保温材料，并可能添加卤系阻燃剂，它们在火灾中由于不完全燃烧和热解会产生较多的烟尘和一氧化碳、氰化氢等有毒气体。烟和有毒气体在火灾中危害极大，火灾中 80％的死亡事故是由于烟和有毒气体造成的。

《中国房地产报》的调查指出，中国目前新建建筑所使用的外保温材料中，有机材料占据了 80％。据了解，目前的保温材料分为 A（不燃）、B_1（难燃）、B_2（可燃）、B_3（易燃）四个等级，共有两大类。一是无机保温材料，特性是不燃，但保温效果差，只有 20％左右的市场份额；二是有机保温材料，特性是保温效果好，但易燃烧，占据 80％的市场，为此，就需要在材料中添加一定量的阻燃剂使其达标，而阻燃剂价格昂贵，很多商家为了追求利润最大化，就少加阻燃剂，有的根本不加。

2011 年央视播出"3·15 在行动建筑保温材料易燃引堪忧"节目后，全国激起建筑外保温材料的大讨论。节目中，中国建筑科学研究院建筑防火研究所研究员季广其说:"实际上现在看到很多的保温材料,不管是聚苯,还是硬泡聚氨酯都是不达标,也就是都是 B_3 极的,都属于易燃材料。基本沾火就着,很容易引发火灾。以挤塑板为例,符合防火标准的比易燃的挤塑板价格要贵一倍以上。"沈阳市某建筑公司多年从事工程建筑的安新永说:"目前当地建筑普遍采用易燃保温板,楼房外面就像包了一层火药,一旦一处起火,很快就会全面燃烧,非常危险。"

近几年,我国因外保温材料引发的火灾危机事件频发,从 2008 年的济南奥体中心体育馆两次火灾,到北京央视新址火灾、南京中环国际广场火灾、上海"11·15"特别重大火灾事故、沈阳"第一高楼"大火等一系列重大火灾事故都成为消防部队应对建筑外保温材料起火研究的重要案例。

2008 年 7 月 27 日,济南奥体中心体育馆因施工人员违规电焊引燃保温材料而发生火灾,烧毁面积约 $3000m^2$,造成直接经济损失约 75 万元。距这次火灾不到 100 天,11 月 11 日,济南奥体中心体育馆屋顶东南侧再次发生火灾,过火面积 $1284m^2$,经济损失约 3 万元。经勘查,此次火灾因施工人员违规使用汽油喷灯热熔防水卷材,引燃防水层导致的。

2008 年 10 月 9 日 16 时,当时正在建设中的哈尔滨"经纬 360 度"双子星大厦发生火灾。经消防部门查明,此次火灾因工人违规电焊操作引燃天棚上的聚氨酯硬泡保温层装修材料而引起。2010 年 9 月 9 日,长春最高住宅楼佳泰帝景城因电焊引燃外墙保温材料发生火灾;9 月 15 日,乌鲁木齐市一在建机关住宅楼因外保温材料引燃大火,9 月 22 日,乌鲁木齐市一在建高层住宅楼外墙保温层着火,再次引发火灾。

2010 年 11 月 15 日下午,上海市静安区胶州路 707 弄 1 号的一栋 28 层住宅楼发生火灾。此次特别重大火灾事故遇难人数为 58 人,其中男性 22 人,女性 36 人。据了解,上海"11·15"特别重大火灾事故的一个重要原因就是现场违规使用大量聚氨酯泡沫保温板等易燃材料。经对遇难者遗骸的 DNA 检测证明,大楼外立面上的大量聚氨酯泡沫保温材料因燃烧速度快而产生的剧毒氰化氢气体,是导致多人死亡的主要原因。

距离上海高楼大火不到两个月,沈阳"第一高楼"又发大火,而且还是发生在除夕之夜,大火从三层燃烧至二十层以上,尽管消防队员两架水枪往上喷水灭火,但是水枪喷水高度最高只能达到 50m,对高处的火苗无能为力。只能眼睁睁地看着沈阳"第一高楼"被大火烧尽,损失约 30 亿元,是一次损失非常惨重的重大火灾。

以上不同区域的重大火灾事故都向我们展示了外保温材料防火的重要性。外保温材料中的可燃材料成为火灾事故的罪魁祸首,也深深影响着火灾事故的惨重程度。

图 2-18　济南奥体中心火灾

图 2-19　哈尔滨双子星大厦火灾

图 2-20　上海"11·15"火灾

图 2-21　沈阳"第一高楼"火灾

二、外保温材料的现状

从材料燃烧性能的角度看，用于建筑外墙的保温材料可以分为三大类：一类是以矿物棉和岩棉为主的无机保温材料，通常被认定为不燃性材料；另一类是以胶粉聚苯颗粒保温浆料为主的有机无机复合型保温材料，通常被认定为难燃性材料；还有一类是以聚苯板（热塑性）、聚氨酯（热固性）为主的有机保温材料，通常被认定为可燃性材料。具体见表 2-7。

各种保温材料的耐火等级及保温性能　　　　　　　表 2-7

材料名称	胶粉聚苯颗粒	模塑聚苯板	挤塑聚苯板	聚氨酯	岩棉	矿棉	泡沫玻璃	加气混凝土
导热系数 W/(m·K)	0.06	0.041	0.030	0.025	0.036～0.041	0.053	0.066	0.098～0.12
燃烧性能等级	难燃 B_1	阻燃 B_2	阻燃 B_2	阻燃 B_2	不燃 A	不燃 A	不燃 A	不燃 A

1. 岩棉、矿棉类不燃材料的燃烧特性

岩棉、矿棉在常温条件下（25℃左右）的导热系数通常在 0.036～0.041W/(m·K) 之间，其本身属无机质硅酸盐纤维，不可燃，但在加工成制品的过程中，有时要加入有机黏结剂或添加物，这些对制品的燃烧性能会产生一定的影响。因此，岩棉、矿渣棉制品的燃烧性能取决于其中可燃性黏结剂的多少。

2. 胶粉聚苯颗粒的热分解与燃烧特性

胶粉聚苯颗粒保温浆料是一种有机无机复合的保温隔热材料，聚苯颗粒的体积大约在 80% 左右，导热系数为 0.06W/(m·K)，燃烧等级为 B_1 级，属于难燃材料。胶粉聚苯颗粒在受热时，通常包含的聚苯颗粒会软化并熔化，但不会发生燃烧。由于聚苯颗粒被无机料包裹，其熔融后将形成封闭的空腔，此时该保温材料的导热系数会更低、传热更慢，受热全过程材料体积变化率为零。

3. 聚苯乙烯的热分解与燃烧特性

聚苯乙烯泡沫材料是热塑性高分子保温隔热材料，导热系数为 0.041W/(m·K)。受热时，通常发生软化和熔化。聚苯板的热变形温度仅为 70～98℃，差异取决于选用配方和后处理方法，玻璃化温度为 100℃。聚苯乙烯全部由碳氢元素组成，本质上极易燃烧，未经阻燃处理，氧指数仅为 18%；燃烧时热释放量较大，同时生成大量烟，受火后收缩、熔化，导致外保温系统内产生空腔，轰燃状态下燃烧剧烈，燃烧的滴落物具有引燃性。

4. 聚氨酯的热分解与燃烧特性

硬质泡沫聚氨酯是一种高分子热固性保温隔热材料，导热系数为 0.024W/(m·K)，在所有外墙用有机保温材料中是最优的。聚氨酯一般在 202℃ 以下不会分解，用 ASTM D1929 标准测定聚氨酯泡沫的点燃温度为强制点燃温度 310℃，自燃温度 415℃；聚氨酯泡沫本质上属于高度易燃材料，未做阻燃处理时氧指数仅为 16.5%；热固性材料在受热时通常分解出易燃气体，受火后形成炭化层，热分解和燃烧的产物主要有氰化氢、一氧化碳、异氰酸酯等，对聚氨酯燃烧的毒性研究也比较多。

5. 酚醛树脂的热分解与燃烧特性

酚醛树脂泡沫材料是高效保温材料之一，导热系数为 0.025W/(m·K)。该材料遇火焰火源时不易燃烧，在 400℃ 以上时只灼烧或阴燃，无火焰。除去火源后可能会阴燃一段时间，发烟量很小，几乎全部成炭。但关于其燃烧毒性的研究较少，报道的数据也不完全。酚醛树脂泡沫材料是目前高效有机保温中阻燃性能最优的一种材料。

三、外墙外保温系统存在的防火问题

当外墙外保温系统的保温材料采用不燃性材料或不具有传播火焰性的

难燃性材料时，外墙外保温系统几乎不存在防火安全性问题。但是，在我国目前的技术条件下，聚苯乙烯泡沫和聚氨酯硬泡等可燃材料在建筑外墙外保温系统中的使用最为广泛。这些有机保温材料具有引发火灾和加速火灾蔓延的危险性，是产生外保温系统防火安全性问题的起因，一旦发生火灾就将带来不可挽回的生命与经济损失。而随着节能标准的逐步提高，这个问题将更加凸显。因此，随着此类可燃有机保温材料的大面积应用和使用厚度的不断增加，建筑外墙火灾或火灾的蔓延问题应引起人们足够的重视。

在目前国内建筑多为高层甚至超高层、外保温系统的主体保温材料约80%为有机易燃材料、保温系统以聚苯板薄抹灰外墙外保温系统为主的现状下，如何通过对国外先进技术的借鉴和对国情的分析，自主创新开发出具有独立知识产权的并且能彻底解决大部分现有外墙外保温系统耐火性差等弊病的外墙外保温系统，是摆在研发人员面前的事关民生安全的重要课题。而对各种外墙外保温系统的防火性能予以测试、分级和应用范围进行限定，就需要通过大量的试验分析和对发达国家相关标准的借鉴来完成。

四、外保温工程火灾的特点

外保温系统是依附在建筑外墙的非承重构造，当外保温系统意外失火时，就我们目前所广泛采用的可燃的聚苯乙烯泡沫和聚氨酯硬泡而言，控制外保温系统燃烧后的火焰传播性是灭火的关键，特别是对于高层建筑。这里考虑了以下两种可能的情况：

第一种情况是在建筑室内出现火灾的条件下，火焰由窗口或洞口溢出并引起外保温系统的燃烧；

第二种情况是临近的物体燃烧并引起外保温系统的燃烧。

在这两种情况下，都不应出现由于外保温系统的燃烧而将火焰传播到其他楼层，并通过其他楼层的窗口或洞口将火焰引入到建筑物内部而导致其他楼层失火的现象。

因此，对外保温系统防火性能的基本要求是其点火性和火焰传播性应达到防火标准。而外保温工程发生火灾的情况可出现在以下三个时段：

第一，保温材料进入施工现场码放时段；

第二，保温材料施工上墙时段；

第三，外墙外保温系统投入使用时段。

在国内现有的外保温工程火灾中，大部分都是发生在施工过程中的。主要原因在于施工过程中有机保温板裸放，无任何防火保护措施，施工现场的防火安全管理措施不到位，动火作业违规操作等。保温材料的阻燃性指标不符合相关产品标准的要求也是原因之一。因此，建议加强施工现场的防火安全管理，并采取适当的具有可操作性的技术措施，减少或避免施工过程中的火灾事故。

　　而从重要性和长期性而言，解决建筑物使用过程中的火灾隐患是外保温防火安全的核心。建筑物使用过程中一旦发生火灾，人员财产安全和消防的救援能力都将面临重大的考验。建筑物的使用寿命通常在50年以上，因此，就人员与财产安全的重要性和建筑物使用的长期性而言，减少或避免建筑物使用过程中火灾的危害显得尤为重要。

　　施工现场频发的火灾已经表明了我们所大量采用的有机保温材料引发火灾的危险性，也就更显现出关注建筑外保温使用过程防火安全的重要性。

五、解决外保温工程火灾的技术途径

　　外墙外保温防火安全性问题逐渐为行业内和最终用户所认识并重视，一幕幕触目惊心的火灾案例给人们以足够的警醒，解决建筑尤其是高层建筑的外墙外保温防火安全性问题已被提上日程。

　　根据目前的技术条件，在满足相关标准对保温材料要求的前提下，只要其燃烧性能满足正常施工过程的防火安全性要求和现有标准即可，不需要也不能对聚苯乙烯和聚氨酯硬质泡沫的阻燃性指标提出过高的要求。应更加重视与强调系统的整体防火安全性能。只有外墙外保温系统的构造方式合理，系统整体对火反应性能良好，才能保证建筑外保温系统的防火安全性能高，这对工程应用才具有广泛的实际意义。

　　保温材料的燃烧性能是影响系统防火安全性能的基本条件，而外保温系统的整体防火性能则是外保温系统是否防火的关键。

　　通常认为，解决外墙外保温系统防火安全性的途径有两个：①通过对国外先进技术的借鉴和针对国情的自主创新，开发出具有独立知识产权的，能彻底解决大部分现有外墙外保温系统耐火性差等弊病，这是外墙外保温技术未来的发展方向。②立足于我国当前广泛应用的外保温系统组成材料、构造与技术现状，通过进行各种防火性能试验研究，确定影响防火安全性的因素，建立适合于中国国情的防火试验方法，然后通过大量的试验和对发达国家相关标准的借鉴，对不同外墙外保温系统进行分级评价与建筑应用范围限定，形成具有强制力的标准和规范，尤其注意在高层和超高层外墙上的使用限制，鼓励推广使用防火安全性更高的外墙外保温系统，减少火灾发生的隐患，降低火灾发生时外墙外保温系统对火灾的助长作用。

第三章　给建筑穿上防火服

　　介绍建筑中各种主被动防火设计的基本概念以及作用。读者能够识别建筑中的各种消防设施以及它们的作用。

　　建筑物的防火性能是房屋设计、建造和使用者十分关心的问题。一般来说，建筑防火设计主要考虑三个原则：一从设计上保证建筑物内的火灾隐患降到最低点；二最快地知晓火情，最及时地依靠固定的消防设施自动灭火；三保证建筑结构具有达到标准的耐火强度，以利于建筑内的居住者在相应的时间内有效地安全疏散。

　　建筑防火安全系统就是根据以上原则建立起来的一整套用于防范建筑火灾的建筑设计构造和各类自动手动设施，从理论上分为主动防火系统以及被动防火系统。主动防火系统主要是由自动（或手动）控制的灭火、报警、防排烟和消火栓等设备系统组成，它们的主要功能和作用是能够早期发现火险，并对灾害及时进行报警，实施有效的控制和扑救；被动防火系统主要是由建筑空间的合理布局，适用有效的防火分隔，符合规定要求的建材和构件等设防内容所组成，其基本功能是在火灾发生与蔓延的过程中，将火灾尽可能控制在一个较小的范围之内，并保证建筑结构的整体和局部在设计规定的时间内，不致出现失效和破坏现象。本章从概念、外观、系统构成角度对几种主要的防火系统进行简单介绍，使读者对日常使用的防火系统有直观的认识。

第一节　火灾自动报警系统

一、火灾自动报警系统的组成及主要功能

　　人们在分析和研究燃烧的发生、发展和蔓延规律的基础上，通过对电子技术的广泛应用，已经兴起和发展了火灾自动报警技术这门学科，并已生产出了多种类型的火灾自动报警系统设备。建筑物火灾自动报警系统设备的应用，可以有效早期预报火警，从而提早采取灭火和疏散措施，避免或减少火灾所造成的损失。

　　1. 系统组成

　　简单的火灾自动报警系统是由火灾报警控制器、火灾探测器、手动报

警按钮、火灾警报装置、主电源和备用电源等组成。复杂可集火灾报警、
消防通信、应急广播、消防设施的联动控制与其他相关的设备监视于一
体，此时的火灾自动报警系统称为火灾自动报警及联动控制系统更为准
确，其主要组成，如图 3-1 所示。

图 3-1   火灾自动
　　　　报警系统
　　　　示意图

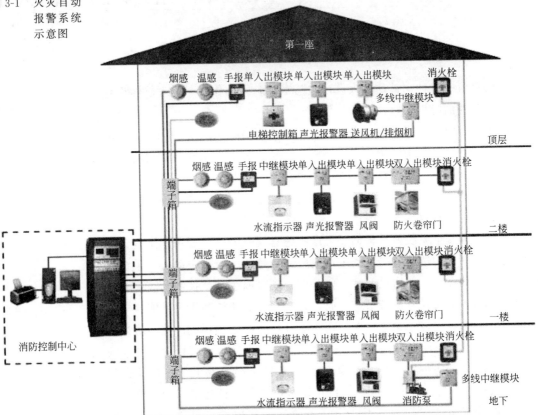

2. 系统的主要功能

简单火灾自动报警系统的功能相对单一，就是火灾探测，之后发出
声、光报警信号。复杂系统的功能则要丰富和完善得多，包括发现火情、
灭火、疏散多个方面。复杂系统具有先进和完善的"火灾报警事件"处理
体系，完善的指令系统，全面开放的控制与信息处理能力，而且可以根据
实际需要，进行现场编程，系统采用机器的智能处理与专职人员现场勘察
相结合的方法，对于一个"火灾报警事件"的真伪及其危险程度进行综合
判断处理，从而大大提高了火灾报警的可靠性和灭火的及时性。

具体来说，火灾自动报警及联动控制系统的主要功能可分为监视和控
制两部分，监视是指监视系统内所有消防设备的状态是否正常，控制是指
火灾后控制相关设备的启停。正常情况下，系统处于监视状态，一旦确认
发生火灾，则系统要进入火灾应急状态，控制所有相关的消防设备和消防
设施。

联动控制消防设备、设施的目的包括 3 个方面,一是引导和指挥人员疏散,并为及时和可靠疏散创造条件。火灾警报、火灾应急广播引导和指挥人们疏散、排烟和防烟设备、火灾应急照明灯和疏散指示标志以及保持疏散通道的畅通均是为人员及时安全撤离服务;二是及时灭火,消火栓、喷淋、气体灭火系统均属此列,所有电梯停于首层一方面防止疏散人员乘坐电梯产生更大的不安全,另一方面是为消防员乘坐电梯进入楼层灭火做准备;三是阻隔火势,防止更大的事故,防火门、防火卷帘等起阻隔火势的作用,切断非消防电源则是为了防止火灾引起电气系统的二次事故。

二、火灾应急广播和消防通信系统

1. 火灾应急广播

火灾应急广播系统由火灾应急广播主机和扬声器组成,火灾应急广播主机设置在控制中心,扬声器设置在建筑物内的走道等公共活动场所。

火灾应急广播一般情况下与公共广播合用,但是要求火灾时能将灾情附近 3 层的扬声器和公共广播主机强制转入火灾应急广播状态,用于火灾应急广播的扩音工作。火灾情况下,可以自动或者启动相关区域的应急广播,进行语音广播,该语音可根据建筑物疏散方案事先录好,也可人工现场指挥疏散。

2. 消防通信系统

消防通信系统由消防电话总机、电话插孔及电话分机组成,消防电话总机设置在消防控制中心,消防电话插孔设置在手动报警按钮旁,电话分机设置在消防水泵房、变配电室、通风和空调机房、消防电梯机房及其他与联动控制相关且有人值班的机房。

电话分机无需拨号拿起后可直接与消防控制室通话,电话插孔插入消防电话手柄后可直接与消防控制室通话。

消防控制室、值班室等地应设置可直接拨打 119 的外线电话。

三、火灾探测器和手动报警按钮

物质燃烧是一种伴随有烟、光、热的化学和物理过程,火灾探测就是以该过程中产生的各种现象为依据,获取火灾初期的信息,并把这种信息转化为电信号进行处理。根据火灾初起时的燃烧生成成分的不同,可以有不同的探测方法。根据火灾探测方法和原理,目前世界各地生产的火灾探测器,主要有感烟式、感温式、感光式、可燃气体探测式和复合式等。

1. 感烟探测器

感烟探测器能对燃烧或热解产生的固体或液化微粒予以响应,可以及时地探测到火灾初期所产生的烟雾,因而对早期避难和初期灭火都十分有利,图 3-2 为点型感烟探测器的实物图。感烟探测器分为离子感烟探测器和光电感烟探测器，目前广泛应用的为光电感烟探测器。

1）离子感烟探测器

离子感烟探测器主要由电离室和电子线路构成。根据探测器内电离室的结构形式，可以分为双源离子感烟探测器和单源离子感烟探测器两种。

最初使用的离子感烟探测器是阈值比较型双源离子感烟探测器，它由两个串联的电离室和电子线路组成，电离室是敏感部件。其中一个电离室叫外电离室，又称检测电离室，烟雾

图 3-2 感烟火灾探测器

可以进入其中；另外一个电离室叫内电离室，又称补偿电离室，空气可以缓慢进入，而相对于烟雾是密封的。

当发生火灾时，烟雾进入外电离室，烟雾粒子很容易吸附被电离的正离子和负离子，因而减慢了离子在电场中的移动速度，而且增大了移动过程中正离子和负离子相互中和的概率。离子感烟探测器正是根据这一点来判断烟雾的。

2）光电感烟探测器

根据烟雾粒子对光的吸收和散射作用，光电感烟探测器可分为减光式和散射光式两种类型。

（1）散射光式光电感烟探测器

散射光式光电感烟探测器，通过检测被烟雾粒子散射的光而对烟雾进行探测。烟雾一旦产生，随着其浓度的增大，烟雾粒子数的增多，则被散射的光量就增加，当达到规定值时，阈值比较型探测器就把该物理量转换成电信号送给报警控制器。

（2）减光式光电感烟探测器

对于减光式光电感烟探测器，进入光电检测暗室内的烟雾粒子对光源发出的光产生吸收和散射作用，使通过光路上的光通量减少，从而使受光元件上产生的光电流降低。光电流相对于初始标定值的变化量大小，反映了烟雾的浓度，据此可通过电子线路对火灾信息进行处理，通过传输线路发出相应的火灾信号。

减光式光电感烟探测原理可用于构成点型感烟探测器，用于微小检测暗室烟雾浓度大小。事实上，减光式光电感烟探测原理更适合于构成线型感烟探测器，如红外光束感烟探测器。

3）红外光束感烟探测器

红外光束感烟探测器是对警戒范围中某一线路周围的烟雾粒子予以响应的火灾探测器。它的特点是监视范围广，保护面积大。它的工作原理与遮光型光电感烟探测器类似，仅是光束发射器和接收器分别为两个独立的部分。如图 3-3 所示，不再有光敏室，作为测量区的光路暴露在被保护的

空间，并加长了许多倍。在测量区内无烟时，发射器发出的红外光束被接收器接收到，这时的系统调整在正常监视状态。如果有烟雾扩散到测量区，对红外光束起到吸收和散射作用，使到达接收器的光信号减弱，接收器则对此信号进行放大、处理并输出。

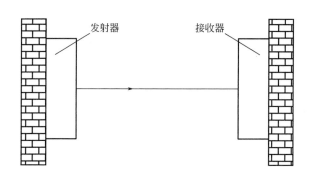

图 3-3 红外光束感烟探测器工作原理

线型红外光束感烟探测器基本结构由下列三部分组成。

（1）发射器

发射器由间歇振荡器和红外发光管组成，通过测量区向接收器间歇发射红外光束，这类似于光电感烟探测器中的脉冲发射方式。

（2）光学系统

光学系统采用两块口径和焦距相同的双凸透镜分别作为发射透镜和接收透镜。红外发光管和接收硅光电二极管分别置于发射与接收端的焦点上，使测量区为基本平行光线的光路，并可方便调整发射器与接收器之间的光轴重合。

（3）接收器

接收器由硅光电二极管作为探测光电转换元件，接收发射器发来的红外光信号，把光信号转换成电信号后，由后续电路放大、处理、输出报警。接收器中还设有防误报、检查及故障报警等电路，以提高整个系统的工作可靠性。

由于发射器和接收器均需要电源，而且安装时需要对准，给施工带来很大的不便。因此目前常用的红外光束感烟探测器发射器和接收器合而为一，采用反射板形式，极大地方便了施工，其原理如图 3-4 所示。

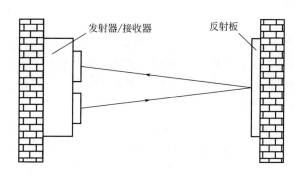

图 3-4 反射板形式的红外光束感烟探测器工作原理

2. 感温探测器

感温探测器主要由温度传感器和电子线路构成，根据其温度传感器的作用原理可分为定温探测器、差温探测器和差定温探测器。

1）定温探测器

定温探测器有点型和线型两种结构形式。

（1）点型定温探测器

阈值比较型点型定温探测器一般利用双金属片、易熔合金、热电偶、热敏电阻等元件为温度传感器，其外观如图 3-5 所示。探测器的温度敏感元件是一个双金属片。当发生火灾的时候，探测器周围的环境温度升高，双金属片受热会变形而发生弯曲。当温度升高到某一特定数值时，双金属片向下弯曲推动触头，于是两个电极被接通，相关的电子线路送出火警信号。

图 3-5　点型定温
探测器

（2）线型定温探测器

线型定温火灾探测器由两根弹性钢丝分别包敷热敏绝缘材料，绞对成型，绕包带再加外护套而制成。在正常监视状态下，两根钢丝间阻值接近无穷大。由于有终端电阻的存在，电缆中通过细小的监视电流。当电缆周围温度上升到额定动作温度时，其钢丝间热敏绝缘材料性能被破坏，绝缘电阻发生跃变，几近短路，火灾报警控制器检测到这一变化后报出火灾信号。当线型定温火灾探测器发生断线时，监视电流变为零，控制器据此可发出故障报警信号。

2）差温探测器

差温探测器，通常可以分为点型和线型两种。膜盒式差温探测器是点型探测器中的一种，空气管式、差温探测器是线型火灾探测器。

（1）膜盒式差温探测器

膜盒式差温探测器主要由感热室、波纹膜片、气塞螺钉及触点等构成。壳体、衬板、波纹膜片和气塞螺钉共同形成一个密闭的气室，该气室只有气塞螺钉的一个很小的泄气孔与外面的大气相通。在环境温度缓慢变化时，气室内外的空气由于有泄气孔的调节作用，因而气室内外的压力仍能保持平衡。但是，当发生火灾，环境温度迅速升高时，气室内的空气由于急剧受热膨胀而来不及从泄气孔外溢，致使气室内的压力增大将波纹膜片鼓起，而被鼓起的波纹膜片与触点碰接，从而接通了电触点，于是送出火警信号到报警控制器。

（2）空气管式差温探测器

空气管式线型差温探测器其敏感元件空气管为紫铜管，置于要保护的现场，传感元件膜盒和电路部分，可装在保护现场内或现场外。当气温正常变化时，受热膨胀的气体能从传感元件泄气孔排出，因此不能推动膜片，动、静接点不会闭合。一旦警戒场所发生火灾，现场温度急剧上升，使空气管内的空气突然受热膨胀，泄气孔不能立即排出，膜盒内压力增加推动膜片，使之产生位移，动、静接点闭合，接通电路，输出火警信号。

膜盒式差温探测器具有工作可靠、抗干扰能力强等特点。但是，由于它是靠膜盒内气体热胀冷缩而产生盒内外压力差工作的，因此其灵敏度受到环境气压的影响。在我国东部沿海标定适用的膜盒式差温探测器，拿到西部高原地区使用，其灵敏度有所降低。

3）差定温探测器

差定温探测器是兼有差温探测和定温探测复合功能的探测器。若其中的某一功能失效，另一功能仍起作用，因而大大地提高了工作的可靠性。

电子差定温探测器一般采用两个同型号的热敏元件，其中一只热敏元件位于监测区域的空气环境中，使其能直接感受到周围环境气流的温度，另一只热敏元件密封在探测器内部，以防止与气流直接接触。当外界温度缓慢上升时，两只热敏元件均有响应，此时探测器表现为定温特性。当外界温度急剧上升时，位于监测区域的热敏元件阻值迅速下降，而在探测器内部的热敏元件阻值变化缓慢，此时探测器表现为差温特性。

3. 火焰探测器

点型火焰探测器是一种响应火灾发出的电磁辐射（红外、可见和紫外谱带）的火灾探测器，如图3-6所示。因为电磁辐射的传播速度极快，所以这种探测器对快速发生的火灾（尤其是可燃溶液和液体火灾）能够及时响应，是对这类火灾早期通报火警的理想探测器。

火焰探测器一般分为紫外火焰探测器，响应波长低于

图3-6　火焰探测器

400nm 辐射能通量；红外火焰探测器，响应波长高于 700nm 辐射能通量及红外/紫外复合探测器。

4. 可燃气体探测器

对易燃易爆场所，可以利用可燃气体探测器，对可燃气体进行探测。可燃气体探测器分为点型可燃气体探测器和线型红外可燃气体探测器。

1）点型可燃气体探测器

点型可燃气体探测器目前主要应用于宾馆厨房或燃料气储备间、汽车库、压气机站、过滤车间、溶剂库、炼油厂、燃油电厂等存在可燃气体的场所。

点型可燃气体探测器的探测原理，按照使用气体元件或传感器的不同分为热催化型原理、热导型原理、气敏型原理和三端电化学原理等。热催化型原理是指利用可燃气体在有足够氧气和一定高温条件下，发生在铂丝催化元件表面的无焰燃烧，放出热量并引起铂丝元件电阻的变化，从而达到可燃气体浓度探测的目的。热导型原理是指利用被测气体与纯净空气导热性的差异和在金属氧化物表面燃烧的特性，将被测气体浓度转换成热丝温度或电阻的变化，达到测量气体浓度的目的。气敏型原理是指利用灵敏度较高的气敏半导体元件吸附可燃气体后电阻的变化来达到测定气体浓度的目的。三端电化学原理是指利用恒电位电解法，在电解池内安置 3 个电极并施加一定的极化电压，以透气薄膜同外界隔开，被测气体透过此薄膜达到工作电极，发生氧化还原反应，从而使传感器产生与气体浓度成正比的输出电流，达到可燃气体浓度探测的目的。

采用热催化型原理和热导型原理测量可燃气体时，不具有气体选择性。采用气敏型原理和三端电化学原理测量可燃气体时，具有气体选择性，适合于气体成分检测和低浓度测量。

主要应用在燃气锅炉房及厨房等场所的点型可燃气体探测器是采用气敏型原理的可燃气体探测器，其气体传感器的主要成分是二氧化锡烧结体。在大约 400℃ 的工作温度下，吸附还原性气体（例如液化器、天然气、一氧化碳等）时，因发生还原性气体的吸附与氧化反应，粒子界面存在的势垒降低，电子容易流动，从而电导率上升。当恢复到清洁空气中时，由于半导体表面吸附氧气，使粒子界面的势垒升高，阻碍电子的流动，电导率下降。传感器就是将这种电导率变化，以输出电压的方式取出，从而检测出气体的浓度。

2）线型红外可燃气体探测器

具有多原子结构的可燃气体分子，都能引起强烈的红外吸收，并且都具有各自固定的本征吸收谱带。线型红外可燃气体探测器，就是基于可燃气体的这种本征谱带吸收特征，该探测器由发射器和接收器两部分组成，发射器发出的红外光束穿过被监测区域后，被接收器接收。当被监测区域出现可燃气体泄漏时，会吸收对应波段的红外光，从而造成该波段到达接收器端的光强发生衰减，在理论上，可以证明该波段光强的变化量取决于泄漏可燃气体的体积百分比浓度（LEL）与该气体所占光路长度（m）的乘积。

线型红外可燃气体探测器具有探测灵敏度高、响应速度快、寿命长、探测距离长（最大可达 80m）、保护面积大和抗环境干扰性能强等特点。

5. 复合火灾探测器

复合探测器的探测性能是不容置疑的，但在过去由于其体积庞大，造价昂贵，火灾报警可靠性差等原因，一直不能得到有效的应用。然而近几年来，微电子技术的高速发展，低功耗，超强功能 CPU 芯片的使用，以及平面贴装工艺的采用，使得复合探测器的研制、应用越来越具有吸引力。比如，光电、离子、温度三复合探测器，它实际上是一个包含时间因素在内的四维探测器。不光是简单的三种传感器的"与"组合，而是三种燃烧曲线，某种科学算法的智能判断，它几乎可以使误报为 0。当然误报原因有操作过失，环境湿度、温度变化，空气中灰尘污染，废气污染，探头变脏，以至系统故障等。根据分析，复合探测器还可以使火灾报警时间大大提前。这种复合探测器本身带有微处理器 CPU，它对各种传感器采集到的信号进行记录、处理，或进行模糊推理或与典型的火灾信号进行类比，作出正确的判断（也可以是初步判断）。经过软件赋址，送到探测二总线回路上去。

随着传感器技术、微处理器技术和信号处理技术的飞速发展，复合火灾探测已经成为火灾自动探测技术的发展方向。目前复合火灾探测器主要有光电感烟和感温复合、离子感烟和感温等形式。采用复合探测方法的主要目的是使探测器能够均匀探测各种类型的火灾，特别是散射光烟雾探测器通过温度补偿，克服了其对带温升的黑烟不敏感的缺点，有力地推动了光电烟雾探测器的应用。但是光电烟温复合探测器对低温升的黑色烟雾响应较差，离子感烟由于其存在放射性污染的可能性而越来越难以被市场接受，而且不论是光电还是离子感烟方法，本质上还是粒子探测，各种灰尘、水气和油雾等粒子干扰同样会对它们产生影响，尽管可以采用信号处理的方法抑制这些干扰，但很难做到完全消除，因此需要寻找能够更加有效探测火灾和减少误报的新的火灾探测方法。

有关研究人员通过研究各种火灾的一氧化碳浓度含量与检测方法，提出能够处理一氧化碳信号的复合火灾探测算法，研制成功了一氧化碳、光电感烟和感温三复合火灾探测器，它采用低功耗的金属氧化物一氧化碳传感器、散射光烟雾探测和半导体温度传感技术，利用微处理器对信号进行复合火灾探测算法处理。

众所周知，绝大多数火灾都要产生一氧化碳气体，在燃烧不充分的火灾早期更是这样，而且 CO 气体比空气轻，扩散性比烟雾更强，因此将一氧化碳传感器引入火灾探测，构成复合火灾探测器是一种比较理想的早期火灾探测方法。

6. 新型火灾探测器

近年来还出现了图像式和空气采样式火灾探测器，为我们进行火灾探测提供了新的技术手段和思路。图像式探测器通过摄像机采集监控区域的光辐射图像，然后通过图像识别技术判断火灾的发生，具有较强的识别和抗干扰能力，如下图 3-7 所示。空气采样式探测器则通过管路采集被保护空间的空气样本来进行烟雾判断，大大提高了探测器的灵敏度，特别是为解决早期火灾预报提供了新的方法，如图 3-8 所示。

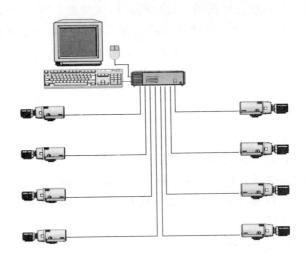

图 3-7　图像式探测器工作原理

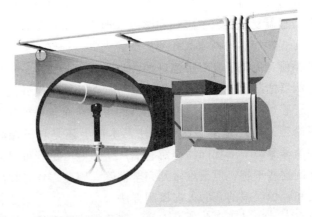

图 3-8　空气采样式探测器

7. 手动报警按钮

上述的各种火灾探测器都属于自动报警装置，实际建筑物里还有一种手动报警装置，也就是我们常说的手动报警按钮，如下图 3-9 所示。火灾发生时，人员手动按下按钮，即可报告火灾信号，由于每个按钮都有相应的编码，因此报警的同时也确认了现场位置。手动报警按钮必须认为按下才能发出报警信号，因此除非人为故意操作，一般情况下手动报警按钮不会产生类似普通火灾探测那样的误报警。

　　手动报警按钮分为带电话插孔与不带电话插孔两种，带电话插孔的手动报警按钮可实现通过电话手柄与消防控制中心的直接通话。

图 3-9　手动报警
按钮

四、无线火灾自动报警系统

　　无线火灾报警系统是利用无线火灾探测器发出火警信号和故障信号，并记录发出这些信号的地点和时间的自动报警专用设备，它是由无线火灾探测装置、各级无线火灾报警装置组成。无线火灾探测装置主要由火灾探测器、发射机组成，它能自动和手动发出火灾报警信号以及火灾探测器故障报警信号。当无线火灾探测装置在探测范围内发现火灾或内部发生故障时，探测器将产生不同信号，同时控制电路根据信号自动启动发射机，在规定时间内发出不同的报警信号。在发现火灾后，也可以人为按下手动报警按钮发出火灾信号。各级无线火灾报警装置能实现火灾和探测器故障的声光报警功能，并把信号送到下一级报警装置。

　　无线火灾报警系统内部全部组件均为无线，通过无线电波发射和接收信号进行通信活动，在接触不良的区域，需要单独的无线采集信号，然后通过连接的导线传输给控制单元，其方式与屋顶安装的电视无线接收信号相同。器件相互之间的工作频率由无线电管理部门确定，各个用户的专用频率是不相同的，这也是由管理部门统一分配，以避免相互影响。另外无线器件是由一种长效锂电池供电，包括主电源和备用电源，一般十年内无需调换。

　　无线火灾自动报警系统与有线火灾自动报警系统相比具有施工简单、安装容易、组网方便、调试省时省力等特点。无线系统在安装之前，需要对建筑物内部进行勘测，只有每个探测器在安装位置处所发出的无线电信号到达控制器的强度规定要求时，系统才能可靠工作。系统的工作范围很大程度上取决于建筑物的构造，例如，在建筑物里面，30m～50m 的距离可以收到信号的话，在空地上可扩大到 200m，如果收不到信号，那么就应在合适的地点安装中继器。一旦勘测完毕，系统的安装就变得快捷，安装一只探测器只需要几个螺丝钉，在几分钟的时间内就可以完成。如要增加设备的话，只需在控制面板上操作或通过计算机就能完成，而对于有线火灾报警系统来说，就显得比较困难。

由于无线火灾报警系统安装快捷，特别是它的灵活设置，有线报警系统不可比拟。对于正在施工或正在进行重新装饰的场所，在没安装有线报警系统之前，这种临时系统可以充分保证建筑物的防火安全，一旦施工结束，无线系统可以很容易地转移到别的场所。

第二节 灭火系统

一、消防给水系统

建筑消防给水是指用于保证建筑消防安全的需要而设置在建筑内、外的给水系统的总称。主要包括消火栓给水系统和自动喷水灭火系统，消火栓给水系统是一般建筑物较为普遍采用的消防给水系统，系统包括室内和室外消火栓、加压设施、稳压装置、水源、管网、阀门和水箱等。

1. 消防给水系统分类

室外消防给水系统可采用高压、临时高压和低压系统。城镇、居住区、企业事业单位的室外消防给水，一般均采用低压给水系统，而且常常与生活、生产给水管道合并使用。但是，高压或临时高压给水管道为确保供水安全，应与生产、生活给水管道分开，设置独立的消防给水管道。

1）按水压高低分类

（1）高压给水系统

是指管网内经常保持足够的压力，火场上不需使用消防车或其他移动式水泵加压，而直接由消火栓接出水带、水枪灭火的给水系统。当建筑高度小于等于24m时，室外高压给水管道的压力应保证消防用水量达到最大，且水枪布置在保护范围内建筑物的最高处，充实后水柱不应小于10m。当建筑物高度大于24m时，应立足于室内消防设备扑救火灾。

（2）临时高压给水系统

在临时高压给水管道内，平时水压不高，通过高压消防水泵加压，使管网内的压力达到高压给水管道的压力要求。当城镇、居住区有高层建筑时，可以采用室外和室内均为高压或临时高压的消防给水系统，也可以采用室内为高压或临时高压，而室外为低压的消防给水系统。

（3）低压给水系统

是指管网内平时水压较低，火场上水枪的压力是通过消防车或其他移动消防泵加压形成的。消防车从低压给水管网消火栓内取水，一是直接用吸水管从消火栓上吸水，二是用水带接上消火栓往消防车水罐内放水。为满足消防车吸水的需要，低压给水管网最不利点处消火栓的压力不应小于0.1MPa。

2）按用途分类

（1）生活用水和消防用水合并的给水系统；

（2）生产用水和消防用水合并的给水系统；

（3）生产用水、生活用水和消防用水合并的给水系统；

（4）独立的消防给水系统。

一般情况下消防给水宜与生产、生活给水管网系统合并，如合并不经济或技术上不可行，可采用独立的消防给水管道系统。对于高层民用建筑，应采用独立的消防给水管道。

2. 消防给水水源

消防用水对水质没有特殊要求，但自动喷水灭火系统用水应满足无污染、无腐蚀、无悬浮物的要求。目前，消防水源有三种类型。

1）市政给水管网

市政给水管网是建筑小区的主要消防水源，它通过两种方式提供消防用水。一是通过其上设置的消火栓（市政消火栓）为消防车等消防设备提供消防用水。二是通过建筑物的进水管，为该建筑物提供室内外消防用水。

2）天然水源

（1）利用天然水源时，应确保枯水期最低水位水量仍能供应消防用水。一般情况下，居住区、办公区的天然水源的保证概率应按 25 年一遇确定。

（2）利用天然水源作为消防水源时，应在天然水源地建立可靠的，任何季节、任何水位都能确保消防车取水的设施，如修建消防码头、自流井、回车场等。

（3）利用天然水源作为消防水源时，应在取水设备的吸水管上加设滤水器，以阻止河、塘水中杂物等吸入管道，影响水流，堵塞消防用水设备。

（4）在建筑小区改建、扩建过程中，若提供消防用水的天然水源及其取水设施被填埋，应在遭毁坏的同时采取相应的措施，如铺设管道、修建消防水池，以确保消防用水。

（5）被易燃、可燃液体污染的天然水源，不能作为消防水源。

图 3-10　城市中的河流湖泊作为天然消防水源

3）消防水池

消防水池是人工建造的储存消防用水的构筑物，是天然水源或市政给水管网的一种重要补充手段。消防用水宜于生活、生产用水合用一个水池，这样既可降低造价，又可以保证水质不变坏。

当室外给水管网能保证室外消防用水量时，消防水池的有效容量应满足在火灾延续时间内室内消防用水量的要求。当室外给水管网不能保证室外消防用水量时，消防水池的有效容量应满足在火灾延续时间内室内消防用水量与室外消防用水量不足部分之和的要求。

图 3-11　消防水池

3. 室外消火栓给水系统

室外消火栓是设置在建筑物外面消防给水管网上的供水设施，主要供消防车从市政给水管网或室外消防给水管网取水实施灭火，也可以直接连接水带、水枪出水灭火。是扑救火灾的重要消防设施之一。

1）室外消火栓类型及特点

传统的室外消火栓有地上式消火栓和地下式消火栓，新型的有室外直埋伸缩式消火栓。

地上式在地上接水，操作方便，但易被碰撞，易受冻。地下式防冻效果好，但需要建较大的地下井室，且使用时消防队员要到井内接水，非常不方便。

图 3-12　地上式消火栓

图 3-13　地下式消火栓

室外直埋伸缩式消火栓平时消火栓压回地面以下，使用时拉出地面工作。比地上式能避免碰撞，防冻效果好。比地下式操作方便，直埋安装更简单。

图 3-14　室外直埋伸缩式消火栓

2）室外消防给水管网

（1）环状消防给水管网

城镇市政给水管网、建筑物室外消防给水管网应布置成环状管网，管线形成若干闭合环，水流四通八达，安全可靠，其供水能力是枝状管网的 1.5～2 倍。

向环状管网输水的进水管不应小于 2 条，输水管之间要保持一定距离，并应设置连接管。室外消防给水管网的管径不应小于 200mm，有其他供水条件的其管径不应小于 150mm。

（2）枝状消防给水管网

在建设初期或者分期建设，较大工程或是室外消防用水量不大的情况下，室外消防供水管网可以布置成枝状管道。即管网设成树枝状，分枝后干线彼此无联系，水流在管网内向单一方向流动，当管网检修或损坏时，其前方就会断水。所以，应限制枝状管网的使用范围。

4. 室内消火栓给水系统

1）系统组成

室内消火栓是室内管网向火场供水的，带有阀门的接口，为工厂、仓库、高层建筑、公共建筑及船舶等室内固定消防设施，通常安装在消火栓箱内，与消防水带和水枪等器材配套使用。

当有火灾时，迅速打开消火栓箱，取出水带、水枪，将水带一头接在消火栓出口上，另一头与水枪连接，随即把消火栓手轮打开，即能喷水灭火。

建筑消火栓给水系统一般由水枪、水带、消火栓、消防管道、消防水池、高位水箱、水泵接合器及增压水泵等组成。

（1）消火栓设备

① 消防水枪

消防水枪是灭火的射水工具，用其与水带连接会喷射密集充实的水流，具有射程远、水量大等优点。

根据射流形式和特征不同可分为直流水枪、喷雾水枪、多用水枪等，

图 3-15　消防水枪

常用的水枪是直流和喷雾水枪。

直流水枪喷射的水流为柱状，射程远、流量大、冲击力强，用于扑救一般固体物质火灾，以及灭火时的辅助冷却等。

喷雾水枪是喷射雾状水流的水枪，对建筑室内火灾具有很强的灭火能力，还可扑救带电设备火灾、可燃粉尘火灾及部分油品火灾等。

多用水枪即可以直流喷射，又可雾状喷射，有的还可以喷射水幕，并且几种水流可以互相交换，组合使用，对火场适应性好。

② 消防水带

消防水带是用来运送高压水或泡沫等阻燃液体的软管。传统的消防水带以橡胶为内衬，外表面包裹着亚麻编织物。先进的消防水带则用聚氨酯等聚合材料制成。消防水带的两头都有金属接头，可以接上另一根水带以延长距离或是接上喷嘴以增大液体喷射压力。

图 3-16　消防水带

③ 消火栓

消火栓均为内扣式接口的球形阀式龙头，有单出口和双出口之分。双出口消火栓直径为 65mm，单出口消火栓直径有 50mm 和 65mm 两种。

（2）水泵接合器

水泵接合器与建筑物内的自动喷水灭火系统或消火栓等消防设备的供

图 3-17　室内消火栓

图 3-18　水泵接合器

水系统相连接。是连接消防车向室内消防给水系统加压供水的装置，一端有消防给水管网水平干管引出，另一端设于消防车易于接近的地方。

当发生火灾时，消防车的水泵可迅速方便地通过该接合器的接口与建筑物内的消防设备相连接，并送水加压，从而使室内的消防设备得到充足的压力水源，用以扑灭不同楼层的火灾，有效地解决了建筑物发生火灾后，消防车灭火困难或因室内的消防设备得不到充足的压力水源无法灭火的情况。

（3）消防管道

消防供水管道根据建筑物的性质、使用要求和经济技术条件，可以共用建筑内其他给水系统管道或独立设置。

（4）消防水池

消防水池用于无室外消防水源情况下，贮存火灾持续时间内的室内消防用水量。消防水池可设于地下或地面上，也可以设在室内地下室，或与室内泳池、水景池兼用。

（5）消防水箱

消防水箱能够在灭火救援活动中为消防队提供水源的消防设施。一方面，消防水箱贮水能使消防给水管道充满水，节省消防水泵开启后充满管道的时间，为扑灭火灾赢得了时间。另一个方面，屋顶设置的增压、稳压系统和水箱能保证消防水枪的充实水柱，对于扑灭初期火灾的成败有决定性作用。

根据用途的不同，消防水箱可分为循环消防水箱和非循环消防水箱两类。循环消防水箱平时与城市自来水管网保持连接，水箱中的水处于循环流动状态，当地震发生时，能与自来水管网自动切断，以保证水箱里始终充满清洁的水源。它除了为消防队提供灭火水源外，主要用于在地震等大

图 3-19   消防水箱

规模灾害发生，城市自来水管网瘫痪时为市民提供清洁的饮用水。循环消防水箱主要设置在学校、公园、医院等地震灾害发生时用于市民避难的场所。非循环水箱与自来水管网没有连接，里面的水不能饮用。它的作用主要是在消火栓无法使用时，为消防队提供灭火水源。

目前适合做水箱的材料有许多种，最常见的材料有钢板、不锈钢、钢筋混凝土、玻璃钢、搪瓷钢板等材料，但它们各有优缺点。碳素钢板焊接而成的钢板水箱，内表面需进行防腐处理，并且防腐材料不得有碍卫生要求。钢筋混凝土现场灌注的水箱，重量大，施工周期长，与配管边接处易漏水，清洗时表面材料易脱落。搪瓷钢板水箱水质不受污染，能防止钢板锈蚀，安装方便迅速，不受土建进度的限制，结构合理，坚固美观，不变形不漏水，适用性广。玻璃钢水箱不受建筑空间限制，适应性强，重量轻，无锈蚀，不渗漏，外形美观，使用寿命长，保温性能好，安全可靠，安装方便，清洗维修简单。不锈钢水箱坚固，不污染水质，耐腐蚀、不漏水，清洗方便重量轻，不滋生藻类，保温美观，施工方便，但价格高。

2）给水方式

室内消火栓给水系统有以下几种给水方式：

（1）由室外给水管网直接供水的给水方式

适宜在室外给水管网提供的水量和水压，在任何时候均能满足室内消火栓给水系统所需的水量、水压时采用。该方式管道布置中可以与生活、生产用用管共用，或者单独布置消防管道。

（2）设水箱的消火栓给水方式

宜在室外管网一天之内有一定时间能够保证消防水量、水压时采用，贮存 10min 的消防用水量，灭火初期供水。

（3）设水泵、水箱的消火栓给水方式

宜在室外给水管网的水压不能满足室内消火栓给水系统的水压要求时采用。水箱由生活泵补水，贮存 10min 的消防用水量，火灾发生初期由水箱供水灭火，消防水泵启动后由消防水泵供水灭火。

二、自动喷水灭火系统

自动喷水灭火系统由洒水喷头、报警阀组、水流报警装置（水流指示器或压力开关）等组件，以及管道、供水设施组成，能在发生火灾时自动喷水灭火。

自动喷水灭火系统依照采用的喷头分为两类：采用闭式洒水喷头的为闭式系统，采用开式洒水喷头的称为开式系统。

1. 闭式自动喷水灭火系统

1）湿式系统

由湿式报警阀组、闭式喷头、水流指示器、控制阀门、末端试水装置、管道和供水设施等组成。系统的管道内充满有压水，一旦发生火灾，喷头动作后立即喷水。

（1）工作原理及特点

火灾发生的初期，建筑物的温度随之不断上升，当温度上升到以闭式喷头温感元件爆破或熔化脱落时，喷头即自动喷水灭火。

（2）适用范围

环境温度在 4～70℃ 之间的建筑物和场所（不能用水扑救的建筑物和场所除外）都可以采用湿式系统。

（3）系统特点

湿式系统结构简单，使用方便、可靠，便于施工，容易管理，灭火速度快，控火效率高，比较经济，适用范围广，占整个自动喷水灭火系统的 75% 以上，适合安装在能用水灭火的建筑物、构筑物内。

2）干式系统

准工作状态时配水管道内充满用于启动系统的有压气体的闭式系统。

（1）工作原理

干式系统与湿式系统的工作原理类似，只是控制信号阀的结构和作用原理不同。配水管网与供水管间设置干式控制信号阀将它们隔开，配水管网中平时充满着有压气体用于系统的启动。发生火灾时，喷头首先喷出气体，致使管网中压力降低，供水管道中的压力水打开控制信号阀而进入配水管网，接着从喷头喷出灭火。不过该系统需要多增设一套充气设备，一次性投资高、平时管理较复杂、灭火速度较慢。

（2）适用范围

干式系统适用于环境温度低于 4℃ 和高于 70℃ 的建筑物和场所，如不采暖的地下车库、冷库等。

（3）系统特点

干式系统，在报警阀后的管网内无水，故可避免冻结和水汽化的危险，不受环境温度的制约，可用于一些无法使用湿式系统的场所。

比湿式系统投资高。因需充气，增加了一套充气设备而提高了系统造价。

干式系统的施工和维护管理较复杂，对管道的气密性有较严格的要求，管道平时的气压应保持在一定的范围，当气压下降到一定值时，就需进行充气。比湿式系统喷水灭火速度慢，因为喷头受热开启后，首先要排出管道中的气体，然后再出水，这就延误了时机。

3）预作用系统

准工作状态时配水管道内不充水，由火灾自动报警系统自动开启雨淋报警阀后，转换为湿式系统的闭式系统。

预作用系统适用于处准工作状态时严禁管道漏水、严禁系统误喷需替代干式系统的场所。

2. 开式自动水灭火系统

1）雨淋系统

该系统由火灾探测系统和平时管道不充水的开式喷头喷水灭火系统等组成。由火灾自动报警系统或传动管控制，自动开启雨淋报警阀和启动供水泵后，向开式洒水喷头供水的自动喷水灭火系统。

雨淋系统适用于火灾危险性大、可燃物多、发热量大、燃烧猛烈和蔓延迅速，并要求在同一防区内同时密集喷水的场所。如：液化石油气的罐瓶间，泡沫橡胶的生产车间，化纤类物品的仓库，剧院的舞台、演播室及电影摄影棚等。

2）水幕系统

由开式洒水喷头或水幕喷头、雨淋报警阀组或感温雨淋阀，以及水流报警装置等组成，用于挡烟阻火和冷却分隔物的喷水系统。

水幕系统是自动喷水灭火系统中唯一的一种不以灭火为主要目的的系统。该系统由水幕喷头、管道和控制阀组成，作用方式和工作原理与雨淋系统相同，当发生火灾时，由火灾探测器或人发现火灾，电动或手动开启控制阀，然后系统通过水幕喷头喷水。

水幕系统适用于舞台口、门窗口、洞孔口及燃烧体构造的墙面，也可单独作为防火分区的手段，通常与防火卷帘、玻璃幕墙等配合使用，起阻火、隔断空间、封闭门窗洞孔、分隔豁口、冷却建筑物暴露表面等作用。

水幕技术还可应用于灭火救援。由于其能够有效减少火场热辐射、稀释有毒气体、隔离烟雾，因此在扑救储油罐区等热辐射强烈的火灾时，在燃烧区域和相邻区域之间设立水幕带，可有效减少火势蔓延的可能，将火灾损失降到最低。

图 3-20 水 幕 系 统

3) 水喷雾系统

水喷雾灭火系统是由自动喷水灭火系统派生出来的，它的组成和工作原理与雨淋系统基本一致。其区别主要在于喷头的结构和性能不同：雨淋系统采用标准开式喷头，而水喷雾系统则采用中速或高速喷雾喷头。水喷雾系统通过高压喷射出分布均匀小水滴，

图 3-21 水 喷 雾 系统 的 喷头

由于水雾绝缘性好，在灭火时还能产生大量的水蒸气，因此通过冷却、窒息、乳化、稀释作用可迅速灭火。

喷雾灭火系统是利用水雾喷头在一定水压下将水流分解成细小水雾滴进行灭火或防护冷却的一种固定式灭火系统，是在自动喷水灭火系统的基础上发展起来的，具有投资小、操作方便、灭火效率高的特点。过去水喷雾灭火系统主要用于石化、交通和电力部门的消防系统中，随着大型民用建筑的发展，水喷雾灭火系统在民用建筑消防系统中的应用成为可能。

4) 细水雾灭火系统

细水雾应用于消防灭火系统起始于 20 世纪 40 年代，当时主要用于特殊的场所，如运输工具等。现在由于环保问题，卤代烷灭火剂被逐步淘汰，而细水雾作为灭火剂对于环境的潜在优势使其应用范围在不断的拓展，其用于居住建筑、可燃性液体储存设施及电器设备方面的研究，已经取得了令人鼓舞的成果。

细水雾灭火系统成功的关键，是增加单位体积水微粒的表面积。细水雾系统使用特殊喷嘴，水流通过高压喷孔高速喷出，与周边的空气产生强烈摩擦

后被撕裂，从而形成直径非常小的雾滴。水微粒子化以后，即使同样体积的水，也可使总表面积增大从而更容易进行热吸收，冷却燃烧反应。吸收热的水微粒容易汽化，体积增大约 1700 倍。由于水蒸气的产生，既稀释了火焰附近氧气的浓度，窒息法原理终止燃烧反应，又有效地控制了热辐射。因此可以说，细水雾灭火主要是通过高效率的冷却与缺氧窒息双重手段起作用。

　　细水雾灭火系统适用于下列场所：可燃液体和可熔化固体火灾；固体表面火灾；电气及带电设备火灾，细水雾灭火系统不适用于扑救遇水发生强烈化学反应，造成燃烧、爆炸物质的火灾以及水雾对保护对象会造成严重破坏的火灾。

图 3-22　细水雾示意图

　　5）水炮自动灭火系统

　　水炮自动灭火系统利用双波段摄像机进行火灾空间定位，根据双像正直摄影立体视觉原理，由左右视差和基线确定火灾的三维位置。该原理具有计算公式直接、简单的特点。一旦发现火情，火灾探测器立即给计算机发出报警信息，计算机在接受火灾探测器发出的报警信号，经过系统确认之后，消防水炮喷头带动火焰定位器进行水平方向和俯仰方向上火焰搜索定位，对火灾进一步确认和火焰空间精确定位之后，功率驱动模块自动打开消防水泵和电磁阀，并对着火点实施喷水灭火直至火焰熄灭，报警信号消除为止。

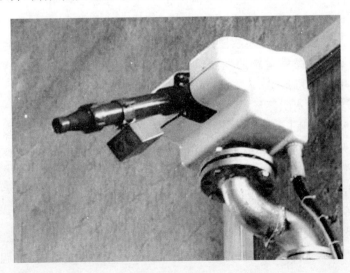

图 3-23　水炮系统示意图

三、灭火器

火灾发生后，为了减少人员伤亡和财产损失，应及早控制住火势的蔓延。在消防队员到来之前，正确利用身边的工具去主动灭火，完全可以将火灾消灭在萌芽状态，如用坐垫、褥垫、浸湿的扫帚等拍打火，用毛毯盖火，把着火的窗帘撕下用脚踩灭，等等。

效果最为理想的初期灭火工具当属灭火器了，它轻便灵活，可移动，稍加训练就可以掌握。

灭火器具是一种平时往往被人冷落，急需时大显身手的消防必备之物。尤其是在高楼大厦林立，室内用大量木材、塑料、织物装潢的今日，一旦有了火情，没有适当的灭火器具，便可能酿成大祸。

19世纪中叶，法国医生加利埃发明了手提式化学灭火器。将碳酸氢钠和水混合放在筒内，另用一玻璃瓶盛着硫酸装在桶口内。使用时，由撞针击破瓶子，使化学物质混合，产生二氧化碳，把水压出桶外。此后又出现了干粉灭火器、液态二氧化碳灭火器等多种小型式灭火器。

灭火器按充装的灭火剂类别可分为水型灭火器、泡沫型灭火器、干粉型灭火器、卤代烷型灭火器及其替代品、二氧化碳灭火器等。

下面简单介绍这些常用灭火器的工作原理及操作方法。

1. 常用灭火器的基本特点

1）水型灭火器

（1）清水灭火器

清水灭火器筒体中充装的是清洁的水，所以称为清水灭火器。主要依靠水的冷却和窒息作用进行灭火。

清水灭火器可用于扑救竹、木、棉麻、稻草、纸张等A类火灾。不适用于扑救油脂、石油产品、电气设备和轻金属火灾。

清水灭火器应放置于干燥、通风、便于取用的地方，不能放在露天场所，防止日晒雨淋，冬季应注意防冻。

（2）酸碱灭火器

酸碱灭火器是一种内部装有65%工业硫酸和碳酸氢钠的水溶液作为灭火剂的灭火器。使用时，两种药液混合发生化学反应，产生二氧化碳压力气体，灭火剂在二氧化碳气体的压力

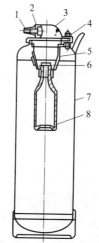

图3-24 手提式酸碱灭火器构造
1—喷嘴；2—滤网；3—筒盖；
4—密封垫圈；5—瓶夹；6—铅
盖；7—筒体；8—瓶胆

下喷出灭火。

酸碱灭火器适用于扑救 A 类物质燃烧的初期火灾，如木材、织物、纸张等燃烧的火灾，不能扑救 B 类物质燃烧的火灾，也不能扑救 C 类火灾和 D 类火灾。同时也不能用于带电场合的扑救。

2）泡沫型灭火器

泡沫型灭火器是通过机械方法或化学反应产生泡沫的灭火器，分为空气泡沫灭火器和化学泡沫灭火器两种。空气泡沫灭火器内部充装 90% 的水和 10% 的空气泡沫灭火剂。依靠二氧化碳气体将泡沫压送至喷射软管，经喷枪作用产生泡沫。化学泡沫灭火器内充装有硫酸铝和碳酸氢钠两种化学药剂的水溶液。使用时，将两种溶液混合引起化学反应生成灭火泡沫，并在压力的作用下喷射灭火。

空气泡沫灭火器可用来扑救各种油类和极性溶剂的初期火灾。化学泡沫灭火器适用于扑救一般 B 类火灾，如石油制品、油脂类火灾，也可适用 A 类火灾，但不能扑救 B 类火灾中的水溶性可燃、易燃液体火灾，如醇、酮、醚、酯等物质火灾，也不适用扑救带电设备及 C 类和 D 类火灾。

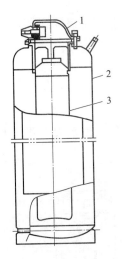

图 3-25　手提式化学泡沫灭火器
1—筒盖；2—筒体；3—瓶胆

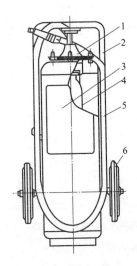

图 3-26　MPT 型推车式化学泡沫灭火器
1—筒盖；2—车架；3—筒体；4—瓶胆；
5—喷射软管；6—车轮

3）干粉型灭火器

干粉灭火器中灭火剂的主要成分是碳酸氢钠等盐类物质与适量的润滑剂和防潮剂。它依靠加压气体（以液态二氧化碳或氮气）压力将干粉从喷嘴喷出，形成一股夹着加压气体的雾状粉流，射向燃烧物，当干粉与火焰接触时，便发生一系列的物理与化学作用将火焰扑灭。干粉型灭火器主要有碳酸氢钠和磷酸铵盐干粉灭火器两种。

碳酸氢钠干粉（又称小苏打）属于普通干粉，只能扑救 B、C 类火灾，所以，碳酸氢钠干粉灭火器也叫作 BC 干粉灭火器。常用于加油站、汽车库、实验室、变配电室、煤气站、液化气站、油库、船舶、车辆、工矿企业及公共建筑等场所。磷酸铵盐干粉灭火器属于多用干粉，适于扑救 A、B、C 类火灾，所以磷酸铵盐干粉灭火器也叫作 ABC 干粉灭火器。磷酸铵盐干粉灭火器除了可用于磷酸氢钠干粉灭火器所适宜的场所外，还适用于储有木材、竹器、棉麻、织物、纸张等制品的场所。

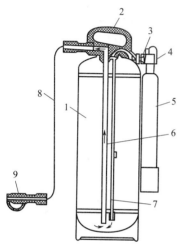

图 3-27　MF 型手提外挂式干粉灭火器结构图
1—进气管；2—出粉管；3—二氧化碳钢瓶；4—螺母；5—提环；6—筒体；7—喷粉胶管；8—喷枪；9—拉环

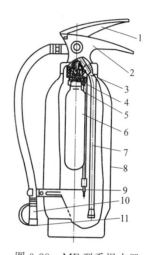

图 3-28　MF 型手提内置式干粉灭火器
1—压把；2—提把；3—刺针；4—密封膜片；5—进气管；6—二氧化碳钢瓶；7—出粉管；8—筒体；9—喷粉管固定夹箍；10—喷粉管（带提环）；11—喷嘴

4）卤代烷型灭火器

哈龙 1211 灭火器是传统卤代烷型灭火器的代表。它以二氟一氯一溴甲烷为灭火剂，以氮气作驱动气体，属于化学抑制灭火。

这种灭火器的灭火效率高，毒性低，电绝缘性好，对金属无腐蚀，灭火后不留痕迹，适用于油类、电气设备、仪器仪表、图书档案、工艺品等的初期火灾。

为了保护臭氧层，我国于 1992 年制定了《中国消耗臭氧层物质逐步淘汰国家方案》及《中国消防行业哈龙整体淘汰计划》，其中规定从 1997 年起哈龙 1211 灭火器生产开始削减，2010 年完全淘汰。

5）二氧化碳灭火器

二氧化碳灭火器内充装的是加压液化的二氧化碳，利用其内部的蒸气压将二氧化碳喷出，其灭火主要依靠窒息作用和部分冷却作用。

二氧化碳灭火器适于扑救甲、乙、丙类液体，可燃气体和带电设备的初期火灾。常用于加油站、油泵间、液体气站、实验室、变配电室、柴油发动机房等场所作初期防护。二氧化碳具有不污染物件，不留痕迹的特点，所以适用于扑救精密仪器和贵重设备起火的初期火灾。扑救棉麻、纺织品火灾时，需注意防止复燃。二氧化碳灭火器不可用于扑救轻金属火灾。

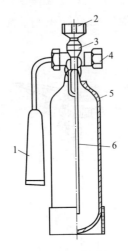

图 3-29　MT 型手轮式
二氧化碳灭火器
1—喷筒；2—手轮；3—启闭阀；
4—安全阀；5—钢瓶；6—虹吸管

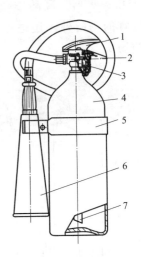

图 3-30　MTZ 型鸭嘴式
二氧化碳灭火器
1—压把；2—提把；3—启闭阀；4—钢瓶；
5—卡箍；6—喷筒；7—虹吸管

2. 常用灭火器的使用方法

1）干粉灭火器的使用方法

使用干粉灭火器时，可手提或肩扛灭火器奔向火场，颠倒摇动几次，使干粉松动。在燃烧处 5m 左右，选择上风位置，然后拔去保险销（卡），一手握住胶管喷头，另一只手按下压把（或拉起提环），即可使干粉喷出。在扑救可燃、易燃液体火灾时，应对准火焰根部扫射，防止火焰回窜。如被扑救的液体火灾呈流淌状燃烧，应对准火焰根部由近而远，左右扫射，直至把火焰全部扑灭；如可燃液体在容器内燃烧，应对准火焰根部左右晃动扫射，使干粉雾流覆盖容器开口表面。切不能将喷嘴直接对准液面喷射，防止喷流冲击力将可燃液体溅出容器造成火势蔓延扩大。

2）泡沫灭火器的使用方法

使用泡沫灭火器时，应手提灭火器的提把迅速奔到燃烧处，在距燃烧物 6m 左右，先拔出保险销，一手紧握住开启压把，另一手握住喷枪，将灭火器的密封开启，空气泡沫即从喷枪中喷出。在使用机械泡沫灭火器时，应一直紧握开启压把，不能松开，也不能将灭火器倒置或者横卧使用，否则会中断泡沫的喷出。

1.右手握着压把，左手托着灭火器底部，轻轻地取下灭火器。　　2.右手提着灭火器到现场。　　3.除掉铅封。　　4.拔去保险销。

5.左手握着喷管，右手提着压把。　　6.在距火焰2m的地方，右手用力压下压把，左手拿着喷管左右摆动，喷射干粉覆盖整个燃烧区。

图 3-31　干粉灭火器的使用方法

1.右手握着压把，左手托着灭火器底部，轻轻地取下灭火器。　　2.右手提着灭火器到现场。　　3.右手揣住喷嘴，左手执筒底边。

4.把灭火器颠倒过来呈垂直状态，用力上下晃动几下。　　5.右手抓筒耳，左手抓筒底边缘，把喷嘴朝向燃烧区，站在离火源8m的地方喷射，并不断前进，围着火焰喷射，直至把火扑灭。　　6.灭火后，把灭火器卧放在地上，喷嘴朝下。

图 3-32　泡沫灭火器的使用方法

3）二氧化碳灭火器的使用方法

二氧化碳灭火器的开关形式有螺纹式和压把式。如果是螺纹式阀门，只需将手轮按逆时针方向旋转至最大开启量。如果是压把式，则应向下**按压压把**。灭火时，一手持喷筒，一手提灭火器提把，顺风使喷筒从**火源侧**上方朝下喷射，喷射方向要保持一定的角度，以使二氧化碳迅速覆盖着**火源**，达到窒息灭火的目的。

1.用右手握着压把。　2.用右手提着灭火器到现场。　3.除掉铅封。　4.拔去保险销

图 3-33　二氧化碳灭火器的使用方法

5.站在距火源2m的地方，左手拿着喇叭筒，右手用力压下压把。

6.对着火焰根部喷射，并不断推前，直至把火焰扑灭。

4）推车式干粉灭火器使用方法

将灭火器推到起火地点，一人迅速打开喷粉胶管转盘，使喷粉软管完全展开，紧握喷枪对准燃烧处。另一人则迅速拔下保险销，提起拉环，使干粉药剂喷出。

5）小型家用灭火器的使用方法

随着社会的发展，居民家中的电器越来越多，装修也越来越复杂，这给家庭火灾的发生增添了很大的隐患。在国外，家用消防器材占整个消防器材市场份额的 40％～60％，在一般超市中即可买得到。在日本等许多国家，从小学就开始设立有关消防常识等方面的指导课，所以他们的防火意识很强，70％以上的家庭都会在厨房放置一件家用消防器材，即使是几

1.把干粉车拉或推到现场。

2.右手抓着喷粉枪，左手顺势展开喷粉胶管，直至平直，不能弯折或打圈。

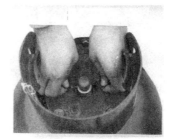
3.除掉铅封，拔出保险销。

4.用手掌使劲按下供气阀门。

5.左手把持喷粉枪管托，右手把持枪把用手指扳动喷粉开关，对准火焰喷射，不断靠前左右摆动喷粉枪，使干粉笼罩住燃烧区，直至把火扑灭为止。

图 3-34　推车式干粉灭火器的使用方法

个朋友出去野餐，也会随身带上灭火器。但是，由于我国居民防患意识淡薄，又缺乏强制性的规范引导，导致我国家庭家用灭火器普及率还不到10%。这样的后果就是发生火灾后除了拨打119火警外就束手无策了，如果家里有灭火器，多半就能将火扑灭，即使在火势增大的情况下，灭火器也能起到延缓的作用，给消防队员灭火赢得宝贵的时间。这样看来，百元的花费，有时可以避免几十万元损失，甚至能够避免生命危险。

　　小型家用灭火器适用于扑灭厨房、客厅、居室内的初期火灾。主要有水系灭火器和干粉灭火器两种。水系灭火器喷出的灭火剂在火焰底部与燃烧物表面之间迅速形成一层水成膜泡沫，隔绝空气和降温，从而有效抑制燃烧，快速将火扑灭。适用于 A、B 类火灾初期。干粉灭火器内装超细干粉，可扑救 A、B、C 类火灾。按使用方法分，家用灭火器有喷射型和投掷型两种。喷射型家用灭火器的使用方法为：按下灭火器顶端弹簧按钮或把手，将喷嘴对准着火处，喷射灭火。投掷型家用灭火器使用方法为：将其投掷于火中，使容器破碎，干粉泄出灭火。

图 3-35   小型家
用灭火
器

四、气体自动灭火系统

气体灭火系统是指平时灭火剂以液体、液化气体或气体状态存贮于压力容器内，灭火时以气体（包括蒸汽、气雾）状态喷射作为灭火介质的灭火系统。

1）工作原理

气体灭火系统是和自动报警系统相连的。当自动报警系统收到二级报警（同时收到感烟探测器和感温探测器报警就叫二级报警）的时候，就会发一个信号给气体灭火系统的控制盘来启动气体钢瓶顶部的电磁阀，电磁阀开启钢瓶顶部的阀门，使钢瓶内的气体释放出来。

一般的气体保护区都由几个钢瓶来保护，因为一个钢瓶里面的气体，往往不能达到将火扑灭的浓度，也就是说，当控制盘发指令来启动某一个钢瓶的时候，这个钢瓶里的气体喷放出来，同时把其他钢瓶的阀门顶开，来启动剩下的钢瓶，这样用来保护这个区域的所有钢瓶里的气体就都喷放出来了。它的作用是通过向着火区域释放大量的气体灭火剂来抑制燃烧或降低可燃区域空气中的含氧量和温度，使可燃物的燃烧终止或逐渐窒息。

2）适用范围

气体灭火系统适用于扑救下列火灾：

（1）电气火灾；

（2）固体表面火灾；

（3）液体火灾；

（4）灭火前能切断气源的气体火灾。

气体灭火系统不适用于扑救下列火灾：

（1）硝化纤维、硝酸钠等氧化剂或含氧化剂的化学制品火灾；

（2）钾、镁、钠、钛、锆、铀等活泼金属火灾；

（3）氢化钾、氢化钠等金属氢化物火灾；

（4）过氧化氢、联胺等能自行分解的化学物质火灾；

（5）可燃固体物质的深位火灾。

3）二氧化碳气体灭火系统

二氧化碳在空气中含量达到 30%～35% 时，能使一般可燃物质的燃烧逐渐窒息，达到 43.6% 时能抑制汽油蒸气及其他易燃气体的爆炸。

二氧化碳被高压液化后罐装、储存，喷放时体积急剧膨胀并吸收大量的热，可降低火灾现场的温度，同时稀释被保护空间的氧气浓度达到窒息灭火的效果。

二氧化碳自动灭火系统主要由气体灭火报警控制系统、火灾探测系统、灭火剂贮存瓶、容器阀、选择阀、单向阀、气路控制阀、压力开关、喷嘴、管路等主要设备组成。可组成单元独立系统或组合分配系统等多种形式，实施对单区或多区的消防保护。

二氧化碳自动灭火系统根据其设计应用形式可分为全淹没灭火系统方式、局部应用灭火系统方式。全淹没灭火系统方式指在一定的时间内，向防护区内喷射一定浓度的灭火剂，并使其均匀地充满整个防护区的灭火方式。对事先无法预计火灾产生部位的封闭防护区应采用全淹没灭火系统方式进行火灾防护。局部应用灭火系统方式是直接向保护对象以设计喷射强度，并持续一定时间喷射灭火剂的灭火方式。对事先可以预计火灾产生部位的无封闭围护的局部场所应采用局部应用灭火系统方式进行火灾防护。组合分配系统指一套二氧化碳自动灭火系统保护多个保护区的保护形式。

二氧化碳是一种惰性气体，价格便宜，是卤代烷的 1/30。二氧化碳与水类灭火剂比较具有不沾污物品，无水渍损失和不导电等优点，应用比较广泛，目前该灭火系统的使用量仅次于水喷淋系统而高于卤代烷灭火系统。应该注意的是，二氧化碳对人体有窒息作用，系统只能用于无人场所，如果在经常有人工作的场所安装使用应采取适当的防护措施以保障人员的安全。

二氧化碳灭火系统适用于扑救 A 类火灾中一般固体物质的表面火灾和棉、毛、织物、纸张等部分固体的深位火灾，也适用于扑救常见的液体火灾和气体火灾，但需要较高浓度，且灭火效果一般。

二氧化碳灭火装置广泛应用于电厂、电站、轧机、印刷机、浸渍油槽、造漆、制药等易发生火灾的重要部位的消防保护，以及计算机房、图书馆、档案馆、珍品库、电讯中心等场所。

4）三氟甲烷（HFC-23）灭火系统

三氟甲烷气体灭火系统是以三氟甲烷为灭火剂的自动灭火系统。三氟甲烷（HFC-23）是一种无色无味的气体，是洁净的气态化学灭火剂。它不含溴元素和氯元素，对大气中的臭氧层无破坏作用，以物理和少量的化学方式灭火——通过降低空气中氧气含量，使空气不能支持燃烧，是哈龙产品优秀的替代物之一。

三氟甲烷灭火系统可扑救 A、B、C 各类火灾，可用于扑救后要求不留痕迹或清洗残留物有困难的场所以及含贵重物品、珍贵档案的场所。三氟甲烷灭火系统不适用于无空气仍然能够迅速氧化的化学物质场合，活泼金属存放、生产场所以及金属氢化物的储存场所。以下是三氟甲烷气体灭火特点：

（1）三氟甲烷气体是新型、高效、低毒灭火剂，可以用在有人工作的场所。

（2）三氟甲烷灭火剂是液态贮存，气态释放。贮瓶间占用空间少，工程造价低。

（3）三氟甲烷蒸气压力高，不需要氮气加压可自行喷放，该气体密度小，可适用于楼层很高和管网很大的工程。

（4）三氟甲烷不含固体粉尘油渍和腐蚀性胶状物，灭火后现场没有残留物，不会造成对设备的污染或腐蚀。

（5）三氟甲烷灭火系统使用温度范围广，环境温度为 $-20\sim50℃$，在我国北方广大寒冷地区使用，更能发挥其优越性。

5）七氟丙烷（HFC-227ea）灭火系统

七氟丙烷（HFC-227ea）是无色、无味、不导电、无二次污染的气体，具有清洁、低毒、电绝缘性好，灭火效率高，经济的特点，特别是它对臭氧层无破坏，在大气中的残留时间比较短，其环保性能明显优于卤代烷，是目前为止研究开发比较成功的一种洁净气体灭火剂，被认为是替代卤代烷1301、1211 的最理想的产品之一。七氟丙烷适用于有人工作的场所，对人体基本无害。

七氟丙烷自动灭火系统是集气体灭火、自动控制及火灾探测等于一体的现代化智能型自动灭火装置。七氟丙烷自动灭火系统由储存瓶组、储存瓶组架、液流单向阀、集流管、选择阀、三通、异径三通、弯头、异径弯头、法兰、安全阀、压力信号发送器、管网、喷嘴、药剂、火灾探测器、气体灭火控制器、声光报器、警铃、放气指示灯、紧急启动/停止按钮等组成。

（1）启动方式

具有自动、手动、机械应急手动和紧急启动/停止四种控制方式。

（2）应用场所

七氟丙烷灭火系统可用于扑救 A、B、C 类火灾，主要适用于电子计算机房、数据处理中心、电信通信设施、过程控制中心、昂贵的医疗设施、贵重的工业设备、图书馆、博物馆及艺术馆、洁净室、消声室、应急电力设施、易燃液体存储区等，也可用于易发生火灾的危险生产作业场所，如喷漆生产线、电器老化间、轧制机、印刷机、油开关、油浸变压器、浸渍槽、熔化槽、大型发电机、烘干设备、水泥生产流程中的煤粉仓，以及船舶机舱、货舱等。

　　6）混合气休灭火系统（IG-541）

　　IG-541混合气体灭火剂是由氮气、氩气和二氧化碳气体按一定比例混合而成，由于这些气体都是在大气层中自然存在，且来源丰富，因此它对大气层臭氧没有损耗，也不会对地球的温室效应产生影响，更不会产生具有长久影响大气寿命的化学物质。混合气体无毒、无色、无味、无腐蚀性、不导电，既不支持燃烧，又不与大部分物质产生反应。以环保的角度来看，是一种较为理想的灭火剂。

　　IG-541混合气体灭火机理属于物理灭火方式。混合气体释放后把氧气浓度降低到它不能支持燃烧来扑灭火灾。通常防护区空气中含有21%的氧气和小于1%的二氧化碳。当防护区中氧气降至15%以下时，大部分可燃物将停止燃烧。混合气体能把防护区氧气降至12.5%，同时又把二氧化碳升至4%。二氧化碳比例的提高，加快人的呼吸速率和吸收氧气的能力，从而来补偿环境中氧气的较低浓度。

　　IG-541混合气体灭火系统由火灾自动探测器、自动报警控制器、自动控制装置、固定灭火装置及管网、喷嘴等组成。具有自动启动、手动启动和机械应急启动三种启动方式。根据使用要求，可以组成单元独立系统、组合分配系统，采用全湮没方式，实现对单个防护区、多防护区的消防防护。

　　该系统主要适用于电子计算机房、通讯机房、配电房、油浸变压器、自备发电机房、图书馆、档案室、博物馆及票据、文物资料库等经常有人、工作的场所，可用于扑救电气火灾、液体火灾或可熔化的固体火灾，固体表面火灾及灭火前能切断气源的气体火灾，但不可用于扑救D类活泼金属火灾。

　　7）气溶胶自动灭火系统

　　气溶胶是指以固体或液体为分散相而气体为分散介质所形成的溶胶。也就是固体或液体的微粒（直径为1μm左右）悬浮于气体介质中形成的溶胶。气溶胶与气体物质同样具有流动扩散特性及绕过障碍物湮没整个空间的能力，因而可以迅速地对被保护物进行全湮没方式防护。

　　气溶胶的生成有两种方法：一种是物理方法即采用将固体粉碎研磨成微粒再用气体予以分散形成气溶胶；另一种是化学方法，通过固体的燃烧反应，使反应产物中既有固体又有气体，气体分散固体微粒形成气溶胶。它具有下列特点：

　　（1）灭火效能高：单位体积灭火用量是卤代烷灭火剂（哈龙）的1/4～1/6，是二氧化碳灭火剂的1/20。

　　（2）灭火速度快：从气溶胶释放至达到灭火浓度的时间很短，1m³试验容器内灭汽油火小于10s。

　　（3）对臭氧层的耗损能值（ODP）和温室效应潜能值（GWP）低，符合环保要求。

（4）不改变保护区内氧气的含量，对人体无害。

（5）气溶胶释放的气体不导电、低腐蚀对电子电力设备无影响。

（6）反应前的灭火剂为固态，不会泄漏，不会挥发，不会衰变，可在常温常压下存放，易储存保管。

五、泡沫自动灭火系统

1）泡沫灭火系统按泡沫发泡倍数可分为：

（1）低倍数泡沫灭火系统

低倍数泡沫是指泡沫混合液吸入空气后，体积膨胀小于 20 倍的泡沫。低倍数泡沫灭火系统主要用于扑救原油、汽油、煤油、柴油、甲醇、丙酮等 B 类的火灾，适用于炼油厂、化工厂、油田、油库、为铁路油槽车装卸油的鹤管栈桥、码头、飞机库、机场等。一般民用建筑泡沫消防系统等常采用低倍数泡沫消防系统。低倍数泡沫液有普通蛋白泡沫液，氟蛋白泡沫液，水成膜泡沫液（轻水泡沫液），成膜氟蛋白泡沫液及抗溶性泡沫液等几种类型。

由于水溶性可燃液体如乙醇、甲醇、丙酮、醋酸乙酯等的分子极性较强，对一般灭火泡沫有破坏作用，一般泡沫灭火剂无法对其起作用，应采用抗溶性泡沫灭火剂。抗溶性泡沫灭火剂对水溶性可燃、易燃液体有较好的稳定性，可以抵抗水溶性可燃、易燃液体的破坏，发挥扑灭火灾的作用。不宜用低倍数泡沫灭火系统扑灭流动着的可燃液体或气体火灾。此外，也不宜与水枪和喷雾系统同时使用。

（2）中倍数泡沫灭火系统

中倍数泡沫液是一种氟蛋白泡沫液，泡沫发泡倍数在 21～200 倍之间，可应用于局部应用式、移动式中倍数泡沫灭火系统，50 倍以下的中倍数泡沫液适用于地上油罐的液上灭火，50 倍以上的适用于流淌火灾的扑救。

中倍数泡沫灭火系统，一般用于控制或扑灭易燃、可燃液体、固体表面火灾及固体深位阴燃火灾。其稳定性较低倍数泡沫灭火系统差，在一定程度上会受风的影响，抗复燃能力较低，因此使用时需要增加供给的强度。

（3）高倍数泡沫灭火系统

发泡倍数在 201～1000 倍之间称为高倍数泡沫。高倍数泡沫灭火系统在灭火时，能迅速以全淹没或覆盖方式充满防护空间灭火、并不受防护面积和容积大小的限制，可用以扑救 A 类火灾和 B 类火灾。

高倍数泡沫绝热性能好、无毒、有消烟、可排除有毒气体、形成防火隔离层并对在火场灭火人员无害。高倍数泡沫灭火剂的用量和水的用量仅为低倍数泡沫灭火用量的 1/20，水渍损失小，灭火效率高，灭火后泡沫易于清除。

2）按设备安装使用方式可分为：

（1）固定式泡沫灭火系统

固定式泡沫灭火系统由固定的泡沫液消防泵、泡沫液贮罐、比例混合器、泡沫混合液的输送管道及泡沫产生装置等组成，并与给水系统连成一体。当发生火灾时，先启动消防泵、打开相关阀门，系统即可实施灭火。

固定式泡沫灭火系统的泡沫喷射方式可采用液上喷射和液下喷射方式。

（2）半固定式泡沫灭火系统

该系统有一部分设备为固定式，可及时启动，另一部分是不固定的，发生火灾时，进入现场与固定设备组成灭火系统灭火。根据固定安装的设备不同，有两种形式：一种为设有固定的泡沫产生装置、泡沫混合液管道、阀门。当发生火灾时，泡沫混合液由泡沫消防车或机动泵通过水带从预留的接口进入。另一种为设有固定的泡沫消防泵站和相应的管道，灭火时，通过水带将移动的泡沫产生装置（如泡沫枪）与固定的管道相连，组成灭火系统。（由消防车及消防水带与固定的泡沫产生器相连接或由固定的泡沫站及消防水带、泡沫管枪或钩管等组成的泡沫灭火系统）

半固定式泡沫灭火系统适用于具有较强的机动消防设施的甲、乙、丙类液体的贮罐区或单罐容量较大的场所及石油化工生产装置区内易发生火灾的局部场所。

（3）移动式泡沫灭火系统

移动式泡沫灭火系统一般由水源（室外消火栓、消防水池或天然水源）、泡沫消防车或机动消防泵、移动式泡沫产生装置、水带、泡沫枪、比例混合器等组成。当发生火灾时，所有移动设施进入现场通过管道、水带连接组成灭火系统。

该系统具有使用灵活，不受初期燃烧爆炸影响的优势。但由于是在发

图 3-36　泡沫灭火装置

生火灾后应用，因此扑救不如固定式泡沫灭火系统及时，同时由于灭火设备受风力等外界因素影响较大，造成泡沫的损失量大，需要供给的泡沫量和强度都较大。

第三节　防排烟系统

本章前两节和大家一起认识了火灾自动报警系统、灭火系统，现在和大家再一起认识一下建筑中的防排烟系统。

防排烟系统是建筑发生火灾时，建筑用来防烟和排烟的构件、设备的总称，它能减少或防止烟气蔓延、扩散的范围，并能将烟气排出，保障局部区域建筑、人员的安全。

防排烟系统可分为防烟系统和排烟系统。

一、防烟系统

防烟系统是防止烟气扩散、限制烟气蔓延的构件、设备，建筑发生火灾后，它对控制烟气影响范围起主要作用。

防烟系统可以从防烟方法、防烟构件、防烟设备等方面进行认识。

1. 防烟方法

防烟方法可分为机械密闭式防烟、自然排烟防烟、机械加压送风防烟三种。

1）机械密闭式防烟

对于面积较小的房间，可以利用耐火极限高的楼板、防火门、固定式防火窗等将其密封，防止烟气进入或溢出，这就是最简单的防烟方法——机械密闭式防烟。

当建筑中局部房间发生火灾，而受困人员无法及时疏散，必须在相邻房间等待救援时，应用湿毛巾、床单等把门缝堵实，并泼冷水降温，阻止火，特别是烟气进入室内，这就是机械密闭式防烟方法。

2）自然排烟防烟

它是利用窗等开口将烟气排出建筑的一种防烟方法，是在烟气进入受保护区域后，采取的防范措施。

如果在火灾中，烟气进入了室内，则应立即打开连通室外的窗，让烟气最大量地排至室外。

3）机械加压送风防烟

如果无法设置直接对室外开口的自然排烟，则可以对保护区域进行送风，使其压力高于其他区域，特别是火灾区域，从而阻止烟气进入，这是机械加压送风防烟。

设置机械加压送风防烟的区域要有一定的密封性，且体量不应太大，采用这种防烟设施的场所常见于楼梯间及其前室。

室外着火，门已发烫时，千万不要开门，以防大火蹿入室内。要用浸湿的被褥、衣物等堵塞门窗缝，并泼水降温。

图 3-37 机械密闭式防烟

图 3-38 自然排烟防烟

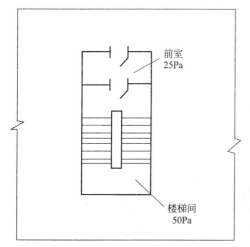

前室
25Pa

楼梯间
50Pa

图 3-39 楼梯间及前室机械加压
送风防烟设置图

图 3-40 楼梯间正压送风口

2. 防烟构件

为了防止烟气蔓延，需要在烟气蔓延的路径上对烟气进行阻挡，实现这一功能的是防烟构件，最常见的是挡烟垂壁。

挡烟垂壁是用不燃烧材料制成，从顶棚下垂不小于 500mm 的固定或活动的挡烟设施。挡烟垂壁可分为固定式挡烟垂壁和活动式挡烟垂壁

在一些商场公共场所里，你经常可以看到如图 3-41 所示的玻璃式固定结构悬于吊顶下，这就是固定式挡烟垂壁。

活动式挡烟垂壁系指火灾时因感温、感烟或其他控制设备的作用，自动下垂的挡烟垂壁。活动挡烟垂壁平时隐藏在吊顶内，不影响建筑空间效果，火灾时联动下垂，起到阻烟作用，主要用于高层或超高层大型商场、写字楼以及仓库等场合。商场或超市中，为了美观并充分利用，挡烟垂壁也经常被装饰成宣传栏或广告牌。

图 3-41　固定式挡烟垂壁

图 3-42　活动挡烟垂壁平时状态

图 3-43　活动挡烟垂壁火灾时状态

3. 防烟分区

在同一个空间里，由于挡烟垂壁的作用，空间顶部被划分为若干个区域，单个区域内部发生火灾时，烟气可以被暂时地控制在本区域，并通过排烟设备排至室外，这些区域被称为防烟分区。

防烟分区是控制烟气的基础手段，其主要作用是控制火灾烟气蔓延范围，引导火灾烟气的流动路径，形成烟气层以利于火灾烟气的排出。

图 3-44　防烟分区俯视图

二、排烟系统

1. 排烟方法

排烟方法可分为自然排烟和机械排烟两种。

自然排烟是通过建筑的外窗等对外开口把烟气直接排至室外的排烟方式，它是利用热烟气和冷空气的对流运动，排出烟气。自然排烟具有经济、简单、易操作、维护管理方便的特点。

针对自然排烟的需求，消防行业开发了专业自然排烟窗，它应与消防系统联动，当火灾探测器探测到火灾并报警后，自动开启。

可是当建筑不能设窗直接对外开口，不具备自然排烟条件的时候，就需要用到机械排烟了。机械排烟是利用排烟机把着火房间中产生的烟气通过排烟口排到室外的一种排烟方式。机械排烟主要由挡烟构件、排烟口、防火排烟阀、排烟道、排烟风机和排烟出口组成。

挡烟构件主要是挡烟垂壁；排烟口安装在室内，是排烟时烟气首先进入的地方，一般都能直接看到；防火排烟阀安装在排烟道中，它们被装修、建筑结构等隐藏起来了，一般看不到；排烟风机放在排烟机房或建筑屋顶（有时可以在建筑屋顶看到）。

图 3-45　自然排烟图

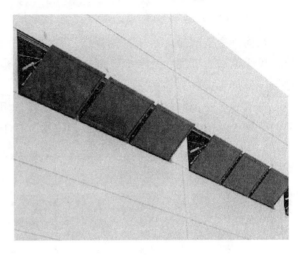

图 3-46　专业自然排烟窗

图 3-47　机械排烟示意图

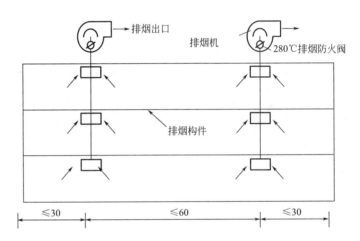

2. 排烟口

当你逛商场或徜徉于公共场合时，不知有没有注意到屋顶或侧墙上的"通风口"，它们在冬天的时候给我们送来暖风，夏天的时候送来凉气，这些大都是空调系统的窗口，主要用来调节室内温度和湿度。

但也许你不知道，有些"通风口"是用来排出火灾时的烟气的。它们数量上少，外观上与空调通风口略有或无差异。

图 3-48　板式排烟口

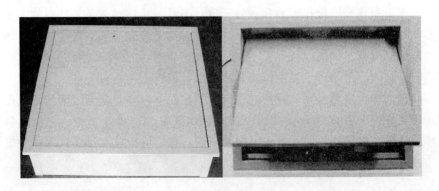

图 3-49 空调通风口

有时单从外观上不好分辨，因为有些排烟口和空调通风口外观近似。大致来说，从外观结构上，排烟口分为板式排烟口、多叶排烟口。

图 3-50 多叶排烟口

图 3-51 板式排烟口

从平时状态上分，排烟口又分为常开排烟口、常闭排烟口。顾名思义，常开排烟口是没有火灾时排烟口处于打开状态，火灾发生后报警系统联动启动排烟风机，直接排烟。常闭排烟口是没有火灾时排烟口处于关闭状态，火灾发生后报警系统联动启动排烟风机并打开排烟口，进行排烟。

3. 消防风机

消防风机是依靠输入的机械能，提高气体压力并排送气体的机械装置，按气体流动的方向可以分为离心式、轴流式、斜流式（混流式）和横流式等类型。

图 3-52 消防风机图

消防风机大部分是轴流风机，又叫局部通风机，它的电机和风叶都在一个圆筒里，外形就是一个筒形，它内部风的流向和轴是平行的，其特点是安装方便，通风换气效果明显，安全，可以接风筒把风送到指定的区域。

图 3-53　轴流风机　　　　　　　　　　　图 3-54　屋顶轴流风机

有时在隧道、停车库或其他体育商业场馆纵向通风排烟系统中，还会用到一种射流风机，它是一种特殊的轴流风机，一般悬挂在隧道顶部或两侧、房间顶部或两侧，不占用建筑面积，也不需要另外修建风道，具有效率高、噪音低、运转平稳、容易安装维护简便的特点。

射流风机运行时，将一部分空气从风机的一端吸入，经叶轮加速后，由风机的另一端高速射出，产生射流的升压作用和诱导效应，使气流在隧道内、停车库及大型场馆空间沿纵向流动，达到通风的目的。

图 3-55　场馆中的射流风机　　　　　　　图 3-56　隧道中的射流风机

由于隧道里纵向通风系统是最基本的通风方式，因此交通隧道里应用射流风机最为广泛。

第四节　结构防火

一、建筑结构防火保护的重要性

什么是建筑结构？我们经常在建筑工地上发现，一个楼房的建造过程通常包括开挖基坑、现场制作建筑基础、安装梁板柱等建筑构件等等，形成建筑骨架。当建筑骨架建造完毕后，工人师傅们就开始装修。当各种装饰材料安装完毕后，一个楼房就可用使用了。这种由梁、板、柱、墙、基础等建筑构件组成的建筑骨架就叫作建筑结构，建筑中的建筑骨架部分就像我们人类的骨骼系统支撑着我们全部的重量一样，建筑骨架是建筑的"中坚"力量，承受着建筑全部的荷载，并把荷载传递给地基。在建筑结构的"一生"中，有可能遇到各种各样的荷载作用。例如，首先遇到的荷载为建筑自身以及家具、人等的重量，其次为风荷载和地震作用等。建筑结构除能够承担经常出现的荷载之外，还应该能够抵抗各种各样的突发灾害。这些灾害包括地震、水文地质灾害以及火灾等。

火灾除了导致人员伤亡、财产损失外，对建筑结构会带来什么影响呢？调查表明，火灾会导致建筑结构整体或部分构件的变形，构件的承载能力降低以及结构的倒塌破坏。这就像人患病一样，不能像原来一样例行本身的职能。建筑结构的安全性就会受到不同程度的降低，只有通过修复加固才能恢复原来的功能。另外，如果火灾较大或者建筑结构的防火能力非常薄弱，建筑结构还有可能倒塌，不仅会直接造成较多人员的伤亡，也增加了重建的费用。以下是几个典型的火灾造成建筑结构破坏的例子。

2009 年 2 月 9 日晚，中央电视台新台址园区正在建设的附属文化中心工地发生火灾，大火在燃烧近 6 个小时后熄灭，火灾的过火面积十余万平方米，大楼外立面严重受损，共造成 7 人受伤，1 名消防员牺牲，火灾发生时和火灾后的建筑如图 3-57 所示。事后经过调查，这次火灾造成央视附属文化中心大楼主体结构共有十几层的近 300 个构件发生不同程度的损伤，这次事故是火灾引起建筑结构局部构件破坏的典型案例。之后，该建筑结构进行了大量的修复工作才能正常使用。

有时火灾还会直接导致建筑结构的倒塌。例如 2001 年 9 月 11 日，美国纽约世界贸易中心由于恐怖分子驾驶的飞机撞击引发的大火而倒塌，造成 2830 人死亡，建筑结构倒塌情况如图 3-58 所示。这次事故中，飞机首先撞击建筑上部，飞机爆炸导致汽油泄漏并引发大火。在大火产生的高温作用下，首先在飞机撞击处及附近的楼层梁柱构件承载能力降低，梁柱发生破坏。紧接着，上部坍塌构件的重量进一步增加了下部楼层承受的荷

图 3-57 中央电视台新址附属文化中心火灾

a.火灾现场

b.火灾后外立面

图 3-58 2001 年纽约世贸中心因火灾倒塌

a.飞机撞击纽约世贸中心

b.火灾下纽约世贸中心倒塌

载，从而引发了整体建筑结构的连续性倒塌破坏。

2003 年 11 月 3 日湖南省衡阳市商住楼衡州大厦失火导致整体坍塌，如图 3-59 所示。这次火灾倒塌事故造成了 20 名消防队员牺牲。该商住楼为钢筋混凝土底框结构，底部的建筑空间较大，为一仓库，上部为建筑空间较小的住宅，底部主要依靠钢筋混凝土柱子承重。仓库中存放了大量的可燃物，可燃物的燃烧导致其中一根承受荷载较大的柱子首先发生破坏，进而导致了整栋建筑结构的倒塌破坏。

从上面几个例子可以发现，火灾有时导致建筑结构的局部破坏，有时导致建筑结构的整体倒塌破坏。发生局部破坏的建筑结构需要维修加固才能重新使用，而建筑结构整体破坏时不仅会带来较多的人员伤亡，而且直接导致了建筑结构的倒塌，造成的损失会更大。因此，为了避免或者减轻火灾给建筑结构带来的危害，建筑结构需要进行防火保护设计。

另外，当我们在各种公用场所时会发现很多的消防栓及各种火灾报警系统和自动喷淋系统，建筑的消防设施安装得很完善，我们不免要问：一般建筑均安装了完善的消防设施，为什么还要对建筑结构进行防火保护呢？

图 3-59　2003 年衡州大厦因火灾倒塌

原因包括以下几个方面。首先，任何的消防措施都不是百分之百的可靠，万一遇到停电、消防给水设备故障、报警拖延等情况，消防措施失效，建筑结构只能依靠本身的耐火能力在火灾中生存。其次，当建筑内火灾来势汹汹，消防措施效果难以很快奏效时也需要建筑结构能够安全度过火灾。另外，还有一种情况，由于高层或超高层建筑的不断出现，建筑高度越来越高，火势一大，消防队员难以进入建筑内部灭火，大大增加了消防灭火的难度，给建筑结构的耐火灾能力提出了更高的要求。例如，央视新址附属文化中心火灾时，由于起火部位位于建筑外立面，并且位置较高，消防水枪无法到达如此高度，致使几乎任由火灾发展。

从上面的火灾案例和分析可以看出，尽管高层建筑均安装了消防设施，仍然需要建筑结构本身具有一定的耐火能力，为此需要对建筑结构本身进行防护保护。

二、建筑火灾特点及其确定方法

火灾下建筑结构是否安全与建筑火灾本身和建筑结构构件耐火性能有关，可燃物的数量与分布和建筑形式、门窗开口的面积影响火灾的规模及蔓延过程，进而影响建筑内部温度场的分布和大小。

火灾的发展过程一般要经历 3 个阶段，即：初期增长阶段、全盛阶段和衰退阶段。在火灾的初期增长阶段，可燃物部分燃烧，处于阴燃状态。当室内全部可燃物开始燃烧时，这个状态叫作轰燃，轰燃之后火灾就进入全盛阶段。结构的耐火性能对全盛阶段持续的时间和达到的最高温度起决定性作用，典型的室内火灾温度场的平均温度（T）与时间（t）的关系如图 3-60 所示。图中 T_{max} 为最高平均温度，T_0 为室温。

具体来说，影响火场温度变化的因素主要有：室内火荷载的性质、数量和分布；房间的面积、形状及通风情况；房间的大小、形状及热工性能（例如比热容、密度和热传动系数）。

其他因素相同的情况下，建筑中荷载越大，火灾中释放的热量越多，升温越高，持续时间越长。房间的通风状况与房间的洞口大小、位置和形

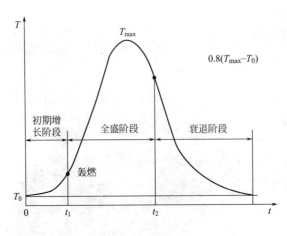

图 3-60 室内火
灾发展
的过程

状有关直接影响着着火房间的空气供给。当房间门窗洞口面积很小时，着火时进入房间的空气量受到限制，如果可燃物多，则由于空气量不足而燃烧不充分，随着开口面积增加，空气进入量增多，则会导致火的燃烧率增加，这种受空气流量影响的火灾称之为通风控制型火灾。当房间开口面积进一步增大到空气供给量足以满足燃料燃烧所需要的量时，则空气量的继续增加不会引起燃料速率的增加。此时，燃烧率将由材料的性质和材料的分布决定，这种火灾称为燃料控制型火灾。火灾的严重程度取决于房间中达到的最高温度和持续时间。房间的面积越大，则可能容有的有效火灾荷载越大，火灾能达到的最高温度越高。当房间进深大时，由于开口流入和流出房间的冷空气无能力影响所有燃料的材料，一般火灾温度更高。对于低导热系数的墙、屋面和地板，有利于保存燃烧释放的热量，将使火灾温度快速上升。如果房间导热性好，热量发散快，则火灾升温慢。

对火灾发展过程的研究手段主要有实验研究和火灾计算机模拟两种。对建筑火灾发展过程进行实验研究是一种较为直接、可靠的途径。早在1972年，美国就进行了实体实验，建立了现代火灾实验标准，提出了区域火灾模型，并为哈佛大学的火灾模拟软件提供了可靠的数据支持。计算机数值模拟是一种广泛应用的研究火灾发展过程的方法，目前数值模型有网络模型、区域模型、场模型及经验模型等。网络模型方法简单，适用面窄，是对火灾过程的浅层次模拟。区域模型和场模型是较高层级的模型，有各自的理论体系和计算方法。区域模型包括双区域模型和三区域模型，它把建筑空间从高度上分为两层或三层，每层内假设压力、温度、密度和烟气浓度分布均匀。根据质量守恒、能量守恒定律建立区域模型的基本方程。区域模拟理论目前已经在研究和工程应用领域取得了一定的成绩，但由于每层内压力、温度和密度都不一定均匀，区域模型的精确度不是很高，因此人们开始展开室内火灾场模拟研究以进行大规模的数值计算。场模型综合利用技术流体力学和燃烧学原理，利用计算机同时计算流体速度场和密度场，是一种高级准确的火灾模拟方法。利用场模型计算时对计算机编程技术要求较高，一般由专业机构开发专门软件进行。可以进行火灾模拟的软件包括通用软件和专门软件，通用软件有 Fluent、CFX 等，专用软件有 FDS 等。随着科学的发展，计算机技术的提高，利用软件进行火灾模拟的准确性和效率正在大幅提高。

经验模型是对火灾的统计资料和试验所得的数据进行统计分析，归纳总结出的空气升温过程模型。区域模型、场模型和网络模型则是将质量、动量和能量等基本定理结合温度、烟气的浓度以及人们所关心的其他参数表达成微分方程组，这些微分方程组需要迭代求解。相比较而言，经验模型结果尽管比较粗糙，但由于其方便易行，在抗火试验和设计中广泛应用。建筑室内温度场计算的经验计算模型包括 BFD 模型、马忠诚模型、瑞典模型、欧洲规范 EUROCODE 模型、美国 ASCE 模型等。几种典型的室内升温经验模型结果如图 3-61 所示。

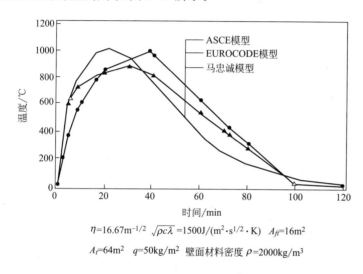

$\eta=16.67\text{m}^{-1/2}$ $\sqrt{\rho c \lambda}=1500\text{J}/(\text{m}^2 \cdot \text{s}^{1/2} \cdot \text{K})$ $A_{ff}=16\text{m}^2$

$A_t=64\text{m}^2$ $q=50\text{kg/m}^2$ 壁面材料密度 $\rho=2000\text{kg/m}^3$

图 3-61　室内升温经验模型

为了测试构件的耐火能力，需要进行构件的耐火性能试验。为了构件的耐火试验结果能够相互进行比较并提供比较的标准，多个国家和组织都制定了标准的室内火灾升温曲线，供耐火实验和耐火设计时参考，如国际标准化组织制定的 ISO834（1999）标准升降温曲线，被包括我国在内的大多数国家所使用。这条升温曲线适合纤维素质燃料燃烧的火灾，这条升温曲线的表达式为

$$T=345\lg(8t+1)+20 \qquad (3\text{-}1)$$

式中　T——室内平均温度（℃）；

　　　t——火灾作用时间（min）。

三、各类建筑结构及构件的耐火性能

建筑构件的耐火性能表示建筑构件在火灾作用下表现出来的行为，包括构件温度场的分布、构件的耐火极限、构件的承载能力及构件火灾下的变形性能等。

影响建筑结构或构件耐火性能的因素不仅包括构件材料的传热性能，还与建筑结构类型、建筑结构上的荷载以及构件的边界条件等因素有关。

构件材料的传热性能影响构件的温度场分布，钢结构构件的温度场要比混凝土构件的高。

从建筑材料层次上分，建筑结构可分为钢结构、钢筋混凝土结构以及由钢和混凝土两种材料组合而成的组合结构。组合结构包括两种典型的结构形式：钢管混凝土结构和型钢混凝土结构。钢管混凝土结构是在钢管内浇筑混凝土形成的结构，型钢混凝土结构是在钢筋混凝土内部预埋型钢形成的结构，典型的型钢混凝土柱梁构件截面如图 3-62 所示。由于混凝土结构经济性好，混凝土结构所占比例较大，钢结构和组合结构的承载能力更大，广泛应用于更高的建筑结构。

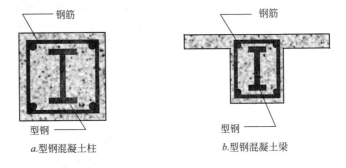

图 3-62　型钢混凝土构件

a.型钢混凝土柱　　　　　　　　b.型钢混凝土梁

一般说来，与材料的传热性能相关的材料属性称为材料的热工性能。材料的热工性能包括密度、热传导系数和比热容。密度和比热容的乘积表示单位体积材料升高 1℃所吸收的热量，这个乘积表示材料的吸热能力。热传导系数表示材料中热传导的能力，热传导系数越大，材料传热越快。常温下钢的密度为 7850kg/m³，热传导系数为 45W/(m·K)，比热容为 600J/(kg·K)。常温下普通钙质混凝土的密度约为 2400kg/m³，热传导系数为 1.6W/(m·K)，比热容 1000J/(kg·K)。钢的热传导系数约为混凝土的 28 倍，钢的热传导能力比混凝土强很多倍，钢构件遇热时热量更易于传至截面内部，而混凝土构件遇热时，热量不易传至内部，钢材较混凝土材料传热更快。因此，火灾作用下，钢材温度升高较快，混凝土温度升高较慢，相比较而言，混凝土构件的耐火能力更强。

钢结构通常在 450～650℃温度中就会失去承载能力，发生很大的形变，导致钢柱、钢梁弯曲，结果因过大的形变而不能继续使用，一般不加保护的钢结构的耐火极限为 15min 左右，这一时间的长短还与构件吸热的速度有关。如果不采用任何防护保护措施，钢结构的耐火能力最差。因此，钢结构构件一般需要进行防火保护。当然，有些高大空间结构，当建筑内部可燃物较少，发生火灾时建筑结构周围的温度较低，在这种情况下钢结构构件也不需要防火保护。这项工作最终需要通过专业性的防火性能化评估单位的评估确认。

由于混凝土材料的热惰性，混凝土构件具有较好的耐火能力，一般的混凝土梁柱构件的耐火极限能够达到 2h 左右。因此，一般情况下钢结构需要采取防火保护措施，而混凝土结构不需要采取特别的防火保护措施。当混凝土结构耐火极限不满足要求时，可适当增加主筋保护层厚度。型钢混凝土结构中，由于钢材包裹于混凝土之内，混凝土是一种热惰性材料，构件截面的平均温度场较低，型钢混凝土结构的耐火性能与混凝土结构接近。由于钢材在外面，钢管混凝土结构的耐火性能不如型钢混凝土和钢筋混凝土，但由于钢管内部混凝土的吸热性能高，钢管混凝土的耐火能力明显优于钢结构。

有人曾经对这三种结构的平面框架结构耐火性能进行过对比研究。三种框架结构常温下的承载能力、刚度及作用的荷载水平均接近。依据《建筑设计防火规范》GB 50016—2014，三种框架结构均按照耐火等级为二级进行防火保护设计。计算得到的三种框架结构耐火极限见表 3-1。分析表明，火灾下三种框架的破坏形态存在明显差别，钢管混凝土框架出现了钢梁破坏，其他两种框架出现了受火柱破坏，型钢混凝土框架耐火极限最大，耐火性能最好。

三种框架耐火极限 （min） 表 3-1

火灾工况	1	2	3	4	5	6	7	8	9
钢管混凝土	110	91	90	121	102	100	112	109	110
型钢混凝土	419	243	237	442	270	268	213	212	206
钢筋混凝土	278	215	210	277	218	207	209	208	206

建筑结构的作用就是承受荷载和传递荷载，荷载对建筑结构及构件的耐火性能有直接的影响。火灾中，随受火时间的延长，构件的承载能力逐渐降低，当构件的承载能力与外部荷载相等时，构件开始破坏，达到耐火极限。火灾时构件承受的荷载与常温下构件的承载能力之比称为荷载比，表示构件承受的荷载与自己承受荷载的能力之间的比率。荷载比越大，构件的耐火极限越小，荷载比越小，构件的耐火极限越大。另外，常温下，构件受约束越多，承载能力越大，同样，高温下，构件的边界条件也影响构件的耐火性能。

四、建筑结构燃烧性能及耐火极限要求

我们知道，建筑结构对建筑结构变形和承载能力的要求与其承受的荷载出现的频率直接有关系。如果荷载经常出现，且出现的频率较高，则允许的变形就小一些，即标准严一些。相对经常出现的荷载，如重力荷载，火灾作用出现的频率较低，火灾作用是一种偶然荷载，火灾下对建筑结构的要求就更宽一些。笼统地讲，一般要求建筑结构在一定的火灾作用时间内不发生倒塌，这个火灾作用时间一般称为耐火极限，即要求建筑结构具有一定的耐火极限。《建筑设计防火规范》GB 50016—2014 给出的耐火极限的严格定义：在标准耐火试验条件下，建筑构件、配件或结构从受到火

的作用时起，到失去稳定性、完整性或隔热性为止的这段时间，用小时表示。由于要保证火灾时人员疏散和消防队员灭火，因此，耐火极限应该大于人员安全疏散和消防队员灭火需要的时间。

各国的消防设计规范都规定了建筑结构的耐火极限要求及其相应的防火保护措施，不同高度、不同重要性的建筑结构耐火极限不同，防火保护措施也不相同。例如，一个 10 层建筑发生火灾倒塌时引起的生命财产损失比一个 2 层建筑要大得多，10 层建筑的耐火极限要求要大于 2 层建筑。我国《建筑设计防火规范》GB 50016—2014 规定了建筑结构构件的燃烧性能和耐火极限要求见本书表 4-24。

可以认为规范对耐火极限的要求是一个国家对建筑耐火能力的最低要求，近年来提出的建筑结构性能化防火设计则可通过更加科学合理的方法对建筑结构的耐火能力进行评价并采取相应的安全经济防火保护措施。性能化防火设计中，业主可根据建筑的重要性和自己的经济能力，在国家最低耐火极限要求的基础上进一步提供建筑结构的耐火极限，并可采取灵活的防火保护措施。

五、建筑结构防火保护措施

最初的结构防火保护措施主要针对钢结构进行的，以后逐渐扩展到钢管混凝土结构的防火保护，当钢筋混凝土结构和型钢混凝土结构的耐火能力不足时，通常采用增加防火保护层厚度或粘贴防火装饰材料的方法进行。

1. 防火涂料保护

防火涂料保护就是在钢结构上喷涂防火涂料以提高其耐火性能。目前，我国钢结构防火涂料主要分为薄涂型和厚涂型两类，即薄型（B 类，包括超薄型）和厚型（H 类）。薄型涂层厚度在 7mm 以下，在火灾时能吸热膨胀发泡，形成泡沫状炭化隔热层，从而阻止热量向钢结构传递，延缓钢结构温升，起到防火保护作用。其主要优点是：涂层薄，对钢结构负荷轻，装饰性较好，对小面积复杂形状的钢结构表面的施工比厚型要容易；厚型涂层厚度为 8～50mm，涂层受热不发泡，依靠其较低的导热率来延缓钢结构温升，起到防火保护作用。两者具有不同的性能特点，分别适用于不同场合，但是，无论哪种产品均应通过国家检测机构检测合格，才可选用。涂刷防火涂料典型的工程实例如图 3-63 所示，采用防火涂料的钢结构防火保护一般构造如图 3-64 所示。

图 3-63　防火涂料工程实例

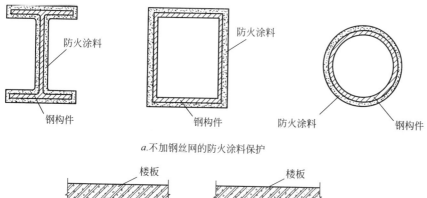

a.不加钢丝网的防火涂料保护

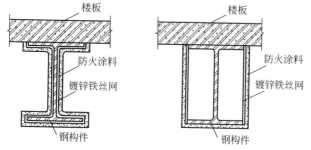

b.加钢丝网的防火涂料保护

图 3-64 采用防火涂料的钢结构防火保护构造

2. 外包防火层法

外包防火层法就是在钢结构外表添加外包层，可以现浇成型，也可以采用喷涂法。现浇成型的实体混凝土外包层通常用钢丝网或钢筋来加强，以限制收缩裂缝，并保证外壳的强度。喷涂法可以在施工现场对钢结构表面涂抹砂浆以形成保护层，砂浆可以是石灰水泥砂浆或是石膏砂浆，也可以掺入珍珠岩或石棉。同时外包层也可以用珍珠岩、石棉、石膏或石棉水泥、轻混凝土做成预制板，采用胶粘剂、钉子、螺栓固定在钢结构上。

外包防火层法通常应用于钢柱，其做法有：金属网抹 M5 砂浆保护，厚度为 8mm，耐火极限达到 0.8h；用加气混凝土作保护层，厚度为40mm 时耐火极限为 1.0h，当厚度为 80mm 时，耐火极限能够达到2.33h；用 C20 混凝土作保护层，保护层厚度为 100mm 时耐火极限能够达到 2.85h；用普通黏土砖作保护层，厚度为 120mm 时耐火极限能够达到 2.85h；用陶粒混凝土作保护层，保护层厚度为 80mm 时耐火极限能够达到 3.0h。图 3-65 为典型的钢柱外包混凝土防火保护方法。

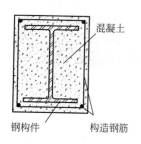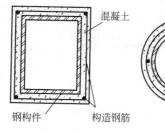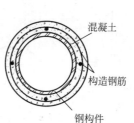

图 3-65 采用外包混凝土的钢构件防火保护构造

3. 外包防火板

严格说来，外包防火板是外包防火层法中的一种方法，由于这种方法施工速度快、价格经济，应用越来越多，这里单独介绍。随着技术发展，用防火板作保护层技术越来越完善，外包防火板同时还可起到装饰的作用。钢结构防火板保护主要用于耐火等级为一、二级的建筑物的钢柱、梁、楼板和屋顶承重构件，设备的承重钢框架、支架、裙座等钢构件。进行包覆和屏蔽，以阻隔火焰和热量，降低钢结构的升温速率，将钢结构的耐火极限由 0.25h 提升到设计规范规定的耐火极限。其安装方法可采用胶粘剂或钢件（如铁钉、铁箍）固定在钢构件上，在作包覆保护之前钢构件应先作防锈去污处理，并涂刷防锈漆。采用防火板的钢结构防火保护构造宜按图 3-66、图 3-67 选用。

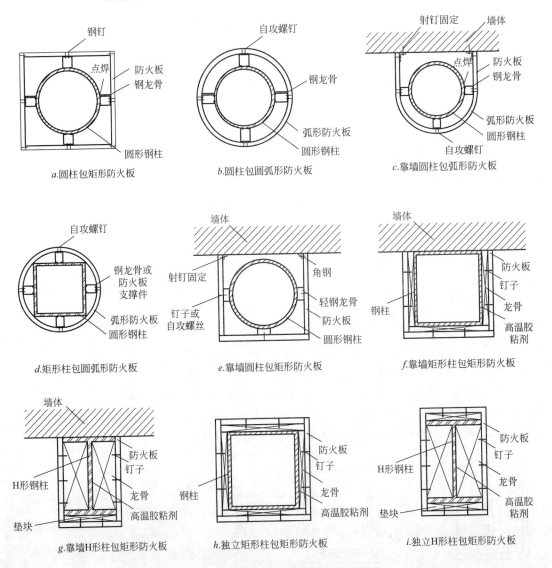

图 3-66   钢柱采用防火板的防火保护构造

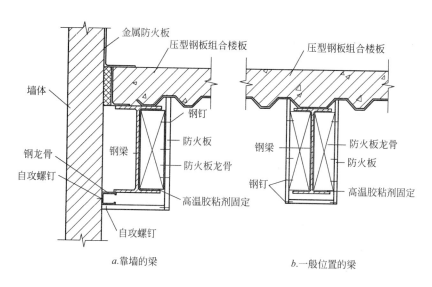

图 3-67　钢梁采用防火板的防火保护构造

a.靠墙的梁　　　*b.一般位置的梁*

4. 充水法

充水法又称疏导法，允许热量传到钢构件上，但它可通过设置的系统把热量导走或消耗，从而使钢构件的温度不至于高到临界温度，以起到保护作用。疏导法的应用国内外仅有充水冷却这一种方法。该方法是在空心封闭的钢构件（主要为柱）充满水连成管网，火灾发生时构件把从火场中吸收的热量传给水，依靠水的蒸发消耗热量或通过循环把热量带走，使钢构件的温度控制在 100℃ 左右。从理论上讲，这是钢结构保护最有效的方法。钢柱防火保护的典型充水法示意图如图 3-68 所示。

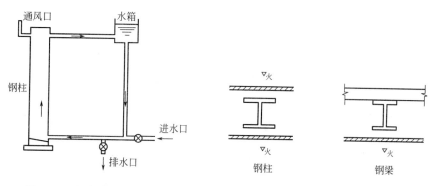

图 3-68　充水法防火保护　　　　图 3-69　屏蔽法示例

5. 屏蔽法

钢结构设置在耐火材料组成的墙体或顶棚内，或将构件包藏在两片墙之间的空隙里，只要增加少许耐火材料或不增加即能达到防火的目的。这是一种最为经济的防火方法。钢梁防火保护的屏蔽法如图 3-71 所示。

6. 增加保护层厚度法

由于混凝土是热惰性材料，能够有效地降低截面的温度，如果构件的耐火极限不满足要求，可通过增加钢筋混凝土构件和型钢混凝土构件的截面保护层厚度以增加构件耐火极限，增强构件的耐火能力。有时，为了建筑装饰的需要，钢筋混凝土或型钢混凝土梁柱需要粘贴装饰板，这时如果构件的耐火极限不满足要求，可采用耐火性能好的装饰板或具有装饰效果的防火板。

第四章　建筑防火设计体系剖析

　　介绍建筑中各种主被动防火设计的基本原理，强调整体设计体系，设计原理及方法。通过此章学习、读者可查找一些在专业领域中存在的问题，同时可作为高校专业课程的辅助资料。

　　建筑防火是一门综合性很强的新型交叉技术学科，涉及规划、建筑、结构、材料、电子、给水、暖通和控制等专业学科。因此在客观上决定了建筑防火设计的综合性和复杂性。

　　建筑防火设计是人们基于对火灾安全知识的了解，以某个具体建筑物为对象进行的一种创造活动。按不同方式、不同标准设计出的建筑物，其防治火灾的能力是存在很大差别的。人类在与火灾的长期斗争中，在建筑防火设计方面积累了许多宝贵的经验。经过多年的分析总结，逐渐形成了一些科学的设计方法和明确的安全要求。起初，这些要求仅是民间建筑业中的共识和约定。但随着时代的发展，人们越来越清楚地认识到，通过国家和政府制定一定的法令、法规、规定或标准来指导和约束建筑设计人员的设计行为，对于保证建筑物乃至整个城市的火灾安全具有重要作用。

　　在建筑设计中造成的火灾隐患属"先天性"缺陷，它可为日后火灾的发生和蔓延埋下祸根，也可为防火灭火带来很多困难。即使再采取多种补救措施也很难取得良好效果，因此必须严格把好防火设计关。

第一节　建筑平面防火设计

一、建筑防火设计的基础

1. 建筑设计规范

　　运用法律法规来指导建筑物的防火设计是保证建筑火灾安全的重要途径。通过分析总结火灾经验教训，逐渐形成一些科学、合理的建筑设计方法和要求。建筑防火设计规范便是这些经验和要求在法规层面的体现。执行规范的规定对于保证建筑物的防火安全设计具有十分重要的作用。自我国1988年正式成立全国消防标准化技术委员会以来，消防标准化工作有了长足的进展，大量的研究成果已经成为标准和规范制定的科学依据。经过多年的修订与完善，目前我国已经形成了比较系统的建筑防火设计法

规。根据功能，这些法规大体可分为建筑防火类规范和消防设备类规范两
大类，如表 4-1，4-2 所示。

我国建筑防火设计规范的部分名录　　　　　表 4-1

名　　称	代　　码	备　　注
建筑设计防火规范	GB 50016—2014	最新修订
高层民用建筑设计防火规范	GB 50045—1995	2001 年局部修订
人民防空工程设计防火规范	GB 50098—1998	1999 年局部修订
石油化工企业设计防火规范	GB 50160—1992	
村镇建筑设计防火规范	GBJ 39—90	

我国建筑消防系统设计与验收规范的部分名录　　　　　表 4-2

名　　称	代　　码	备　　注
火灾自动报警系统设计规范	GB 50116—1998	
自动喷水灭火系统设计规范	GB 50084—2001	2005 年局部修订
水喷雾灭火系统设计规范	GB 50219—1995	
低倍数泡沫灭火系统设计规范	GB 50151—1992	2000 年最新修订
高倍数、中倍数泡沫灭火系统设计规范	GB 50196—1993	2002 年局部修订

美国是火灾研究发展比较快的国家，由于特殊的历史原因，美国没有
一部适用于全国范围的建筑规范，而是并行存在三种国家层次的规范，它
们是：主要适用于美国东北部、中西部和大西洋海岸中部的国家建筑规范
（BOCA）、主要适用于美国南部的南方建筑规范（CSBC）和主要适用于
美国西部的通用建筑规范（UBC）。由于各州采用的标准不同，给建筑设
计者和其他有关建造者带来不便，因此，美国国际规范委员会目前正与这
些标准化组织合作，着手制定统一的建筑标准。此外，美国消防协会
（NFPA）在制订标准方面也很有影响，NFPA 标准在很大程度上起到了
权威性规范的作用，NFPA 主要防火设计规范和标准见表 4-3。

美国消防协会（NFPA）的部分建筑防火设计规范和标准名录　　表 4-3

NFPA 1(2000 年版)	防　火　规　范
NFPA 80A(1996 年版)	室外着火的建筑物的保护推荐实施规程
NFPA 90A(1999 年版)	空调与通风系统的安装标准
NFPA 92B(1995 年版)	商场、中庭与大空间的烟气控制指南
NFPA 101(1997 年版)	建筑物、构筑物火灾的生命安全保障规范
NFPA 101A(1999 年版)	保证生命安全的选择性方法指南
NFPA 204(1998 年版)	排烟、排热设计指南
NFPA 550(1995 年版)	火灾安全概念树指南
NFPA 555(1996 年版)	房间轰燃可能性评估方法指南

2. 性能化防火设计

随着科学技术和经济的发展，各种复杂的、多功能的建筑迅速增多，

新材料、新工艺、新技术和新的建筑结构形式不断涌现，这些都对建筑物的消防设计提出了新的要求，出现了许多规格式规范下难以解决的消防设计问题。在这种形势下，于20世纪80年代出现了"以性能为基础的防火安全设计方法"（Performance-Based Fire Safety Design Method）的概念。建筑物性能化防火设计是建立在消防安全工程学基础上的一种全新的防火系统设计思路，是建立在更加理性条件上的一种新的设计方法，是当前消防界备受关注的最前沿、最活跃的研究领域之一。建筑物性能化防火设计运用消防安全工程学的原理和方法，综合考虑投资方对建筑物的使用功能要求和安全要求、建筑物内部的结构、用途和火灾荷载、建筑物所处的环境条件以及其他相关条件等，提出一系列建筑物防火系统的具体设计方案，并对设计方案进行火灾危险性和危害性评估比较，从中选出最佳的实施方案并完成相应的设计文件。到现在为止以性能为基础的防火安全设计方法（简称"性能化防火设计方法"）已被十多个国家所接受，并成为当前国际建筑防火设计领域研究的重点，如美国、英国、日本、澳大利亚等国自20世纪70年代起就开展了性能化相关专题的研究，如火灾增长分析、烟气运动分析、人员安全疏散分析、建筑结构耐火安全分析和火灾风险评估等，并取得了一些比较实用的成果。

这种方法主要对建筑物应当达到的基本防火安全目标、具体损失目标、性能要求及设计时所需遵循的原则和途径等提出要求，而对于设计细节则不做详细规定。例如，在建筑设计中，疏散通道的长度和防火分区的大小等，可由设计人员根据具体建筑的结构布局、发生火灾情形下的烟气蔓延速度、人员逃生所需时间等因素，通过计算与分析来确定。

目前，美国、英国、日本、新西兰等国关于性能化方法的研究是比较超前的。英国1985年完成了建筑规范，其中包括对防火规范的性能化修改，制定了第一部性能化消防设计指南（《火灾安全工程原理应用指南》）。美国于1998年开始性能化消防规范研究，在2001年公布了《国际化建筑性能规范》和《国际防火性能规范》草案。新西兰是1992年颁布了《新西兰建筑规范》，规范中保留了"处方式建筑"的要求。日本在1989年出版了《建筑物综合防火设计》一书，1996年开始修改《建筑标准法》，并向性能化规范转变，于2000年发布实施。我国于2009年公安部消防局印发《建设工程消防性能化设计评估应用管理暂行规定》，说明性能化防火设计的理念已被大家所接受，性能化防火设计技术将在我国迎来一个新的发展阶段。

尽管各国都明确提出，应当以火灾安全工程学的思想为指导来发展性能化设计，但不同国家所采取的方式却存在不小差别。而且缺乏足够可靠的试验数据和计算、评估模型来为性能标准提供技术支持。在我国应用性能化方法存在的首要问题是缺少相关规范性措施，如性能化防火设计的适用条件、设计流程、结果检验等缺少明确而统一的规范。

3. 火灾风险评估

火灾风险评估是指，对火灾事件给人们的生活、生命、财产等各个方面造成影响和损失的可能性进行量化评估的工作。是对评估所面临的威胁、存在的弱点、造成的影响，以及三者综合作用所带来风险的可能性的评估。作为火灾风险管理的基础，火灾风险评估是组织确定安全需求的一个重要途径。

火灾风险评估的内容包括：识别评估对象面临的各种风险；评估火灾风险概率和可能带来的负面影响；确定评估对象承受火灾风险的能力；确定火灾风险消减和控制的优先等级；推荐风险消减对策。

火灾风险评估的操作范围可以是整个组织，也可以是组织中的某一部门，或者是组织中的特点。影响火灾风险评估进展的某些因素，包括评估时间、力度、展开幅度和深度，都应与环境和安全要求相符合。

在火灾风险评估过程中，可以采用多种操作方法，包括基于知识的分析方法、基于模型的分析方法、定性分析和定量分析，无论何种方法，共同的目标都是找出评估对象所面临的风险及其影响，以及目前安全水平与安全需求之间的差距。

通过风险评估可以了解掌握评估对象的火灾隐患，及其发生火灾的可能性和后果严重程度，做到掌控有度，以便能够做出正确的科学决策，采取确实有效可行的预防措施，达到消除或者降低火灾隐患的目的。火灾风险评估的作用主要体现在以下几个方面。

1）减少火灾事故发生的频率和火灾事故的损失

建筑火灾风险评估是建筑火灾安全管理中的关键技术，将消防安全管理建立在科学的、系统的、完善的风险评估之上是势在必行的。我们需要了解掌握将建、在建、已建的建筑物存在的火灾隐患，预防事故发生。

2）通过建筑物火灾风险综合评价可以获得最优的控制措施

风险控制是以经济代价为基础的，火灾风险控制也不例外，火灾风险程度越低，成本就越高。因此，从经济角度考虑，应该合理地控制风险，也就是控制成本支出，火灾风险综合评价正是具有这样的作用。

3）为建筑物的性能化防火设计提供依据。

由于当今城市，功能复杂的大型建筑和超大型公共娱乐场所的大量建设，再加上城市人员集中，建筑物密集，人员疏散困难等原因，一旦发生火灾就有可能造成巨大的财产损失和人员伤亡，并造成严重的社会影响。由于现行建筑防火设计规范无法解决这些大型、超大型建筑的消防设计，所以只能借助于性能化防火设计降低火灾危险，而合理的建筑性能化防火设计又离不开科学的火灾风险评估方法。合理的火灾风险评估能够帮助人们认识火灾的危险程度以及可能造成的损失状况，从而为防灭火对策提供科学的指导。

4）为保险行业制订合理的保险费率提供科学依据。

　　保险是一种信用行为，当保户向保险公司交付了保险费，就意味着同时也把可能发生的风险转嫁给了保险公司。保险公司收取了保险费，签订了保险合同，也就承担了风险发生后补偿损失的义务。精算、核保是保险的第一步，保险费率的确定必须建立在科学、合理的风险评估基础之上。火灾本身具有确定性和随机性的双重规律，火灾事故的发生也受可燃物、环境、防灭火设备等诸多因素影响。作为风险的一种情况，火灾风险评估就显得更加有意义。

　　5）完善火灾科学与消防工程学科体系

　　对火灾的科学认识实际上就是对火灾的确定性和随机性这两种复杂性的深入认识，火灾风险评估就是与火灾的随机性相关的一个研究方向，它对于完善火灾的双重性规律有着十分重要的意义。风险评估是火灾科学和消防工程今后发展的重点。

　　性能化防火设计方法与火灾风险评估在内容上有交叉，该方法也能够完成对建筑消防设计的评估任务，这是一种新兴的基于防火性能的设计和评估手段，近年来这种防火设计方法在国内大型公共建筑消防设计评估中取得了广泛的应用。

　　同作为新兴的建筑火灾评估手段，二者亦存在的很大的区别，主要表现在如下几个方面。

　　1）建筑火灾风险评价是对建筑火灾风险状态的评价，是从宏观上获得建筑防火安全水平，而性能化防火设计是一种区别于传统设计的消防设计方法，从微观层面为建筑防火设计目标提供解决方案。

　　2）多数情况下，火灾风险评估是对建筑消防现状的评价，性能化防火设计往往是在建筑设计阶段完善消防设计方案。

　　3）火灾风险评估的对象是消防安全的状态，性能化防火设计既可以提供消防设计方案，也可以完成对方案防火性能的评估，并解决传统的消防设计中遇到的问题。

二、建筑平面布局中的防火设计

　　建筑物的平面防火设计是城市总体规划的一部分，主要是从火灾安全的角度，根据建筑物的使用性质、火灾危险性以及地形、地势、风向等因素，进行建筑物的合理布局，避免不同建筑物之间相互构成火灾威胁，并为迅速灭火援救提供便利条件。建筑的总平面防火布置一般要考虑以下几个方面：建筑的周边环境、建筑所在地的气象条件、建筑防火间距、消防车道和消防扑救面。

　　1. 建筑物的周边环境

　　在设计一幢具体建筑物之前，首先应认真考虑它在城市整体环境中的作用和地位。对城市进行合理的防火分区是非常重要的方面，应根据某地区的使用性质划分若干防火区域，如对居民区、商业区、工业区等要有不同的要求等。应当对每个区内的人口密度、建筑物密度、可燃物载荷、可能火源的方位频率等基础数据有清楚的了解。

设计一幢建筑物时应当协调好它与周围地形和其他建筑的关系，预判它一旦发生火灾对其周围的影响。一幢建筑的占地面积、长度、高度等都应适当。有的地区往往存在较多的起火隐患或重大危险因素，例如，若某个地区原来建筑是易燃、易爆材料的工厂、仓库或存在其他重大危险源，新建筑物应当与其保持足够大的距离，并且用围墙将其与外界隔开。有的地方水源不足，建筑物的设计用水需求不能超过当地可能的供水能力。歌舞厅、录像厅、夜总会、放映厅、卡拉 OK 厅、游戏厅、桑拿浴室、网吧等公共场所如布置在袋形走道的两侧或尽端，不利于人员疏散。

周边环境对火灾危险性的影响主要取决于场馆周围危险源的数量以及性质，危险源主要有以下四类：邻近具有较大火灾危险性的建筑、邻近临时建筑、邻近有可燃绿化带以及拥挤的交通干线。

1）邻近具有较大火灾危险性的建筑，指邻近有易燃易爆化学物品的生产、充装、储存、供应、销售单位，如：生产易燃化学物品工厂，易燃易爆气体和液体罐装站、调压站，储存易燃易爆化学物品的专用仓库、堆场；营业性汽车加油、加气站，液化石油供应站（换瓶站），化工试剂商店，可燃油油浸变压器等。案例，某化肥厂因液化石油气槽车连接管被拉破，大量液化气泄漏，遇明火发生爆炸，死伤数十人，在爆炸贮罐 70m 范围内的一座 3 层楼房全部震塌，200m 外的房屋也受到程度不同的损坏，3km 外的百货公司的窗玻璃被震坏。

2）邻近临时建筑，包括与高层建筑相连的建筑高度不超过 24m 的附属建筑（裙房）、临时工棚、仓库、违章建筑等。案例，上海一群租房发生火灾，失火现场是一间约 30m² 的简易单层砖木混合结构的房屋，紧靠着失火房屋的是一幢 3 层的小楼，大火把小楼紫色的外墙熏黑，墙上贴着的紫色釉面砖经过大火的烧烤也脱落了一大片，小楼面向平房的 3 扇窗户也被烧焦，楼里有明显的过火痕迹。

3）邻近可燃绿化带，指松、柏、易燃灌木、草皮等。案例，河北保定一小区绿化带杂物失火殃及住户，致居民家阳台上的窗户被烧裂，空调室外机管线被烧瘪。

4）邻近拥挤的交通干线，指建筑物可能受到交通车辆火灾的影响。案例，山东晋州运送过氧化氢货车爆炸波及周围 150m，货车爆炸现场 100m 外是一座新盖的楼盘，还没有人入住，三层以上的窗户玻璃几乎都被震裂，附近部分居民被崩出的玻璃划伤。

2. 气象条件

气象指的是大气的状态和各种现象，主要包括空气温度、相对湿度、风向和风速以及降水情况等，而这些因素之间是相互影响的。气象条件与消防工作有着直接关系。一般来讲，火魔偏爱冬春两季：日本 20 世纪 60

年代统计表明，全年火灾中，冬、春两季约占 34％和 31％；武汉地区 20世纪 50～80 年代的统计中，冬、春两季竟高出夏、秋两季 2～3 倍，我国北方亦与之类似。这两个季节风大物燥，同时取暖、照明用火、用电猛增，故而火灾危险也大大增加。除此之外，雨雪会使某些物质受潮引起燃烧爆炸，例如电石，金属钾、钠、磷化钙等即是。1984 年天津大沽化工厂电石桶被雨水浸泡，有二十余桶发生爆炸。夏季高温潮湿还将使某些易燃易爆物加快挥发分解，或因聚热而自燃。如硝化纤维素及其制品、赛璐珞等在上述情况下常易分解自行燃烧，以上这些，都可能引起一场火灾。风可说是防火的大敌，它能使不具危险的小火扩大成灾，还可把火星吹出数百上千米远，从而造成新的火场，正所谓风助火势而火借风传。强风可造成大面积火灾，同时火灾又促成更强的飓风。当建筑起火时，热气流带着烟火向上升腾，四周冷空气则被吸入获取，多幢房屋的炽烈大火会使高速气流形同飓风般横扫而过，其势能拔树摧屋，这样的"火灾风暴"将使城市遭到极大的破坏。二次世界大战时德国汉堡、德累斯顿以及 1981 年美国马萨诸塞州的切尔西，都有过这样的惨痛记录。1972 年巴西 31 层的安第斯大楼起火时，火势乘着 8.3m/s 的大风迅速扩大，全楼被浓烟烈火包围，且下风方向超过 40m 的大楼烧损严重，就连远处 80m 的建筑也未能幸免，而上风向 7m 却烧损轻微，可见风的影响之大。因此，在建筑防火设计中，必须考虑气象条件。下面分别定性阐述各气象因素对火灾发生、发展的影响。

1）空气温度

空气温度（气温）对火灾发生与发展的影响极为明显。一年中夏季气温最高，可燃物易被点燃，一些低燃点的物质如易燃易爆化学物品的火灾危险性在夏季更大，许多火灾爆炸事故的发生或因其体积膨胀超压引起物理性爆炸，或因大量挥发泄漏形成爆炸性气体混合物遇火源爆炸，或者受热自燃起火。另一方面，在某些地区气温高的季节，湿度也大，气温低的季节，湿度也小。所以气温高的夏季，火灾并不一定很多，但是在降水量少的情况下如果气温升高，会加速水分的蒸发，使物质的含水量降低。所以在冬季，如果某些日子气温过高，那么就会成为诱发火灾的直接因素。

因此，为安全起见，夏季要适当减少压力容器内液化气体或压缩气体的充装量，并避免阳光曝晒；化学危险品储存要采取通风散热以及洒水降温等安全措施；遇热容易引起燃烧爆炸或产生有毒气体的化学物品，夏季宜安排在夜间运输。北方冬季较长，气温多在 0℃以下，市政消火栓水泵接合器的设置一般应以地下式为主，建筑内部水喷淋灭火系统即清水泡沫等灭火器在冬季也应采取相应的保温防冻措施。

2）相对湿度

相对湿度指空气中实际所含水蒸气密度和同温度下饱和水蒸气密度的

百分比值。相对湿度与降水量密切相关，一般说来，降水量多，空气湿度大；降水量少，空气湿度小。我国受大陆性季风气候影响，在冬季常刮西北风，空气湿度就比较小，相对湿度在 50% 以下时的天气是非常干燥的。当相对湿度达到 75%～80% 时，不易发生火灾。但如果长期不下雨，即使短期内相对湿度达 80%～90%，也可能发生火灾。据调查，月平均相对湿度大于 75% 不发生林火；55%～75% 时，可能发生火灾；小于 55% 时，可能发生大火灾；10%～30% 时，可能发生特大火灾。如果相对湿度和温度都低时，也不易发生大火灾。

3）风

风对火灾的影响，主要有三个方面：

(1) 风使火焰向远处伸展。在无风或风力在 3 级以下的情况下火焰主要是热辐射；在大风天气火焰则向下风方向倾斜，风力越大，倾斜角越大，越能引燃下风向的可燃物。

(2) 风使供氧充足，对流加快。大风可使空气源源不断地流入火灾燃烧区，氧气充足，火势更加猛烈；烟气、热气流出燃烧区，加热附近的可燃物，引起燃烧，形成扩大蔓延之势。

(3) 出现飞火。风速在 4m/s 以上，就有可能出现飞火。特别是当火场燃烧温度达 1000℃ 以上，建筑物倒塌或物质发生爆炸，空气强烈对流，产生涡流，形成旋风，使带着火焰的木材、油毡、草灰等可燃物碎片升腾到天空，随风飞向远方，引起新的着火点。除此之外，还可以使工业、民用锅炉烟囱火花、焊接飞溅的熔融火花以及燃放鞭炮烟花形成飞火。由于飞火，常形成跳跃式燃烧，出现多处火场，这对于冬季火灾的扑救极为不利。

3. 防火间距

火灾在相邻建筑物之间的蔓延途径有热对流、热辐射、飞火和火焰直接接触燃烧四种方式。为了防止建筑物间的火势蔓延，各幢建筑物之间留出一定的安全距离是非常必要的。这样能够减少辐射热的影响，避免相邻建筑物被烤燃，并可提供疏散人员和灭火战斗的必要场地。这个安全距离就是防火间距。

1）影响防火间距的因素

防火间距是两栋建（构）筑物之间，保持适应火灾扑救、人员安全疏散和降低火灾时热辐射等的必要间距。影响防火间距的因素很多，在实际工程中不可能都考虑。除考虑建筑物的耐火等级、建（构）筑物的使用性质、生产或储存物品的火灾危险性等因素外，还考虑到消防人员能够及时到达并迅速扑救这一因素。通常根据下述情况确定防火间距：

(1) 辐射热

辐射热是影响防火间距的主要因素，辐射热的传导作用范围较大，在火场上火焰温度越高，辐射热强度越大，引燃一定距离内的可燃物时间也越短。辐射热伴随着热对流和飞火则更危险。

点燃、引燃、自燃材料的辐射强度临界值（临界辐射通量密度）　表 4-4

材料名称	临界辐射强度（kW/m²）		
	表面点燃	引燃	自燃
木材	4.19	14.70	29.31
涂以普通油漆的木材	—	16.75	23.02～50.2
纤维绝缘板	—	6.28	4
防火处理的纤维绝缘板	—	8.38～41.9	25.12
硬木板	4.19	14.70	—
纺织品	—	—	35.59
软木	—	12.56	—23.03
涂有沥青的屋面	2.93	—	—

（2）热对流

这是火场冷热空气对流形成的热气流，热气流冲出窗口，火焰向上升腾而扩大火势蔓延。由于热气流离开窗口后迅速降温，故热对流对邻近建筑物来说影响较小。

（3）建筑物外墙开口面积

建筑物外墙开口面积越大，火灾时在可燃物的质和量相同的条件下，由于通风好、燃烧快、火焰强度高，辐射热强。相邻建筑物接受辐射热也较多，就容易引起火灾蔓延。

（4）建筑物内可燃物的性质、数量和种类

可燃物的性质、种类不同，火焰温度也不同。可燃物的数量与发热量成正比，与辐射热强度也有一定关系。

（5）风速

风的作用能加强可燃物的燃烧并促使火灾加快蔓延。

（6）相邻建筑物高度的影响

相邻两栋建筑物，若较低的建筑着火，尤其当火灾时它的屋顶结构倒塌，火焰穿出时，对相邻的较高的建筑危险很大，因较低建筑物对较高建筑物的辐射角在 30°～45°之间时，根据测定辐射热强度最大。

（7）建筑物内消防设施的水平

如果建筑物内火灾自动报警和自动灭火设备完整，不但能有效地防止和减少建筑物本身的火灾损失，而且还能减少对相邻建筑物蔓延的可能。

（8）灭火时间的影响

火场中的火灾温度，随燃烧时间有所增长。火灾延续时间越长，辐射热强度也会有所增加，对相邻建筑物的蔓延可能性增大。

（9）灭火作战的实际需要

建筑物的建筑高度不同，需使用的消防车也不同。对低层建筑，普通消防车即可；而对高层建筑，则还要使用曲臂、云梯等登高消防车。为此，考虑登高消防车操作场地的要求，也是确定防火间距的因素之一。

（10）节约用地

在进行总平面规划时，既要满足防火要求，又要考虑节约用地。在有消防扑救的条件下，能够阻止火灾向相邻建筑物蔓延为原则。

2）建筑物之间防火间距设置的具体要求

建筑之间的防火间距应按相邻建筑外墙的最近距离计算，如外墙有凸出的燃烧构件，应从其凸出部分外缘算起。

下面以民用建筑和高层建筑为例，介绍防火间距设置的一般要求。

（1）民用建筑的防火间距，见表4-5。

民用建筑防火间距　　　　　　　　　表 4-5

耐火等级	一、二级	三级	四级
一、二级	6m	7m	9m
三级	7m	8m	10m
四级	9m	10m	12m

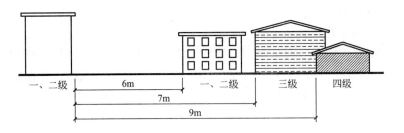

图 4-1　民用建筑
防火间距

说明：

a. 两座建筑相邻较高的一面的外墙为防火墙或高出相邻较低一座一、二级耐火等级建筑物的屋面范围内的墙为防火墙且不开设门窗洞口时，其防火间距不限。

b. 相邻的两座建筑物，较低一座的耐火等级不低于二级，屋顶不设天窗，屋顶承重构件的耐火极限不低于1h，且相邻的较低一面外墙为防火墙时，其防火间距可适当减少，但不应少于3.5m。

c. 相邻的两座建筑物，较低一座的耐火等级不低于二级，当相邻较高一面外墙的开口部位设有甲级防火门窗或防火卷帘（耐火极限不低于3h）和水幕时，其防火间距可减少到不少于3.5m。

d. 两座建筑相邻两面的外墙为不燃烧体，如无外露的燃烧体屋檐，当每面外墙上的门窗洞口面积之和不超过该外墙面积的5%，且门窗口不正对开设时，其防火间距可按表减少25%。

e. 数座一、二级耐火等级且不超过六层的住宅或办公楼，如占地面积总和不超过2500m²时，可成组布置，但组内建筑之间的间距不宜小于4m，组与组仍不小于表中规定。

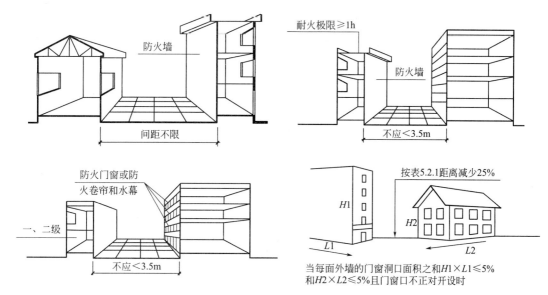

图 4-2　相邻高低两座建筑防火间距

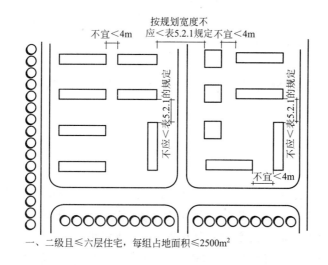

一、二级且≤六层住宅，每组占地面积≤2500m²

图 4-3　成组建筑
防火间距

（2）高层建筑的防火间距

高层建筑防火间距　　　　　　　　表 4-6

	高层	裙房	其他民用建筑		
			一、二级	三级	四级
高层	13m	9m	9m	11m	14m
裙房	9m	6m	6m	7m	9m

3）防火间距不足时可采取的措施

防火间距不足时应采取的措施可总结为六个字：改、调、堵、拆、防、保。具体阐述如下：

（1）改变建筑物内的生产和使用性质，调整生产厂房的部分工艺流

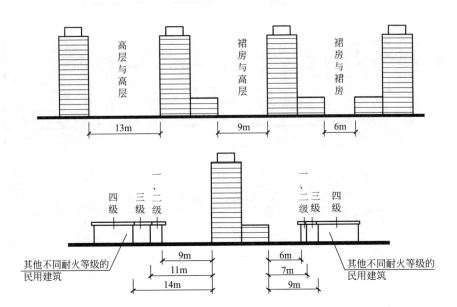

图 4-4　高层建筑
　　　防火间距

程，限制库房内储存物品的数量，尽量降低建筑的火灾危险性。

（2）改变房屋部分结构的耐火性能，提高部分构件的耐火性能和燃烧性能，提高建筑物的耐火等级。

（3）将建筑物的普通外墙，改造为实体防火墙。

（4）拆除部分耐火等级低，占地面积小，适用性不强且与新建筑物相邻的原有陈旧建筑物。

（5）设置独立防火墙。

（6）采用防火卷帘或水幕保护。

4. 消防车道

消防车道是供消防车灭火时通行的道路。设置消防车道的目的就在于一旦发生火灾后，使消防车顺利到达火场，消防人员迅速开展灭火战斗，及时扑灭火灾，最大限度地减少人员伤亡和火灾损失。

1）什么情况下设置消防车道？

（1）在许多城市的主城区，建筑密集，消防车展开会遇到不少困难。为便于消防车的通行，城市街区内相邻道路中心线间的距离不宜大于160m。这主要是根据室外消火栓的保护半径为150m左右确定的。沿街建筑有不少是 U 形、L 形的，从建设情况看，其形状较复杂且总长度和沿街长度过长，必然会给消防人员扑救火灾和内部区域人员疏散带来不便，延误灭火时机。因此，当建筑物沿街道部分的长度大于150m或总长度大于220m时，应设置穿过建筑物的消防车道。确有困难时，应设置环形消防车道，如图 4-5。据调查，目前在住宅小区的建设和管理中，存在小区内道路宽度、承载能力或净空不能满足消防车通行需要的情况，给消防扑救带来不利影响。为此，小区的主要道路口不应设置影响消防车通行的设施。

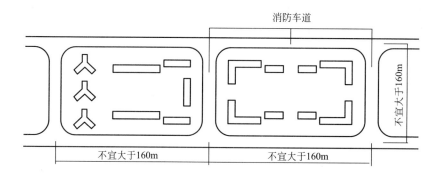

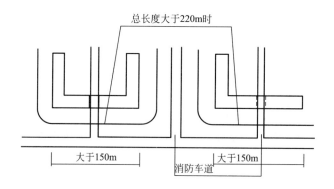

图 4-5　消防车道布置

（2）当建筑内院较大时，应考虑消防车在火灾时进入内院进行扑救操作，同时考虑消防车的回车需要，因此，当内院或天井短边长度大于 24m 时，宜设置进入内院或天井的消防车道，如图 4-6。反之，若内院太小，消防车将无法展开。

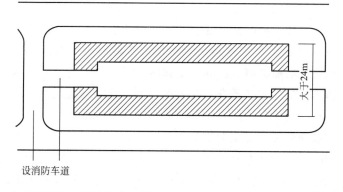

图 4-6　建筑内庭院消防车道布置

（3）实践证明，建筑物长度超过 80m 时，如没有连通街道和内院的人行通道，当发生火灾时也会妨碍扑救工作。为方便街区内疏散和消防施救，应在建筑沿街长度每 80m 的范围内设置一个从街道经过建筑物的人行通道或公共楼梯间。

（4）大型公共建筑的建筑体积大、占地面积大、人员多而密集，如超过 3000 个座位的体育馆、超过 2000 个座位的会堂和占地面积大于

$3000m^2$ 的展览馆等公共建筑，为便于这些地方的火灾扑救和人员疏散，要求尽可能设置环形消防车道。

（5）较大型的工厂和仓库火灾往往一次火灾延续时间较长，在实际灭火中用水量大，消防车辆投入多，如果没有环形车道或平坦空地等，必然造成消防车辆堵塞，无法靠近扑救火灾现场。有的甲、乙、丙类液体以及可燃气体储罐区的消防道路设置不当、道路狭窄简陋、路面坡度大；露天、半露天堆场没有分区，四周无消防车道。以上这些地方着火时消防车辆都难以进入或者进入后难以回转，难以进行扑救。因此，这类地方必须设置消防车道。

（6）有的工厂、仓库和可燃材料堆场采用河、湖等天然水源取水灭火，又与消防水池距离较远，因此在这些天然水源和消防水池处设置消防车道，保证消防车的水源，从而可以为火灾救援提供保障。

在穿过建筑物或进入建筑物内院的消防车道两侧，不宜设置影响消防车通行或人员安全疏散的设施。

2）消防车道有哪些尺寸要求？

（1）消防车道的宽度要求。据调查，一般中、小城市及消防大队配备的消防车有泡沫消防车、水罐车。而大城市，尤其是高层建筑居多的城市，除上述消防车外，还配备有曲臂登高车、登高平台车、举高喷射车、云梯车、消防通讯指挥车等。对于油罐区及化工产品的生产场所配备的消防车主要为干粉车、泡沫车和干粉-泡沫联用车。据调查统计，在役消防战斗车辆中，消防车的最大长度为 13.4m，最大宽度为 4.5m，最大高度为 4.15m，最大载重量为 35.3t，最大转弯直径为 10m，最小长度为 5.8m，最小宽度为 1.95m，最小高度为 1.98m。根据目前国内所使用的各种消防车辆外形尺寸、按照单车道并考虑消防车速度一般较快，穿过建筑物时宽度上应有一定的富裕度，确定消防车道的净宽度和净高不得小于 4m。而对于一些需要使用或穿过特种消防车辆的建筑物、道路桥梁，还应根据实际情况增加消防车道的宽度和净空高度。

（2）消防车道的坡度要求。在一些山地或丘陵地区，平地较少，坡地较多，对于起伏较大的坡地，为保证消防灭火作业的需要，规定居高消防车停留操作场地的坡度不宜大于 3%。

（3）消防车道的转弯半径要求。据公安消防监督机构实测，普通消防车的转弯半径为 9m，登高车的转弯半径为 12m，一些特种车辆的转弯半径为 16m～20m。为了使消防车能够正常开展工作，消防车道的转弯半径必须大于消防车本身的转弯半径。例如，尽头式消防车道应设回车道或面积不小于 $12m \times 12m$ 的回车场，这里的 $12m \times 12m$ 是根据一般消防车的最小转弯半径而确定的，对于大型消防车的回车场，则应根据实际情况增大。一些大型消防车和特种消防车，由于车身长度和最小转弯半径已有 12m 左右，设置 $12m \times 12m$ 的回车场就行不通，而需设置大面积回车场才能满足使用要求。

（4）消防车道的承重要求。在设置消防车道时，如果考虑不周，也会发生路面荷载过小，道路下面管道埋深过浅，沟渠选用轻型盖板等情况，从而不能承受大型消防车的通行荷载。因此，消防车道路面、扑救作业场地及其下面的管道和暗沟等应能承受大型消防车的压力，以保证消防车的正常通行和作业。

3）其他要求

（1）城市街区内道路，考虑消防车通行，其间距不应大于160m。

（2）环形消防车道至少两个地方与其他车道相连。

（3）消防车道可利用交通道路。

（4）消防车道应尽量避免与铁路平交，如必须平交时，设备用车道间距不宜小于一列火车长。

（5）消防车道距建筑物外墙宜大于5m，防止火灾时建筑物构件塌落影响消防车作业。

（6）消防车道与建筑物之间，不应设置妨碍登高消防车操作的树木、架空管线等。

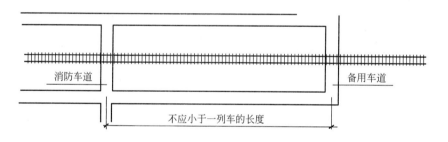

图 4-7　与铁路平交消防车道

图 4-8　尽头式消防车道设回车场或回车场的设计规定和要求

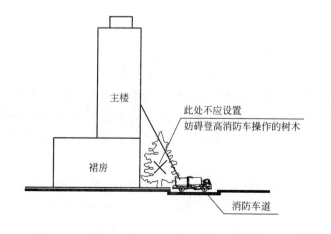

图 4-9　消防车道与建筑间不应有影响操作的树木

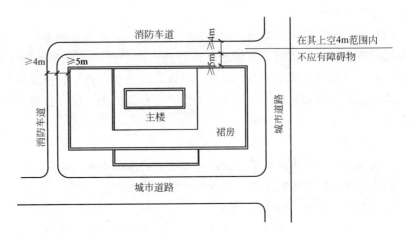

图 4-10 消防车道与建筑的间距

表 4-7 为各种消防车的满载（不包括消防人员）总重，可供设计消防车道时参考。

5. 消防扑救面

为了在发生火灾时，登高消防车能够靠近高层主体建筑，快速抢救人员和扑灭火灾，在高层民用建筑进行总平面布置时，应考虑云梯车作业用的空间，使云梯车能够接近建筑主体。我们把登高消防车能靠近高层主体建筑，便于消防车作业和消防人员进入高层建筑进行抢救人员和扑灭火灾的建筑立面称为该建筑的消防扑救面。

1991 年 5 月 28 日，大连饭店（高层建筑）发生火灾，云梯车救出无法逃生的人员；1993 年 5 月 13 日，南昌万寿宫商城（高层建筑）发生火灾，云梯车发挥了很大作用，在这座建筑倒塌之前 6min，云梯车把楼内所有人员疏散完毕；1979 年 7 月 29 日，肯尼亚内罗毕市市中心一座 17 层的办公楼发生火灾，由于该大楼平面布置较为合理，为使用登高消防车创造了条件，减少了火灾损失；1970 年 7 月 23 日，美国新奥尔良市路易斯安纳旅馆发生火灾，1973 年 11 月 28 日，日本熊本县太洋百货商店大火，1985 年 4 月 19 日，我国哈尔滨市天鹅饭店火灾，都是由于平面布置比较合理，登高消防车能够靠近高层主体建筑，而救出了不少火场被困人员。反之，1984 年 1 月 4 日，韩国釜山市一家旅馆发生火灾，由于大楼总平面不合理，周围都有裙房，街道又狭窄，交通拥挤，尽管消防队出动数十辆各种消防车，也无法靠近火场，只能进入狭窄的街道和旅馆大楼背面，进行人员抢救和灭火行动。云梯车虽说能伸至楼顶，但没有适当位置供它停靠，消防队员只得从楼顶放下救生绳和绳梯，让直升机发挥营救人员的作用。这些案例都表明，在高层建筑设置等高消防车和消防云梯操作空间的必要性。另外，据北京、上海、广州等大、中城市的实践经验，在发生火灾时，消防车辆要迅速靠近起火建筑，消防人员要尽快到达着火层（火场），一般是通过直通室外的楼梯间或出入口，从楼梯间进入起火层，开展对该层及其上、下层的扑救作业。因此，高层建筑的底边至少有一个长

各种消防车的满载总重量（kg）   表 4-7

名称	型号	满载重量	名称	型号	满载重量
水罐车	SG65. SGS5A	17286	泡沫车	CPP181	2900
	SHX5350、GXFSG160	35300		Pm35GD	11000
	CG60	17000		PM50ZD	12500
	SG120	26000	供水车	GS140ZP	26325
	SG40	13320		GS150ZP	31500
	SG55	14500		GS150P	14100
	SG60	14100		东风 144	5500
	SG170	31200		GS70	13315
	SG35ZP	9365	干粉车	GF30	1800
	SG80	19000		GF60	2600
	SG85	18525	干粉-泡沫联用消防车	PF45	17286
	SG70	13260		PF110	2600
	SP30	9210	登高平台车	CDZ53	33000
	EQ144	5000		CDZ40	2630
	SG36	9700		CDZ32	2700
	EQ153A—F	5500		CDZ20	9600
	SG110	26450	举高喷射消防车	CJQ25	11095
	SG35GD	11000	抢险救援车	SHX5110TT XFQ173	14500
	SH5140 GXFSG55GD	4000		CX10	3230
泡沫车	PM40ZP	11500	消防通讯指挥车	FXZ25	2160
	PM55	14100		FXZ25A	2470
	PM60ZP	1900		FXZl0	2200
	PM80. PM85	18525	火场供应消防车	XXFZMlO	3864
	PMl20	26000		XXFZMl2	5300
	Pm35ZP	9210		TQXZ20	5020
	PM55GD	14500		QXZ16	4095
	PP30	9410	供水车	GS1802P	31500
	EQ140	3000			

边或周边长度的 1/4 且不小于一个长边长度，不应布置高度大于 5m、进深大于 4m 的裙房，且在此范围内必须设有直通室外的楼梯或直通楼梯间的出口。建筑物的正面广场不应设成坡地，也不应设架空电线等。建筑物的底层不应设很长的突出物。如图 4-11 所示：

此外，高层建筑的扑救面与相邻建筑应保持一定距离。消防车道与高层建筑的间距不小于 5m。消防车与建筑物之间的宽度，如图 4-12 所示。

高层民用建筑之间及高层民用建筑与其他建筑物之间除满足防火间距要求外，还要考虑消防车转弯半径及登高消防车的操作要求。消防登高面应靠近住宅的公共楼梯或阳台、窗。消防登高面不宜设计大面积的玻璃幕墙。

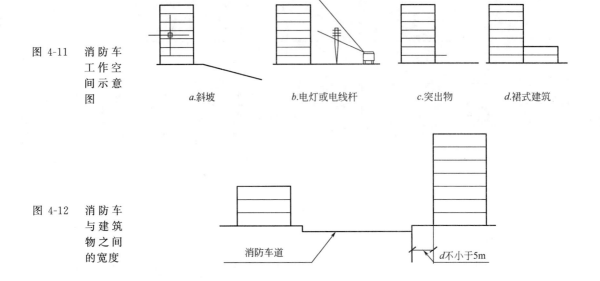

图 4-11 消防车工作空间示意图

　　　　a.斜坡　　　　　b.电灯或电线杆　　　　c.突出物　　　　d.裙式建筑

图 4-12 消防车与建筑物之间的宽度

消防车道　　　　　　　　　　　　　　　　d不小于5m

三、单体建筑防火设计

1. 建筑耐火等级

为了保证建筑物的安全，必须采取必要的防火措施，使之具有一定的耐火性，即使发生了火灾也不至于造成太大的损失，通常用耐火等级来表示建筑物所具有的耐火性。《建筑设计防火规范》将民用建筑的耐火等级划分为一、二、三、四级，一级最高，四级最低。

1）建筑耐火等级的选定

确定建筑的耐火等级时，要受到许多因素的影响，如要根据火灾统计资料分析、建筑物的使用性质与重要程度、建筑物的高度和面积、生产和贮存物品的火灾危险性类别等。

建筑物的重要性：对于多功能、设备复杂、性质重要、扑救困难的重要建筑，应优先采用一级耐火等级。这些建筑包括多功能高层建筑、高级机关重要的办公楼、通信中心大楼、广播电视大厦、重要的科学研究楼、图书档案楼、重要的旅馆及公寓、重要的高层工业厂房、自动化多层及高层库房等。这些建筑一旦发生火灾，因人员、物资集中，扑救困难，疏散困难，经济损失大，人员伤亡多，造成的影响大，对这类建筑采用一级耐火等级，是完全必要的。一般的办公楼、旅馆、教学楼等，由于其可燃物相对较少，起火后危险也会较小，因此，采用二级甚至三级耐火等级。

建筑物的高度：建筑物的高度越高，功能越复杂，经常停留在建筑物内的人员就越多，屋子也就越多，火灾蔓延时越快，燃烧猛烈，疏散和扑救工作就越困难。另外，从火灾发生的楼层统计来看，高层建筑火灾发生率基本上是自上而下地增多。根据高层建筑火灾的这些特点，我国规定：一类高层建筑的耐火等级为一级，二类高层建筑的耐火等级不应低于二级。对于高度超过50m的建筑，其耐火等级可分段考虑。50m以下各层应采用不低于一级耐火等级，50m以上的楼层可采用不低于二级耐火等级。此外，高层工业厂房和高层库房应采用一级或二级耐火等级。当采用二级耐火等级的建筑、容纳的可燃物量平均超过200kg/m²时，其梁、楼板应符合一级耐火等级的要求。但是，设有自动灭火设备后，则发生火灾的概率减小，火灾规模也会相应减小，可不再提高。

使用性质与火灾危险性：对于民用建筑来说，使用性质有很大差异，因而诱发火灾的可能性也不同。而且发生火灾后的人员疏散、火灾扑救的难度也不同。例如：医院的住院部、外科手术室等，不仅病人行动不便，疏散困难，而且手术中的病人也不能转移和疏散，应优先采用一级耐火等级。又如大型公共建筑，使用人数多，疏散困难，而且建筑空间大，火灾扑救难，故其耐火等级也应该选用一、二级耐火等级。旅游宾馆、饭店等建筑，投宿旅客多，并对疏散通道不够了解，发生火灾时，旅客不易找到疏散出口，因而疏散时间长，易造成伤亡事故，所以也应选一、二级耐火等级。相反，使用人员固定，对建筑物情况熟悉，可燃物相对较少的大量民用建筑，其耐火等级可适当降低些。对于工业厂房或库房，根据其生产和储存物品火灾危险性的大小，提出与之相应的耐火等级要求，特别是对有易燃、易爆危险品的甲、乙类厂房和库房，发生事故后造成的影响大，损失大，所以，甲、乙类厂房和库房应采用一、二级耐火等级建筑；丙类厂房和库房不得低于三级耐火等级建筑；丁、戊类厂房和库房的耐火等级不应低于四级。为了避免发生火灾后造成巨大损失，厂房或库房如有贵重的机器设备、贵重物资时，应该采用一级耐火等级的建筑。中小企业的甲、乙类生产厂房最好采用一、二级耐火等级建筑。单面积较小，且为独立的厂房，考虑到投资的实际情况，并估计到火灾损失不大的前提下，也可以采用三级耐火等级建筑。但是，上述厂房规模较小，丙类厂房不超过500m²，丁类厂房不超过1000m²时也可以采用三级耐火等级的单层建筑。

2）建筑耐火等级的决定因素

一座建筑物的耐火等级不是由一两个构件的耐火性决定的，是由组成建筑物的所有构件的耐火性决定的，即是由组成建筑物的墙、柱、梁、楼板等主要构件的耐火极限和燃烧性能决定的。

我国现行规范选择楼板作为确定耐火极限等级的基准，因为对建筑物来说楼板是最具代表性的一种至关重要的构件。根据多年的火灾统计资料分析：火灾持续时间在2h以内的占火灾总数的90%以上；火灾持续时间在1.5h以内的占总数的88%；在1h以内的占80%。一级建筑的楼板的耐火极限定为1.5h，二级的定为1h，三级定为0.5h。这样，80%以上的

一、二级建筑物不会被烧垮。在制定分级标准时首先确定各耐火等级建筑物中楼板的耐火极限，然后将其他建筑构件与楼板相比较，在建筑结构中所占的地位比楼板重要的，可适当提高其耐火极限要求，否则反之。例如，在二级耐火等级建筑中，支撑楼板的梁壁楼板更重要，其耐火极限应比楼板高，定为1.5h。柱和承重墙比梁更为重要，定为2.5h～3h，依此类推。

除了建筑构件的耐火极限外，其燃烧性能也是耐火等级的决定条件。一级耐火等级的构件全是不燃烧体；二级耐火等级的构件除吊顶为难燃烧体外，其余都是不燃烧体；三级耐火等级的构件除吊顶和屋顶承重构件外，也都是不燃烧体；四级耐火等级的构件，除防火墙为不燃烧体外，其余的构件按其作用于部位不同，有难燃烧体，也有燃烧体。

一般来说，一级耐火等级建筑是钢筋混凝土结构或砖混结构。二级耐火等级建筑和一级耐火等级建筑基本上相似，但其构件的耐火极限可以较低，且可以采用未加保护的钢屋架。三级耐火等级建筑是木屋顶、钢筋混凝土楼板、砖墙组成的砖木结构。四级耐火等级建筑是木屋顶、难燃烧体墙壁组成的可燃结构。

2. 防火防烟分区

当建筑物中某一房间发生火灾，火焰及热气流便会从门、窗、洞口，或者从楼板，或者从墙壁的烧损部位以及楼梯间等竖井向其他空间蔓延扩大，最终可能将整座建筑卷入火灾。随着国家建设事业的发展，建筑向大型化、多功能化发展。如今已建成的高层综合楼，如上海金茂大厦88层，287000m^2。就连1959年建成的北京人民大会堂建筑面积也高达171600m^2。像这样的规模，如不进行适当的分隔，一旦起火成灾，后果不堪设想。因此，在一定时间内把火灾控制在建筑物的一定范围内，是十分重要的。这个功能就是通过防火、防烟分区以及防火分隔物实现的。

1）防火分区

（1）防火分区的概念

所谓防火分区是指采用防火分隔措施划分出的、能在一定时间内防止火灾向同一建筑的其余部分蔓延的局部区域（空间单元）。在建筑物内采用划分防火分区这一措施，可以在建筑物一旦发生火灾时，有效地把火势控制在一定的范围内，减少火灾损失，同时可以为人员安全疏散、消防扑救提供有利条件。

防火分区，按照防止火灾向防火分区以外扩大蔓延的功能可分为两类：其一是竖向防火分区，用以防止多层或高层建筑物层与层之间竖向发生火灾蔓延；其二是水平防火分区，用以防止火灾在水平方向扩大蔓延。

竖向防火分区是指用耐火性能较好的楼板及窗间墙（含窗下墙），在建筑物的垂直方向对每个楼层进行的防火分隔。

水平防火分区是指用防火墙或防火门、防火卷帘等防火分隔物将各楼层在水平方向分隔出的防火区域。它可以阻止火灾在楼层的水平方向蔓延。防火分区应用防火墙分隔。如确有困难时，可采用防火卷帘加冷却水幕或闭式喷水系统，或采用防火分隔水幕分隔。

（2）防火分区的划分

建筑物内的防火分区就是使用均有适当耐火能力的建筑构件作为边界，将建筑内部分为若干小区，这样一来一旦某个分区内失火，可以将火限制在该区内，避免对建筑其他部分造成影响。从防火的角度看，防火分区划分得越小，越有利于保证建筑物的防火安全。但如果划分得过小，则势必会影响建筑物的使用功能，这样做显然是行不通的。防火分区的大小应根据建筑物的耐火等级和使用功能确定，每种建筑设计防火规范都对不同使用性质建筑物的独立分区大小做了规定。表 4-8 列出了普通民用建筑对防火分区的基本要求。

普通民用建筑的防火分区要求　　　　　　表 4-8

耐火等级	最多允许层数	防火分区		备　　注
		最大允许长度（m）	每层最大允许建筑面积（m²）	
一、二级	不限	150	2500	体育馆、剧院建筑等的观众厅、展厅的长度和面积可以根据需要确定托儿所、幼儿园的儿童用房以及儿童游乐厅等儿童活动场所不应设置在四层及四层以上或地下、半地下建筑内
三级	5 层	100	1200	托儿所、幼儿园的儿童用房以及儿童游乐厅等儿童活动场所和医院、疗养院的住院部不应设置在三层及三层以上或地下、半地下建筑内商店、学校、电影院、剧院、礼堂、食堂、菜市场不应超过两层
四级	2 层	60	600	学校、食堂、菜市场、托儿所、幼儿所、医院等不应超过一层

对于高层建筑则是根据建筑类别确定防火分区的面积，例如，对于一类高层建筑，每个分区的允许最大面积为 1000m²，二类高层建筑的分区不超过 1500m²，地下室的分区则不超过 500m²。同时，对于一些特殊情况，还分别给出了一些补充规定。

① 防火分区的划分原则

划分防火分区除必须满足设计防火规范中规定的面积及构造要求外，还应注意下列要求：

a. 作为避难通道使用的楼梯间、前室和具有避难功能的走廊，必须保证其不受火灾的侵害，并时刻保持畅通无阻。

b. 在同一个建筑物内，各危险区域之间、办公用房和生产车间之间等应当进行防火分隔。

c. 高层建筑中的电缆井、管道井、垃圾井等应是独立的防火单元，应保证井道外部的火灾不得传入井道内部，同时井道内部的火灾也不得传到井道外部。

d. 有特殊防火要求的建筑，如医院等，在防火分区之内应设置更小的防火区域。

e. 高层建筑在垂直方向应以每个楼层为单元划分防火分区。

f. 所有建筑的地下室，在垂直方向应以每个楼层为单元划分防火分区。

g. 为扑救火灾而设置的消防通道，其本身应受到良好的防火保护。

h. 设有自动喷水灭火系统的防火分区，其面积可以适当扩大。

② 防火分区的形式

按照防火分区在建筑物内的形式，可分为水平分区和竖向分区两类。

水平分区指的是在同一平面层内的分区，主要用于防止火灾烟气在水平方向蔓延。对于面积较大的建筑而言尤为重要。近年来，随着大型、复杂建筑的迅速发展，设置合理的防火分区已经成为防火设计中的一个突出问题。例如大型综合商业区、会展中心、体育场馆、候机楼等，其建筑面积往往有数万平方米，远远超过现行规范的规定。

竖向分区则主要指防止火灾烟气在建筑的层间蔓延，这对于高层建筑而言具有更突出的意义。高层建筑中具有大量穿越楼板的竖井和管道，如电缆井、管道井、排烟道、通风道等多种竖井。不少案例表明，这是造成火灾由着火层向外蔓延的重要渠道。这些竖井的功能不同，应当分别设置，防止一个竖井发生事故影响到其他竖井。竖井或管道与各层地板相交口的封堵也需注意，竖井的壁面材料应当有适当的耐火等级，禁止使用可燃材料。通常电缆井、排烟道壁面的耐火极限不低于 1h。

2）防烟分区

（1）防烟分区的概念

为有利于建筑物内人员安全疏散与有组织排烟，而采取的技术措施，即防烟分区，使烟气集于设定空间，通过排烟设施将烟气排至室外。防烟分区范围是指以屋顶挡烟隔板、挡烟垂壁或从顶棚向下突出不小于 500mm 的梁为界，从地板到屋顶或吊顶之间的规定空间。

屋顶挡烟隔板是指设在屋顶内，能对烟和热气的横向流动造成障碍的垂直分隔体。

挡烟垂壁是指用不燃烧材料制成，从顶棚下垂不小于 500mm 的固定或活动的挡烟设施。活动挡烟垂壁系指火灾时因感温、感烟或其他控制设备的作用，自动下垂的挡烟垂壁。

（2）防烟分区的作用

大量资料表明，火灾现场人员伤亡的主要原因是烟害所致。发生火灾时首要任务是把火场上产生的高温烟气控制在一定的区域之内，并迅速排出室外。为此，在设定条件下必须划分防烟分区。设置防烟分区主要是保证在一定时间内，使火场上产生的高温烟气不致随意扩散，并进而加以排除，从而达到有利人员安全疏散，控制火势蔓延和减小火灾损失的目的。

（3）防烟分区的设置原则

设置防烟分区时，如果面积过大，会使烟气波及面积扩大，增加受灾面，不利安全疏散和扑救；如面积过小，不仅影响使用，还会提高工程造价。主要设置原则有：

a. 不设排烟设施的房间（包括地下室）和走道，不划分防烟分区；

b. 防烟分区不应跨越防火分区；

c. 对有特殊用途的场所，如地下室、防烟楼梯间、消防电梯、避难层间等，应单独划分防烟分区；

d. 防烟分区一般不跨越楼层，某些情况下，如1层面积过小，允许包括1个以上的楼层，但以不超过3层为宜；

e. 每个防烟分区的面积，对于高层民用建筑和其他建筑（含地下建筑和人防工程），其建筑面积不宜大于500m²；当顶棚（或顶板）高度在6m以上时，可不受此限。此外，需设排烟设施的走道、净高不超过6m的房间应采用挡烟垂壁，隔墙或从顶棚突出不小于0.5m的梁划分防烟分区，梁或垂壁至室内地面的高度不应小于1.8m。

（4）防烟分区的划分方法

防烟分区一般根据建筑物的种类和要求不同，可按其用途、面积、楼层划分：

a. 按用途划分

对于建筑物的各个部分，按其不同的用途，如厨房、卫生间、起居室、客房及办公室等，来划分防烟分区比较合适，也较方便。国外常把高层建筑的各部分划分为居住或办公用房、疏散通道、楼梯、电梯及其前室、停车库等防烟分区。但按此种方法划分防烟分区时，应注意对通风空调管道、电气配管、给排水管道等穿墙和楼板处，应用不燃烧材料填塞密实。

b. 按面积划分

在建筑物内按面积将其划分为若干个基准防烟分区，这些防烟分区在各个楼层，一般形状相同，尺寸相同，用途相同。不同形状用途的防烟分区，其面积也宜一致。每个楼层的防烟分区可采用同一套防排烟设施。如所有防烟分区共用一套排烟设备时，排烟风机的容量应按最大防烟分区的面积计算。

c. 按楼层划分

在高层建筑中，底层部分和上层部分的用途往往不太相同，如高层旅馆建筑，底层布置餐厅、接待室、商店、会计室、多功能厅等，上层部分多为客房。火灾统计资料表明，底层发生火灾的机会较多，火灾概率大，上部主体发生火灾的机会较小。因此，应尽可能根据房间的不同用途沿垂直方向按楼层划分防烟分区。

3）防火分隔物

（1）防火分隔物的概念

防火分隔物是指能在一定时间内阻止火势蔓延，且能把建筑内部空间分隔成若干较小防火空间的物体。

常用防火分隔物有防火墙、防火门、防火卷帘、防火水幕带、防火阀和排烟防火阀等。

图4-13　消防水幕

（2）防火墙

防火墙是由不燃烧材料构成的，为减小或避免建筑、结构、设备遭受热辐射危害和防止火灾蔓延，设置的竖向分隔体或直接设置在建筑物基础上或钢筋混凝土框架上具有耐火性的墙。防火墙是防火分区的主要建筑构件。通常防火墙有内防火墙、外防火墙和室外独立墙几种类型。

防火墙的耐火极限、燃烧性能、设置部位和构造应符合下列要求：

① 防火墙应为不燃烧体，其耐火极限目前《建筑设计防火规范》的规定为4h，《高层民用建筑设计防火规范》的规定为3h。

② 防火墙应直接砌筑在基础上或钢筋混凝土框架上，当防火墙一侧的屋架、梁和楼板等因火灾影响而破坏时，不致使防火墙倒塌。

③ 防火墙应截断燃烧体或难燃烧体的屋顶结构，且应高出燃烧体或难燃烧体的屋面不小于500mm。防火墙应高出不燃烧体屋面不小于400mm。但当建筑物的屋盖为耐火极限不低于0.5h的不燃烧体时，高层建筑屋盖为耐火极限不低于1h的不燃烧体时，防火墙（包括纵向防火墙）可砌至屋面基层的底部，不必高出屋面。

④ 建筑物的外墙如为难燃烧体时，防火墙突出难燃烧体墙的外表面400mm。防火带的宽度，从防火墙中心线起每侧不应小于2m。

⑤ 防火墙距天窗端面的水平距离小于4m，且天窗端面为燃烧体时，应将防火墙加高，使之超过天窗结构400～500mm，以防止火势蔓延。

⑥ 防火墙内不应设置排气道，民用建筑如必须设置时，其两侧的墙身截面厚度均不应小于120mm。

⑦ 防火墙上不应开设门、窗、孔洞，如必须开设时，应采用甲级防火门、窗，并应能自动关闭。

⑧ 输送可燃气体和甲、乙、丙类液体的管道不应穿过（高层民用建筑为严禁穿过）防火墙。其他管道不宜穿过防火墙，如必须穿过时，应采用不燃烧体将缝隙填塞密实。穿过防火墙处的管道保温材料，应采用不燃

烧体材料。

⑨ 建筑物内的防火墙宜设在转角处。如设在转角附近，内转角两侧上的门、窗、洞口之间最近边缘的水平距离不应小于 4m，当相邻一侧装有固定乙级防火窗时，距离可不限。

⑩ 紧靠防火墙两侧的门、窗、洞口之间最近边缘的水平距离不应小于 2m，如装有固定乙级防火窗时，可不受距离限制。

（3）防火门

防火门是指在一定时间内，连同框架能满足耐火稳定性、完整性和隔热性要求的门。它是设置在防火分区间、疏散楼梯间、垂直竖井等且具有一定耐火性的活动的防火分隔物。防火门除具有普通门的作用外，更重要的是还具有阻止火势蔓延和烟气扩散的特殊功能。它能在一定时间内阻止或延缓火灾蔓延，确保人员安全疏散。按照耐火极限，可以分为甲、乙、丙 3 级，其耐火极限分别是 1.2h、0.9h、0.6h，按照燃烧性能，可以分为不燃烧体防火门和难燃烧体防火门。

防火门的耐火极限和适用范围：

① 甲级防火门。耐火极限不低于 1.2h 的门为甲级防火门。甲级防火门主要安装于防火分区间的防火墙上。建筑物内附设一些特殊房间的门也为甲级防火门，如燃油气锅炉房、变压器室、中间储油等。

② 乙级防火门。耐火极限不低于 0.9h 的门为乙级防火门。防烟楼梯间和通向前室的门，高层建筑封闭楼梯间的门以及消防电梯前室或合用前室的门均应采用乙级防火门。

图 4-14　钢质甲级防火门

③ 丙级防火门。耐火极限不低于 0.6h 的门为丙级防火门。建筑物中管道井、电缆井等竖向井道的检查门和高层民用建筑中垃圾道前室的门均应采用丙级防火门。

（4）防火窗

防火窗是采用钢窗框、钢窗扇及防火玻璃制成的窗户，能起到隔离火势蔓延的作用。

防火窗的分类，按安装方法可分为固定窗扇防火窗和活动窗扇防火窗。固定窗扇式防火窗不能开启，平时可以采光，火灾时可以阻止火势蔓延。活动窗扇防火窗，能够开启和关闭，平时还可以采光和遮风挡雨，起火时可以自动关闭，阻止火势蔓延，开启后可以排除烟气。按耐火极限可分为甲、乙、丙三级，耐火极限不低于 1.2h 的窗为甲级防火窗；耐火极限不低 0.9h 的窗为乙级防火窗，耐火极限不低于 0.6h 的窗为丙级防火窗。

（5）防火卷帘

防火卷帘是将钢板、铝合金板等板材用扣环或铰接方法组成的可以卷绕的链状平面，平时卷起防灾门窗伤口的转轴箱中，起火时卷帘展开，从而可以防止火势蔓延。防火卷帘有轻型、重型之分。轻型卷帘钢板的厚度为 0.5mm～0.6mm，重型卷帘钢板的厚度为 1.5mm～1.6mm。厚度为 1.5mm 以上的卷帘适用于防火墙或防火分隔墙上，厚度为 0.8mm～1.5mm 的卷帘适用于楼梯间或电动扶梯的隔墙。

防火卷帘设置部位一般有：消防电梯前室、自动扶梯周围、中庭与每层走道、过厅、房间相通的开口部位、代替防火墙需设置防火分隔设施的部位等。

图 4-15   防火窗   图 4-16   防火卷帘

（6）防火阀

防火阀是指在一定时间内能满足耐火稳定性和耐火完整性要求，用于通风、空调管道内阻火的活动式封闭装置。

图 4-17   防火阀

为防止火灾通过送风、空调系统管道蔓延扩大，在设置防火阀时，应符合下列要求：

① 通风管道穿越不燃烧体楼板处应设防火阀。通风管道穿越防火墙处应设防烟防火阀，或在防火墙两侧分别设防火阀。

② 送、回风总管穿越通风、空气调节机房的隔墙和楼板处应设防火阀。

③ 送、回风道穿过贵宾休息室、多功能厅、大会议室、贵重物品间等性质重要或火灾危险性大的房间隔墙和楼板处应设防火阀。

④ 多层和高层工业与民用建筑的楼板常是竖向防火分区的防火分隔物，在这类建筑中的每层水平送、回风管道与垂直风管交接处的水平管段上，应设防火阀。

⑤ 风管穿过建筑物变形缝处的两侧，均应设防火阀。多层公共建筑和高层民用建筑中厨房、浴室、厕所内的机械或自然垂直排风管道，如采取防止回流的措施有困难时，应设防火阀。

⑥ 防火阀的易熔片或其他感温、感烟等控制设备一经作用，应能顺气流方向自行严密关闭。并应设有单独支、吊架等防止风管变形而影响关闭的措施。

易熔片及其他感温元件应装在容易感温的部位，其作用温度应较通风系统在正常工作时的最高温度高 25℃，一般宜为 70℃。

⑦ 进入设有气体自动灭火系统房间的通风、空调管道上，应设防火阀。

（7）排烟防火阀

排烟防火阀是安装在排烟系统管道上，在一定时间内能满足耐火稳定性和耐火完整性要求，起阻火隔烟作用的阀门。

排烟防火阀的组成、形状和工作原理与防火阀相似。其不同之处主要是安装管道和动作温度不同，防火阀安装在通风、空调系统的管道上，动作温度为 70℃，而排烟防火阀安装在排烟系统的管道上，动作温度为 280℃。

排烟防火阀具有手动、自动功能。发生在火灾后，可自动或手动打开排烟防火阀，进行排烟。当排烟系统中的烟气温度达到或超过 280℃ 时，阀门自动关闭，防止火灾向其他部位蔓延扩大。但排烟风机应保证在 280℃ 时仍能连续工作 30min。

排烟防火阀的设置应符合下列规定：

① 在排烟系统的排烟支管上，应设排烟防火阀。

② 排烟管道进入排烟风机机房处，应设排烟防火阀，并与排烟风机联动。

③ 在必须穿过防火墙的排烟管道上，应设排烟防火阀，并与排烟风机联动。

图 4-18　排烟防火阀

3. 内装修防火设计

按照部位划分的话，建筑内部装修防火的一般要求如下：

1）无窗房间

除地下建筑外，无窗房间内部装修材料的燃烧性能等级，除 A 级外，应在原规定基础上提高一级。

2）图书室、资料室、档案室和存放文物的房间

图书室、资料室、档案室和存放文物的房间，其顶棚、墙面应采用 A 级装修材料，地面应使用不低于 B1 级的装修材料。

3）各类机房

大中型电子计算机房、中央控制室、电话机房等放置特殊贵重设备的房间，其顶棚和墙面应采用 A 级装修材料，地面及其他装修应用不低于 B1 级的装修材料。

4）动力机房

消防水泵房、排烟机房、固定灭火系统钢瓶间、配电室、变压器室、通风和空调机房等，其内部所有装修均应采用 A 级装修材料。

5）楼梯间、前室

无自然采光的楼梯间、封闭楼梯间、防烟楼梯间和前室其顶棚、墙面和地面均采用 A 级装修材料。

6）共享空间部位

建筑物设有上下层相连通的中庭、走廊、开敞楼梯、自动扶梯时，其连通部位的顶棚、墙面应采用 A 级装修材料，其他部位应采用不低于 B1 级的装修材料。

7）挡烟垂壁

防烟分区的挡烟垂壁，其装修材料应采用 A 级装修材料。

8）变形缝部位

建筑内部的变形缝（包括沉降缝、伸缩缝、抗震缝等）两侧的基层应采用 A 级材料，表面装修应采用不低于 B1 级的装修材料。

9）配电箱

建筑内部的配电箱，不应直接安装在低于 B1 级的装修材料上。

10）灯具和灯饰

照明灯具的高温部位，当靠近非 A 级装修材料时，应采用隔热、散热等防火保护措施。

灯饰所用材料的燃烧性能等级不应低于 B1 级。

11）饰物

公共建筑内部不宜设置 B3 级装饰材料制成的壁挂、雕塑、模型、标本，当需要设置时，不应靠近火源或热源。

12）水平通道

地上建筑的水平疏散走道和安全出口的门厅，其顶棚装饰材料应采用

A 级装修材料，其他部位应采用不低于 B1 级的装修材料。

13）消防控制室

消防控制室内部装修材料的燃烧性能等级，顶棚、墙面应采用为 A 级，地面为 B1 级。

14）建筑内的厨房

建筑物内厨房的顶棚、墙面、地面这几个部位应采用 A 级装修材料。

15）经常使用明火的餐厅和科研试验室

经常使用明火的餐厅、科研试验室内所使用的装修材料的燃烧性能等级，除 A 级外，应比同类建筑物的要求提高一级。

16）消防电梯轿厢

消防电梯轿厢内、周围采用的装修材料不应低于 A 级。

17）消火栓门

建筑内部消火栓的门不应被装饰物遮掩，消火栓门四周的装修材料颜色应与消火栓门的颜色有明显区别。

18）消防设施和疏散指示标志

建筑内部装修不应遮挡消防设施和疏散指示标志及出口，并且不应妨碍消防设施和疏散走道的正常使用。

按照建筑类型不同，其内部装修防火要求如下：

1）单层、多层民用建筑内部装修防火

（1）基准规定

在我国建筑内部装修设计防火规范中，对非地下的单层、多层民用建筑内部各部位装修材料的燃烧性能等级给出了具体的规定，其要求不应低于表 4-9 的级别。表 4-9 中给出的装修材料燃烧性能等级是允许使用材料的基准级别，空格位置，表示允许使用 B3 级材料。

单层、多层民用建筑内部各部位装修材料的燃烧性能等级　　　　表 4-9

建筑物及场所	建筑规模、性质	装修材料燃烧性能等级							
		顶棚	墙面	地面	隔断	固定家具	装饰织物		其他装饰材料
							窗帘	帷幕	
候机楼的候机大厅、商店、餐厅、贵宾候机室、售票厅等	建筑面积＞10000m² 的候机楼	A	A	B1	B1	B1	B1		B1
	建筑面积≤10000m² 的候机楼	A	B1	B1	B1	B2	B2		B2
汽车站、火车站、轮船客运站的候车（船）室、餐厅、商场等	建筑面积＞10000m² 的车站、码头	A	A	B1	B1	B2	B2		B1
	建筑面积≤10000m² 的车站、码头	B1	B1	B1	B2	B2	B2		B2
影院、会堂、礼堂、剧院、音乐厅	＞800 座位	A	A	B1	B1	B1	B1	B1	B1
	≤800 座位	A	B1	B1	B1	B2	B1	B1	B2

续表

建筑物及场所	建筑规模、性质	装修材料燃烧性能等级							
		顶棚	墙面	地面	隔断	固定家具	装饰织物		其他装饰材料
							窗帘	帷幕	
体育馆	＞3000 座位	A	A	B_1	B_1	B_1	B_1	B_1	B_2
	≤3000 座位	A	B_1	B_1	B_1	B_1	B_2	B_1	B_2
商场营业厅	每层建筑面积＞3000m² 或总建筑面积＞9000m² 的营业厅	A	B_1	A	A	B_1	B_1		B_2
	每层建筑面积 1000m²～3000m² 或总建筑面积 3000m²～9000m² 的营业厅	A	B_1	B_1	B_1	B_2	B_1		
	每层建筑面积＜3000m² 或总建筑面积＜9000m² 的营业厅	B_1	B_1	B_1	B_2	B_2	B_2		
饭店、旅馆的客房及公共活动用房等	设有中央空调系统的饭店、旅馆	A	B_1	B_1	B_1	B_2	B_2		B_2
	其他饭店、旅馆	B_1	B_1	B_2	B_2	B_2	B_2		
歌舞厅、餐馆等娱乐餐饮建筑	营业面积＞100m²	A	B_1	B_1	B_1	B_2	B_1		B_2
	营业面积≤100m²	B_1	B_1	B_1	B_2	B_2	B_2		B_2
幼儿园、托儿所、医院病房楼、疗养院、养老院		A	B_1	B_1	B_1	B_2	B_1		B_2
纪念馆、展览馆、博物馆、图书馆、档案馆、资料馆	国家级、省级	A	B_1	B_1	B_1	B_2	B_1		B_2
	省级以下	B_1	B_1	B_2	B_2	B_2	B_2		B_2
办公楼、综合楼	设有中央空调系统的办公楼、综合楼	A	B_1	B_1	B_1	B_2	B_2		B_2
	其他办公楼、综合楼	B_1	B_1	B_2	B_2	B_2			
住宅	高级住宅	B_1	B_1	B_1	B_2	B_2	B_2		B_2
	普通住宅	B_1	B_2	B_2	B_2	B_2			

（2）建筑物局部放宽条件

《建筑内部装修设计防火规范》规定：对单层、多层民用建筑内面积小于 100m² 的房间，当采用防火墙和耐火极限不低于 1.2h 的防火门窗与其他部位分隔时，其装修材料的燃烧性能等级可在表 4-9 的基础上降低一级。

（3）安装消防设施允许放宽要求

《建筑内部装修设计防火规范》规定：当单层、多层民用建筑内装有自动灭火系统时，除吊顶外，其内部装修材料的燃烧性能等级可在表 4-9 规定的基础上降低一级；当同时装有火灾自动报警装置和自动灭火系统时，其吊顶装修材料的燃烧性能等级可在表 4-9 规定的基础上降低一级，其他装修材料的燃烧性能等级可不限制。

2）高层民用建筑装修防火

（1）基准规定

高层民用建筑内部各部位装修材料的燃烧性能等级，不应低于表 4-10 的规定。

高层民用建筑内部各部位装修材料的燃烧性能等级　　　表 4-10

建筑物	建筑规模、性质	装修材料燃烧性能等级									
		顶棚	墙面	地面	隔断	固定家具	装饰织物				其他装饰材料
							窗帘	帷幕	床罩	家具包布	
高级旅馆	>800 座位的观众厅、会议厅;顶层餐厅	A	B₁	B₁	B₁	B₁	B₁	B₁		B₁	B₁
	≤800 座位的观众厅、会议厅	A	B₁	B₁	B₁	B₂	B₂	B₁		B₂	B₁
	其他部位	A	B₁	B₁	B₂	B₂	B₁	B₂	B₁	B₂	B₁
商业楼、展览楼、综合楼、商住楼、医院病房楼	一类建筑	A	B₁	B₁	B₁	B₁	B₁	B₁		B₁	B₁
	二类建筑	B₁	B₁	B₂	B₂	B₂	B₂			B₂	B₂
电信楼、财贸金融楼、邮政楼、广播电视楼、电力调度楼、防灾指挥调度楼	一类建筑	A	A	B₁	B₁	B₁	B₁			B₁	B₁
	二类建筑	B₁	B₁	B₂	B₂	B₂	B₂			B₂	B₂
教学楼、办公楼、科研楼、档案楼、图书馆	一类建筑	A	B₁	B₁	B₁	B₁	B₁			B₁	B₁
	二类建筑	B₁	B₁	B₂	B₂	B₂	B₂			B₂	B₂
住宅、普通旅馆	一类普通旅馆高级住宅	A	B₁	B₂	B₁	B₁	B₁		B₁	B₁	B₁
	二类普通旅馆高级住宅	B₁	B₁	B₂	B₂	B₂			B₂	B₂	B₂

（2）建筑物局部放宽条件

《建筑内部装修设计防火规范》规定：除 100m 以上的高层民用建筑及大于 800 座位的观众厅、会议厅、顶层餐厅外，当设有火灾自动报警装置和自动灭火系统时，除吊顶外，其内部装修材料的燃烧性能等级可在表 4-10 规定的基础上降低一级。高层民用建筑的楼房内面积小于 500m² 的房间，当设有自动灭火系统，并且采用耐火极限为 2h 的隔墙和甲级防火门、窗与其他部位分隔时，顶棚、墙面、地面的装修材料的燃烧性能等级可在表 4-10 规定的基础上降低一级。

3）地下民用建筑内部装修防火要求

（1）基本规定

地下民用建筑内部各部位装修材料的燃烧性能等级，不应低于表 4-11 中的规定。

（2）安全通道

《建筑内部装修设计防火规范》规定：地下民用建筑的疏散走道和安

全出口的门厅，其顶棚、墙面和地面的装修材料应采用 A 级装修材料。

地下民用建筑内部各部位装修材料的燃烧性能等级　　　表 4-11

	装修材料燃烧性能等级						
	顶棚	墙面	地面	隔断	固定家具	装饰织物	其他装饰材料
休息室和办公室等旅馆的客房及公共活动用房等	A	B₁	B₁	B₁	B₁	B₁	B₂
娱乐场所、旱冰场等舞厅、展览厅等医院的病房、医疗用房等	A	A	B₁	B₁	B₁	B₁	B₂
电影院的观众厅商场的营业厅	A	A	A	B₁	B₁	B₁	B₂
停车库人行通道图书资料库、档案库	A	A	A	A	A		

（3）地下建筑的地上部分

单独建造的地下民用建筑的地上部分，其门厅、休息室、办公室等内部装修材料的燃烧性能等级可在表 4-11 规定的基础上降低一级要求。

（4）固定货架等

地下商场、地下展览厅的售货柜台、固定货架、展览台等，应采用 A 级装修材料。

4）工业厂房内部装修防火要求

（1）基本规定

工业厂房内部各部位装修材料的燃烧性能等级，应低于表 4-12 中的规定。

工业厂房内部各部位装修材料的燃烧性能等级　　　表 4-12

工业厂房分类	建筑规模	装修材料燃烧性能等级			
		顶棚	墙面	地面	隔断
甲、乙类厂房，有明火的丁类厂房		A	A	A	A
丙类厂房	地下厂房	A	A	A	B₁
	高层厂房	A	B₁	B₁	B₂
	高度＞24m 的单层厂房高度≤24m 的单层、多层厂房	B₁	B₁	B₂	B₂
无明火的丁类厂房，戊类厂房	地下厂房	A	A	B₁	B₁
	高层厂房	B₁	B₁		
	高度＞24m 的单层厂房高度≤24m 的单层、多层厂房	B₁	B₂	B₂	B₂

（2）架空地板

当厂房的地面为架空地板时，其地面装修材料的燃烧性能等级，除 A 级外，应在表 4-12 规定的基础上提高一级。

（3）贵重设备房间

计算机房、中央控制室等装有贵重机器、仪表、仪器的厂房，其顶棚和墙面应采用 A 级装修材料；地面和其他部位应采用不低于 B1 级的装修材料。

（4）厂房附属办公室

厂房附设的办公室、休息室等的内部装修材料的燃烧性能等级，应符合表 4-12 中的相应要求。

4．外保温防火系统设计

1）保温材料的燃烧性能

建筑外墙外保温的主要功能是保温隔热，其核心是保温材料。目前可用于外墙外保温系统的保温材料包括：

① 无机类保温材料：如膨胀玻化微珠保温浆料、岩棉、玻璃棉；

② 有机无机复合保温材料：如胶粉聚苯颗粒保温浆料；

③ 有机高分子保温材料：如 EPS、XPS、硬泡聚氨酯、酚醛泡沫。

根据《建筑材料燃烧性能分级方法》GB 8624—1997，保温材料的燃烧性能等级被划分为 A（不燃）、B1（难燃）、B2（可燃）、B3（易燃），参见表 4-13。保温材料的防火性能或阻燃能力是客观存在的，而其所属的级别是根据人为划定的分级判定指标划分的。不同等级的保温材料具有不同的防火性能或阻燃能力。即使属于同一等级的保温材料，由于内在理化性能、加工方法的不同，其防火性能或阻燃能力也可能存在一定的差异。

保温材料燃烧性能等级　　　　　　　　　表 4-13

A 级	B1 级	B2 级	B3 级
无机保温浆料			
	岩棉玻璃棉		
	胶粉聚苯颗粒保温浆料		
	热固:酚醛		
		热固:硬泡聚氨酯 热塑:EPS 热塑:XPS	

如：在无机类保温材料中，岩棉、玻璃棉虽然也属于 A 级材料，但如果将其加工成满足外墙外保温系统工程要求的制品，就需采用有机类胶粘剂，从而导致岩棉、玻璃棉制品的燃烧性能达不到 A 级要求。

胶粉聚苯颗粒保温浆料属于有机无机复合保温材料，其所属的级别取决于浆料中聚苯颗粒的含量，根据试验结果，介于 A 级和 B1 级之间。

有机高分子保温材料，包括酚醛泡沫、硬泡聚氨酯、EPS、XPS。传统的酚醛泡沫，防火性能好，属于 B1 级，但其他理化性能不能完全满足外墙外保温的要求，因此近年来从技术上对其进行了改性，而改性后的酚醛泡沫，其燃烧性能等级是否维持在 B1 级的范围，取决于改性技术和改性程度。

对于硬泡聚氨酯、EPS、XPS 等常用保温材料，从目前的试验结果来看，使其达到 B1 级在技术上是可能的，但也只是处于刚好达到 B1 级的水平，问题是 B1 级的产品是否还能满足外墙外保温的所有技术要求。在实际工程中，对这三种保温材料的基本要求是 B2 级，参见表 4-13。目前我们面临的最大问题是很多 B3 级的产品在市场上销售。在工程中使用，客观上，这三种保温材料的燃烧性能介于 B1 和 B3 级之间。

现有外保温系统的产品标准中，对于有机高分子保温材料的燃烧性能等级判定指标见表 4-15。

有机高分子保温材料的燃烧性能　　　　　　　　　　　表 4-14

保温材料	产品标准	技术要求
EPS	GB/T 10801.1—2002 《绝热用模塑聚苯乙烯泡沫塑料》	氧指数≥30% 燃烧性能等级：B2
XPS	GB/T 10801.2—2002 《绝热用挤塑聚苯乙烯泡沫塑料》	燃烧性能等级：B2
硬质聚氨酯泡沫	GB 50404—2007 《硬泡聚氨酯保温防水工程技术规范》	氧指数≥26% 燃烧性能等级：B2
酚醛泡沫		B1

有机高分子保温材料燃烧性能等级判定指标　　　　　表 4-15

级别	试验方法		判定条件
B1	GB/T 8626—2007	热固：常规方法 热塑：附录 A	点火 15s、20s 内，内焰尖高度(FS)≤150mm 不允许有燃烧滴落物引燃滤纸的现象
	GB/T 8625—2005		燃烧剩余长度：平均值≥15cm；单项值＞0cm 平均烟气温度：≤200℃
	GB/T 8627—2007		烟密度等级(SDR)：≤75
B2	GB/T 8626—2007	热固：常规方法 热塑：附录 A	点火 15s、20s 内，内焰尖高度(FS)≤150mm 不允许有燃烧滴落物引燃滤纸的现象
B3			不属于 B1 和 B2 级的可燃类建筑材料
氧指数	GB/T 2406—2008		氧指数：≥32%

目前我国的外墙外保温系统主要采用聚苯乙烯泡沫塑料、硬泡聚氨酯，从材料本身的燃烧性能来讲，存在着一定的防火安全隐患。但从综合性能而言，目前还没有找到完全可以替代它们的材料，今后很长的一段时期内聚苯乙烯泡沫塑料、硬泡聚氨酯仍将作为我国保温材料的主体使用。

因此，如果单从保温材料自身的燃烧性能来考虑建筑外墙外保温系统整体的防火安全，带有一定的局限性，不符合我国的国情，需要从外墙外保温系统的防火构造来考虑。

2）外保温系统应用的现状

（1）岩棉外墙外保温系统

岩棉在 20 世纪 30 年代就已投入工业化生产，是目前世界上应用范围最广的保温材料。在国外岩棉被称为"第五常规能源"，此种材料在建筑中的应用最为广泛。

岩棉是一种优质高效的保温材料，它具有良好的保温隔热、隔声及吸音性能，与传统的保温材料相比，岩棉及其制品具有容重轻、导热系数小、不燃烧、防火无毒、适用范围广、化学性能稳定、使用周期长等突出优点，是国内外公认的理想保温材料，广泛应用于建筑等各个行业。在建筑业中，岩棉制品常用于建筑物的外保温围护结构、建筑物内部分隔墙的隔声填充材料及建筑物室内的吊顶吸声材料。

在国外，尤其是欧洲的建筑市场中大量使用着岩棉制品，北欧人均消耗量在 20kg 以上，美国人均消耗量为 5～10kg，苏联时期人均消耗量也在 5kg 以上。由于防火问题，在美国岩棉、矿渣棉占 70%，在德国超过 22m 的建筑外保温几乎全部采用岩棉保温材料。

在我国，岩棉作为建筑保温材料的使用率比较低，主要应用于能源、石油化工、船舶工业和建筑轻板的绝热、防火、隔音等方面，而在民用建筑中应用得很少。国内 1985 年引进了瑞典的外挂锚固系统解决了岩棉的上墙固定问题，在十几年的应用中稳定性可靠，但由于未能解决好面层开裂问题而无法推广。同时由于选用的岩棉板是沉降法生产的岩棉板，其强度小、吸水性大，也影响了其在民用建筑中的推广应用。

当选用优质岩棉板，采用先进的锚固技术、现浇技术及保温抗裂技术时可以成功地解决目前国内岩棉在外围护结构外墙外保温中应用的技术问题，使其具有较好的性能。

岩棉外墙外保温系统通常有两种构造做法：岩棉锚固做法和岩棉现浇做法。

岩棉锚固做法由基层墙体、岩棉板保温层、由锚固件固定的热镀锌钢丝网、胶粉聚苯颗粒找平层、抗裂防护层及饰面层等组成，如图 4-19 所示。

岩棉现浇做法由钢筋混凝土基层墙体、岩棉板保温层、热镀锌钢丝网加固层、胶粉聚苯颗粒找平层、抗裂防护层及饰面层等构造层组成，如图 4-20 所示。

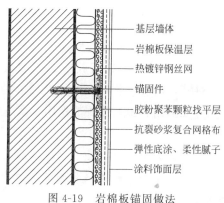

图 4-19 岩棉板锚固做法

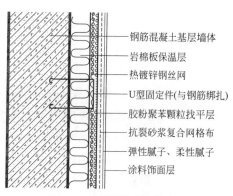

图 4-20 岩棉板现浇做法

岩棉现浇法施工工艺流程如图 4-21 所示：

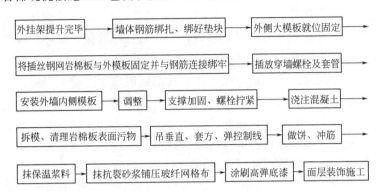

图 4-21 岩棉现浇法施工工艺流程

岩棉锚固法施工工艺流程如图 4-22 所示。

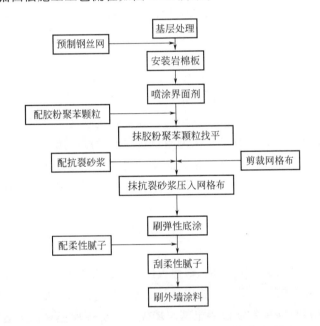

图 4-22 岩棉板锚固法施工工艺流程

　　岩棉复合耐火外墙外保温技术是一项新型建筑节能技术，经过在工程实例中的运用，虽然还有需要改进的地方，但这项技术的优点是很明显的。

　　① 保温效能好

　　岩棉的导热系数为 0.041W/(m·K)，复合找平的胶粉聚苯颗粒保温浆料的导热系数为 0.060W/(m·K)，通过岩棉板与胶粉聚苯颗粒的复合，使整个系统具有相当好的保温性能，同时，胶粉聚苯颗粒还可对岩棉板无法处理的部位及热桥部位起到补充保温和阻断热桥的作用。

　　② 优异的防火性能

　　岩棉外墙外保温系统中不仅岩棉板具有不燃的性能，选用的胶粉聚苯颗粒找平材料也具有难燃特性，从而保证了整个系统具有非常优异的防火功能，对保护建筑结构起到很好的作用。

③ 耐撞击性能好

岩棉板虽然强度比较低，但由于是由许多纤维构成的，具有相当好的弹性，而且回弹率也比较高，同时，岩棉外墙外保温系统还使用了弹性比较好的热镀锌钢丝网，在抗裂防护层又使用了耐碱玻纤网格布，形成了一个双网结构的构造系统，因而使该系统具有相当好的抗冲击性能，即使在经过耐候性试验后，它的抗冲击性能也大于 10J，远远优于其他外墙外保温系统。

④ 对主体结构变形适应能力强，抗裂性能好

岩棉板是一种柔性变形量较大的材料，在热镀锌钢丝网的作用下，抵抗外界变形能力强。在外力和温度变形、干湿变形等作用下，变形量都比较小，而且变形后回弹能力强，有效地保证了系统的稳定性、耐久性。同时，整个外墙外保温系统是一个柔性渐变、逐层释放应力的柔性抗裂系统，具有很好的抗裂性能。

⑤ 易于维修

岩棉板安装后，对于存在的缝隙和缺陷，可以及时用岩棉条进行修补处理，也可用胶粉聚苯颗粒进行维修，确保了整个保温系统的稳定可靠。

⑥ 施工性能良好

采用机械锚固热镀锌钢网施工，可充分利用国产各类型岩棉板；岩棉板面层抹胶粉聚苯颗粒防火找平浆料按《胶粉聚苯颗粒外保温系统的性能指标》JG 158—2004 要求的胶粉聚苯颗粒抹灰技术进行施工，简单实用；对不好处理的门窗洞口边角部位采用胶粉聚苯颗粒抹灰，降低了施工难度，可操作性加强。

⑦ 环保性能

岩棉是一种无机绿色建材，配套使用的胶粉聚苯颗粒材料不仅消耗大量粉灰等粉体材料，也消耗了大量废弃聚苯材料，很好地净化了环境。所以，该系统的环保性能是十分明显的。

（2）胶粉聚苯颗粒外墙外保温系统

该系统中保温材料的设计思路是在无机胶凝材料中加入了多种高分子材料添加剂，形成的保温胶粉与聚苯颗粒在施工现场按包装配比搅拌成浆料状，采用批涂施工方法使该保温材料与墙体无空腔无接缝粘结，其中的高分子添加剂大分子互穿增稠技术使胶凝材料的黏稠性增强，抗滑坠能力增强。复合聚苯颗粒在形成后约是 20% 体积的无机粉料包裹约 80% 体积的有机聚苯颗粒，是一种亚弹性体，具有很好的耐候稳定性，导热系数高于有机保温材料，如聚苯板，水蒸气渗透性和蓄热能力大大强于有机保温材料。该材料最大的优点是耐火等级高，为难燃 B1 级，在受热受火作用时除了面层裸露的聚苯颗粒外（如果有，则表面通常是一层无机浆体）不会被点燃，更不会引起火灾蔓延，体积保持率 100%，而且材料的保温隔热性能可以大大延缓热量由外向内的传递。在长期受火作用时，其中被包

裹的有机聚苯颗粒由外向内逐步融化形成封闭空腔，无机胶凝材料作为支撑骨架，这时材料的导热系数更低，热量向内部传递更为缓慢，对建筑结构墙体起到很好的热保护作用。

胶粉聚苯颗粒外墙外保温系统的涂料饰面和面砖饰面基本构造分别如图 4-23 和图 4-24 所示。

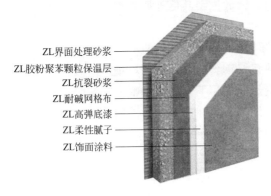

图 4-23 胶粉聚苯颗粒外墙外保温
系统涂料饰面基本构造

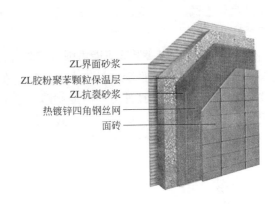

图 4-24 胶粉聚苯颗粒外墙外保温
系统面砖饰面基本构造

胶粉聚苯颗粒外墙外保温系统施工工艺流程如图 4-25 所示。

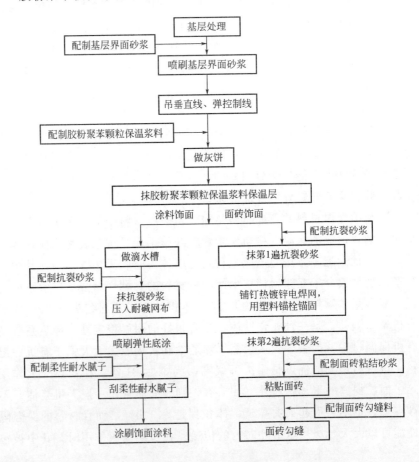

图 4-25 胶粉聚苯颗粒外墙外保温系统施工工艺流程

胶粉聚苯颗粒外墙外保温系统的技术特点如下。

① 耐火性能优异

采取难燃 B1 级的胶粉聚苯颗粒作为保温材料，可有效地控制火灾蔓延、热辐射和次生烟尘灾害。系统无空腔作法杜绝了引火通道，进一步提高了高层建筑外保温层的安全性。系统整体无接缝作法和亚弹性保温砂浆遇热时尺寸无变化、不开裂、不剥离，可避免火灾攻击时热量或火源进入保温系统内部对局部建筑结构产生影响。保温系统的低导热系数和蓄热能力可以延缓热量进入建筑结构内部的时间，很好地保护基层墙体。

② 柔性渐变防裂构造设计解决保温墙面裂缝的技术瓶颈

在保温构造设计上，该成套技术摒弃了"刚性防裂技术路线"，而采取"逐层渐变、柔性释放应力的抗裂技术路线"。实践证明，这种柔性抗裂体系的建立，使得保温墙面能够有效地吸收和消纳热应力变形，从而解决了国内外保温表面出现有害裂缝的技术难题，是目前国内抗裂技术最可靠、抗裂效果最好的外墙外保温作法。

③ 无空腔体系提高了外墙外保温层抗风压的能力

不同于目前传统粘贴聚苯板技术，该成套技术全部采取无空腔体系的作法，内无接缝，与基层墙体形成一个整体。在此基础上，可增加其他的机械固定防护措施，如在外保温饰面粘贴面砖时，在抗裂砂浆层选用热镀锌钢丝网进行增强并通过锚固件与基层墙体连接，这些作法可大幅度提高外墙外保温层抗风压的能力，减少了风压特别是负风压对高层建筑外墙外保温层的破坏。

④ 轻荷载材料的柔性软连接保证了外保温层在地震力影响下的整体稳定性

该成套技术采用轻质材料，可减轻保温面层荷载；各构造层材料满足"逐层渐变、柔性释放应力的抗裂技术路线"，逐层分散和消解地震力，可保证外墙外保温系统在正常使用条件下，在地震力等偶然事件发生时或发生后，仍具备保持必要的整体稳定性的能力。

⑤ 拒水性与透气性的设置提高了系统的耐冻融和耐候能力

该保温系统的防护面层之上设置了一道防水层，在保持水蒸气渗透系数基本不变的前提下，可大幅度地降低面层材料的表面吸水系数，避免当水渗入建筑物外表面后，冬季结冰产生的膨胀应力对建筑物外表面的损坏，同时提高了面层材料的透气性，避免墙面被完全不透水的材料封闭，妨碍墙体排湿，导致水蒸气扩散受阻产生膨胀应力，造成面层材料起鼓、甚至开裂或者水蒸气在保温层中结露，从而影响保温效果。

（3）现浇混凝土 EPS 板外墙外保温系统

现浇混凝土 EPS 板外墙外保温系统简称为无网现浇系统，其涂料饰面与面砖饰面基本构造分别如图 4-26 和图 4-27 所示。

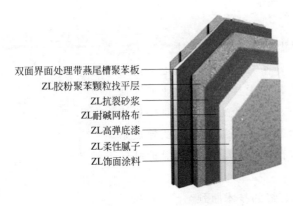

双面界面处理带燕尾槽聚苯板
ZL胶粉聚苯颗粒找平层
ZL抗裂砂浆
ZL耐碱网格布
ZL高弹底漆
ZL柔性腻子
ZL饰面涂料

图 4-26　无网现浇系统涂料饰面基本构造

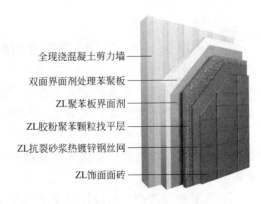

全现浇混凝土剪力墙
双面界面剂处理苯聚板
ZL聚苯板界面剂
ZL胶粉聚苯颗粒找平层
ZL抗裂砂浆热镀锌钢丝网
ZL饰面面砖

图 4-27　无网现浇系统面砖饰面基本构造

无网现浇系统的施工工艺流程如图 4-28 所示。

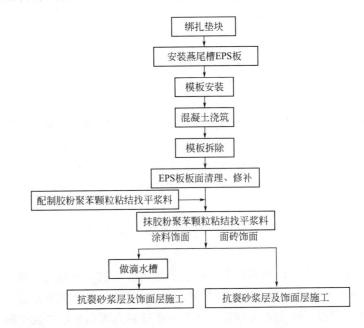

图 4-28　无网现浇系统施工工艺流程

无网现浇系统的技术特点如下：

① 良好的防火性能

胶粉聚苯颗粒浆料与聚苯板复合后，组成一个防火体系，能有效地防止火灾蔓延。建筑外墙表面及门窗口等侧面，全部用防火胶粉聚苯颗粒材料严密包覆，无敞露部位。另外，采用厚型胶粉聚苯颗粒防火抹灰面层有利于提高保温层的耐火性能。

② 与结构同步施工，保温层施工速度快。

③ 聚苯板内侧采用竖向燕尾槽作法，增大了聚苯板与抹面层的结合力。

④ 聚苯颗粒保温浆料找平，提高系统的抗裂性能。

（4）现浇混凝土斜嵌入式钢丝网架 EPS 板外墙外保温系统

现浇混凝土斜嵌入式钢丝网架 EPS 板外墙外保温系统简称为有网现浇系统，其涂料饰面和面砖饰面基本构造分别如图 4-29 和图 4-30 所示。

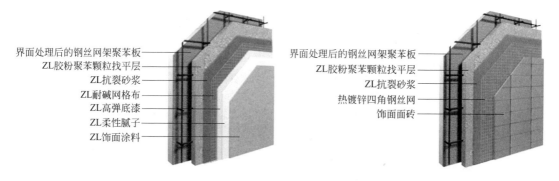

图 4-29 有网现浇系统涂料饰面基本构造　　图 4-30 有网现浇系统面砖饰面基本构造

有网现浇系统的施工工艺流程如图 4-31 所示。

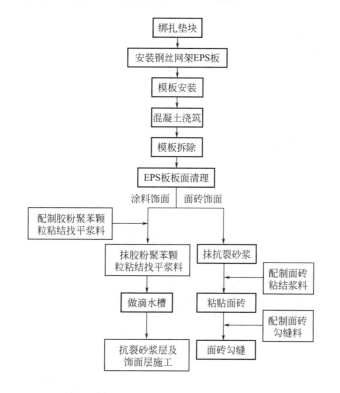

图 4-31 有网现浇系统的施工工艺流程

有网现浇系统的技术特点如下：

① 良好的防火性能，面砖饰面体系由轻质干拌抗裂砂浆构成 20mm 以上的防火抗裂层，经检验可达日本标准 A2 级防火要求。涂料饰面胶粉聚苯颗粒保温层包覆钢丝网架聚苯板，形成了难燃保温隔热层，提高了系统的防火性能。

② 与结构同步施工，保温层施工速度快。

③ 聚苯板外侧采用横向梯形槽作法，增大了聚苯板与抹面层的结合力。

④ 聚苯颗粒保温浆料找平,减轻保温面层荷载,提高系统的抗裂性能。

(5)胶粉聚苯颗粒贴砌聚苯板外墙外保温系统

根据饰面层作法的不同,胶粉聚苯颗粒贴砌聚苯板外墙外保温系统作法可分为涂料饰面体系及面砖饰面体系,其基本构造如图 4-32 和图 4-33 所示。

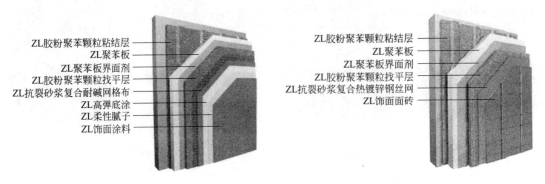

图 4-32 胶粉聚苯颗粒贴砌聚苯板外墙外保温系统涂料饰面层作法构造

图 4-33 胶粉聚苯颗粒贴砌聚苯板外墙外保温系统面砖饰面层作法构造

胶粉聚苯颗粒贴砌聚苯板外墙外保温系统的施工工艺流程见图 4-34。

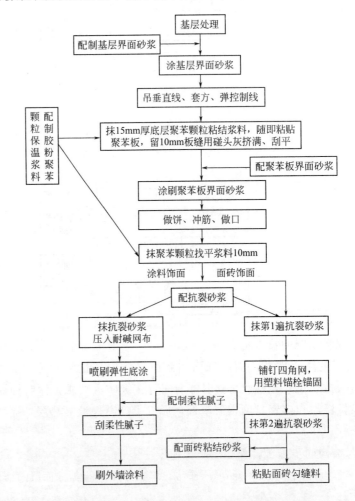

图 4-34 胶粉聚苯颗粒贴砌聚苯板外墙外保温系统施工工艺流程

胶粉聚苯颗粒贴砌聚苯板外墙外保温系统的技术特点如下：

① 防火性能优异，可满足高层建筑外墙外保温防火要求

采用粘结找平浆料找平聚苯板层，由于粘结找平浆料本身防火性能达到难燃 B1 级，导热系数又较水泥砂浆低很多，在遇火及热作用时，向内部传递热量少且慢，热量集中在聚苯颗粒粘结保温浆料层表面，对内部聚苯板保温层的防火保护作用较薄抹灰系统中水泥砂浆等刚性材料更加显著。同时，聚苯板粘结层和预留板缝用粘结浆料砌筑的构造作法使单块聚苯板的六面被难燃 B1 级的浆料包围，可有效地阻止火灾发生时火势的蔓延，解决了聚苯板作为外墙保温材料防火性差的弊病。

无空腔、分仓和表面防火保护层的构造使得该系统相当于 A 级不燃外保温系统，满足高层建筑外墙外保温防火要求。

② 无空腔构造的粘结性能、抗剪切性能、抗风压性能优异

粘结浆料满粘 EPS 板作法以及 EPS 板的内侧横槽设计使 EPS 板受粘面积大，EPS 板各点受力均匀。单位面积 EPS 的粘结强度是聚苯板薄抹灰系统的 3 倍左右，而且灰缝聚苯颗粒良好的透气性使得粘结层受水蒸气的影响要小于对聚合物胶粘剂的影响，因此该系统较薄抹灰系统更具安定性。

③ 浆料砌筑板缝设计提高系统的水蒸气渗透性和抗裂性

粘结找平浆料的水蒸气渗透系数经检测为 $20.4 \text{ng}/(\text{Pa} \cdot \text{m} \cdot \text{s})$，水蒸气渗透能力约为聚苯板的 7 倍。浆料砌筑板缝的设计大大提高了系统的透气性。

④ 导热系数逐层渐变提高抗裂性能

采用"逐层渐变，柔性释放应力"的技术路线，在 EPS 板两侧选择导热系数介于 EPS 板和聚合物砂浆两者之间的粘结保温浆料和胶粉聚苯颗粒，有效地避免了薄抹灰系统因为相邻材料导热系数差过大易产生裂缝的缺点，提高了整个保温系统的稳定性和持久性。另外，浆料砌筑灰缝的无板缝设计整体性好，分散应力更均匀，抗裂性能得到提高。

⑤ 逐层材料柔性渐变的系统构造彻底释放应力，进一步控制裂缝产生

采用柔性指标渐变的材料组成保温隔热体系，遵循柔性抗裂机理，满足允许变形与限制变形相统一的原则，随时分散和消解变形应力，替代薄抹灰系统各层材料柔韧性相差过大的做法，使得系统控制面层裂缝变形的能力进一步提升。

⑥ 保温性能可根据不同建筑节能标准要求设计

粘结层和抹面层保温浆料与聚苯板复合保温，系统保温性能好，可根据调整聚苯板的厚度来满足不同建筑节能标准要求设计，适应建筑节能要求越来越高的大趋势。

⑦ 施工适应性好、性价比高

该系统粘结层为抹灰工艺，可在平整度不高的基层上直接施工，节省大量剔凿、找平工作量，缩短施工周期。

面层胶粉聚苯颗粒找平浆料找平，无需对聚苯板进行打磨；450mm×600mm的苯板尺寸易于操作施工，不易出现虚贴；不易粘贴苯板部位可用粘结浆料满抹代替。

⑧ 利废再生，生态建材

生态建材是21世纪建材发展的方向，是指利用城市固体废弃物将垃圾资源化，使其转化为有用的建筑材料，在建设房屋的同时净化环境。该系统不仅从建筑节能本身，而且从系统构成的各个层次的材料应用上均能得到体现。该系统充分考虑了资源的综合利用，科学消纳固体废弃物，为推动建立良好的循环经济体系和可持续发展战略，开拓出一条全新的思路。在丰富外墙外保温节能技术体系的同时，更深层、更广阔地拓宽了节能环保的理念。

（6）聚氨酯硬泡喷涂复合外墙外保温系统

聚氨酯外墙外保温系统的涂料饰面和面砖饰面基本构造分别如图4-35和图4-36所示。

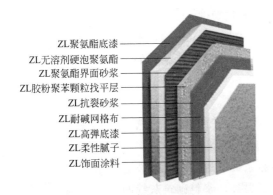

图 4-35 聚氨酯外墙外保温系统涂料饰面基本构造

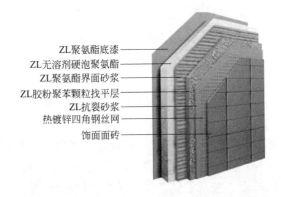

图 4-36 聚氨酯外墙外保温系统面砖饰面基本构造

聚氨酯外墙外保温系统的施工工艺流程见图4-37。

聚氨酯外墙外保温系统的技术特点如下：

① 防火性能良好

尽管硬泡聚氨酯喷涂保温层处于外墙外侧，但防火处理仍不容忽视。聚氨酯在添加阻燃剂后，具有一定的自熄性。它与胶粉聚苯颗粒浆料复合后组成一个防火体系，能有效地防止火灾蔓延。建筑外墙表面及门窗口等侧面，全部用防火胶粉聚苯颗粒材料严密包覆，不得有敞露部位。另外，采用厚型胶粉聚苯颗粒防火抹灰面层也有利于提高保温层的耐火性能。

② 保温效能好

硬泡喷涂聚氨酯是一种高分子热固型聚合物，是优良的保温材料，其导热系数为 0.015W/(m·K) ～0.025W/(m·K)。该材料为墙体保温技

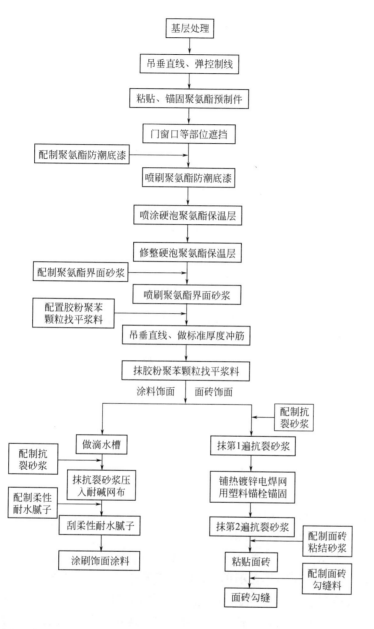

图 4-37　聚氨酯外墙外保温系统的施工工艺流程

术的发展和实现更高墙体节能要求创造了条件。一般来说，永久性的机械锚固、临时性的固定、穿墙管道，或者外墙上附着物的固定会造成局部热桥，而采取硬泡聚氨酯喷涂工艺，由于硬泡喷涂聚氨酯是一种天然的胶粘材料，与一般墙体材料粘结强度高，无须任何胶粘剂和锚固件就能形成连续的保温层，保证了保温材料与墙体的共同作用并可有效阻断热桥。

③ 稳定性强

硬泡聚氨酯喷涂与基层墙体牢固结合是保证外保温层稳定性的基本前提。对于墙体，其表面应做界面处理，如果面层存在疏松、空鼓的情况，必须认真清理，以确保硬泡聚氨酯喷涂保温层与墙体紧密结合。硬泡聚氨酯喷涂外墙外保温系统应能抵抗下列因素综合作用的影响，即在当地最不利的温度与湿度条件下，承受风力、自重以及正常碰撞等各种内外力相结合的负载，不与基底分离、脱落，并在潮湿状态下可保持稳定性。

④ 抗湿热性能优良

硬泡聚氨酯材料有优良的防水、隔气性能，材料不含水，吸水率又很低，能很好地阻断水和水蒸气的渗透，使墙体保持良好、稳定的绝热状况。这是目前其他保温材料很难实现的。

硬泡聚氨酯喷涂外保温墙体的表面无接缝处、孔洞周边、门窗洞口周围等处包覆严密，使其具有良好的防水性能，可避免雨水进入内部造成危险。国外许多工程的实践证明，若面层吸水或面层中存在缝隙，在雨水渗入和严寒受冻的情况下，容易造成墙体冻坏。

⑤ 耐撞击性能优于 EPS 等保温材料

硬泡聚氨酯是一种比强度（材料强度与体积密度比）较高的材料，作为保温材料其性能优于发泡聚苯、岩棉等材料，抵抗外力的能力也较强。

硬泡聚氨酯喷涂复合胶粉聚苯颗粒外墙外保温系统，能承受正常的人体及搬运物品产生的碰撞。在经受一般性碰撞时，不会对外保温系统造成损害，在其上加装空调器或用常规方法放置维修设施时，面层不会开裂或穿孔。

⑥ 对主体结构变形适应能力强，抗裂性能好

硬泡聚氨酯是一种柔性变形量较大的材料，抵抗外界变形能力强。在外力和温度变形、干湿变形等作用下，不易发生裂缝，可有效地保证体系的稳定性和耐久性。当所附着的主体结构产生正常变形，诸如发生收缩、徐变、膨胀等情况时，硬泡聚氨酯喷涂外墙外保温系统符合逐层柔性渐变、逐层释放应力的原则，不会产生裂缝或者脱开。

⑦ 具有良好的施工性能

硬泡聚氨酯喷涂外墙外保温工程施工是机械化作业，施工速度快、效率高，是其他外保温作业不可比拟的。聚氨酯施工对建筑物外形适应能力很强，尤其适应建筑物构造节点复杂的各部位的保温，如外飘窗、老虎窗、变形缝、管道层、楼梯间等。既能保证建筑复杂部位全方位的保温效果，又能防止水或水蒸气对保温层的破坏。

聚氨酯喷涂施工不易保证阴阳角等的直线，因此，局部要求线角整齐的部位宜采用模具浇筑。喷涂硬泡聚氨酯保温材料表面的平整度受基层墙面的平整度影响很大，而且在光、热、大气作用下易发生老化，因此要求表面复合防老化、提高耐磨性和抗冲击性的材料。

3）外墙外保温系统的防火构造

外墙外保温系统是附着在建筑外墙的非承重构造，采用可燃保温材料时的火灾风险是火焰传播。

根据《外墙外保温工程技术规程》（JGJ144）的术语定义，外墙外保

温系统是由保温层、抹面层、固定材料（胶粘剂、锚固件等）和饰面层构成，并固定在外墙外表面的非承重保温构造总称，简称外保温系统。

从防火安全的角度看，对外墙外保温系统的防火要求主要是阻止火灾蔓延。外保温系统中除了保温层外，还包括保护层、防火分隔、粘结或固定方式（有无空腔）等构造。具有不同构造型式的外保温系统，其防火安全性能等级是不同的。就目前的技术水平而言，外保温系统构造形式是影响系统防火安全性能的关键因素。

从外墙外保温系统的构造特点看，影响外保温系统防火性能的构造形式有三种：

① 保护层：包括防护层和饰面层。防护层以抹面浆料为主，其厚度和质量稳定性，对系统层面构造的抗火能力起着决定性作用。不同的防护层材质和构造，不同的施工质量，其抗火能力是不同的。饰面层以饰面涂料和面砖为主。当饰面层采用饰面涂料且其厚度不大于 0.6mm 或单位面积质量不大于 $300g/m^2$ 时，可不考虑饰面涂料对基材燃烧特性的影响。

② 防火分隔：系统防火分隔构造或分仓构造的存在，能够有效地阻止火焰的蔓延。防火分隔包括建筑层的防火隔离带、门窗洞口的隔火构造、系统自身的分仓构造等。

③ 空腔构造：空腔构造的存在可能为系统中保温材料的燃烧及火焰的蔓延提供充足的氧。外保温系统中贯通的空腔构造和封闭的空腔构造对系统的防火安全性能的影响程度是不同的。特别指出的是，热塑性保温材料，在火灾条件下，由于系统中热塑性保温材料受火后的收缩、熔化甚至燃烧，可能导致空腔的形成或封闭空腔的贯通，对系统的阻火性产生不利的影响。

只有保温层与保护层整体的对火反应性能良好，系统的构造方式合理，才能保证建筑外保温系统的防火安全性能满足要求。如何使外保温系统的整体对火反应性能满足要求，对工程应用才具有广泛的实际意义。

（1）外墙外保温系统受火状态

外墙外保温系统的受火状态，参见图 4-38。

① 火灾发生后，火焰从窗口或洞口溢出。

② 窗口或洞口上方直接受火的外保温系统，自表及里受到热辐射、热传导、热对流的综合作用。

③ 窗口或洞口上方或下方未直接受火的外保温系统，自表及里主要受到热辐射、热传导的综合作用。

④ 系统内的空气受热膨胀，达到一定温度后，开始产生热解气体，压力过高时，受热气体

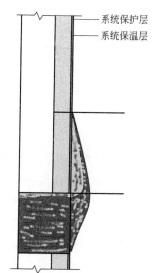

系统保护层

系统保温层

图 4-38　外墙外保温系统受火状态示意图

溢出保护面层。系统保护面层的厚度影响系统内保温材料的受损状态和程度。

（2）采用热固性保温材料的外墙外保温系统受火状态特性

热固性保温材料（Thermosetting Insulating Materials）：遇火表面形成炭化层、不熔化，无燃烧滴落物的保温材料。采用热固性保温材料的外墙外保温系统受火状态，参见图 4-39。

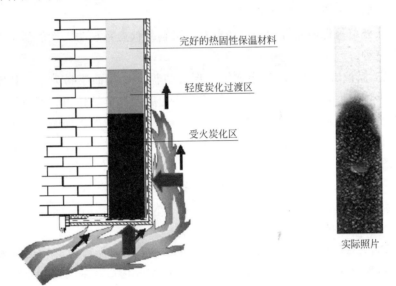

完好的热固性保温材料

轻度炭化过渡区

受火炭化区

实际照片

图 4-39　采用热固性保温材料的外墙外保温系统受火状态

采用热固性保温材料的系统受火后，如直接受火区域的保护层被烧损开裂，保温材料燃烧、炭化，炭化体具有一定的阻火作用，随着系统烧损面积的增加，能够阻火的炭化体面积随之相应增加。临近直接受火区域的保温材料，受到高温火的热作用，未完全燃烧，在系统保温层内形成轻度炭化过渡区。而远离直接受火区域的保温材料，由于直接受火区域保温材料燃烧形成的炭化层的阻火隔热作用，不会出现明显的理化性能改变，基本是完好的。

由于在受火状态下热固性保温材料炭化层的存在，保证了直接受火区域系统保护面层的相对稳定和远离直接受火区域保护面层的稳定，因而保证了系统整体在实际火灾中不具有火焰传播性。

（3）采用热塑性保温材料的外墙外保温系统受火状态特性

热塑性保温材料：遇火熔化、熔融，有燃烧滴落物产生的保温材料。采用热塑性保温材料的外墙外保温系统受火状态，参见图 4-40。

采用热塑性保温材料的系统受火后，直接受火区域的保温层收缩、熔化并附着在保护面层和基层墙体上。由于保温材料的熔化收缩，使系统的保护面层悬空，易于失去稳定性，当保护面层被烧损开裂后，保温材料遇火燃烧，进而导致保温材料的熔化收缩向未直接受火区域扩展。因此采用热塑性保温材料的系统传播火焰的风险较大。

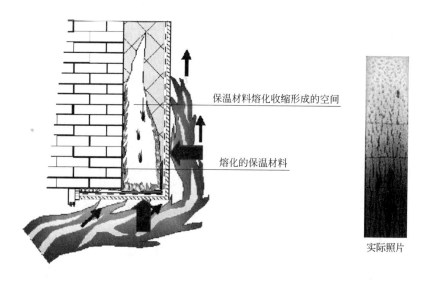

保温材料熔化收缩形成的空间

熔化的保温材料

实际照片

图 4-40　采用热塑性保温材料的外墙外保温系统受火状态

系统保护层的厚度与稳固性以及贯通的空腔，直接影响火焰蔓延的速度和保温材料的烧损程度。当设置合理的防火隔离带时，会阻止或减缓火焰沿系统自身的传播。

4）提高外墙外保温系统防火性能的构造措施

不同的外墙外保温系统，具有不同的防火构造。对于采用可燃保温材料且系统自身不具有阻止火焰传播能力的外保温系统，应根据系统的具体构造，相应采取科学适度有效的防火构造措施，改善或提高系统整体构造的防火安全性能，以期满足防火安全的要求。

外保温系统的防火构造措施可以是多种多样的。对于在我国应用面最广泛的粘贴聚苯板薄抹灰外保温系统，通常要考虑的两个问题是：火灾条件下维持系统稳固性的能力和系统阻止火焰传播的能力。常见的措施包括：

① 防火隔离带：在建筑外墙外保温系统中，水平或垂直设置的能阻止火焰蔓延的带状防火构造。

② 挡火梁：一种门窗洞口的隔火隔离措施，与防火隔离带类似，环状设置在门窗洞口的四周或水平设置在门窗洞口上边缘的带状防火构造。当水平设置在门窗洞口上边缘时，应伸出门窗洞口竖向边缘一定的长度。

③ 为维持火灾条件下系统保护面层的稳固，保障系统不具有火焰传播性，可考虑使用金属固件。

防火隔离带的作用是阻止外保温系统内的火焰传播。挡火梁的主要作用是阻止或减缓外部火焰对外保温系统内可燃保温材料的攻击。这就要求防火隔离带和挡火梁在火灾条件下，能够维持自身阻火构造体的稳固存在以及维持系统保护面层的基本稳固。例如 EPS 薄抹灰外保温系统的防火隔离带采用硬泡聚氨酯、酚醛泡沫作为保温层时，由于保温层与基层墙体是满粘贴的，在受火条件下，硬泡聚氨酯、酚醛泡沫产生的炭化层的体型能够保持基本的稳定状态并具有足够的阻火能力，从而保证防火隔离带整体阻火构造的基本稳定，同时也维持了 EPS 外保温系统保护面层的基本稳定，达到有效阻止火焰沿 EPS 薄抹灰外保温系统传播的目的。玻璃棉虽然也属于不燃性保温材料，但玻璃棉受火后熔化，不能用于防火隔离带。

外保温系统防火构造措施的有效性，应以试验数据和试验结果为依据进行科学评价。防火构造措施应作为外保温系统的组件，要充分考虑防火构造措施与原有外保温系统的性能一致性。

① 防火构造措施要合理

外保温系统的火灾风险是火焰传播，对于不具有阻止火灾蔓延的外保温系统，采取防火构造措施是十分必要的，并且防火构造措施一定要合理，合理才能保证措施的有效性。防火构造措施包括防火隔离带和"挡火梁"。

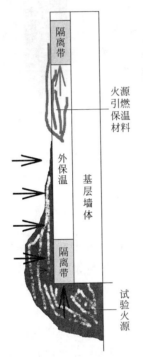

图 4-41　防火构造措施作用区域示意图

防火构造措施的作用有两个，一是阻止或减缓火源对直接受火区域外保温系统的攻击，更主要的是阻止火焰通过外保温系统自身的传播。如图 4-41 所示。

防火隔离带阻止火焰传播的能力是相对有限的，有效阻火的前提是要求系统有基本的抗火能力或承受热辐射的能力，即系统要有基本厚度的保护面层，取决于保护面层内可燃保温材料的热值以及保护面层在火灾条件下的稳定性。假设外保温系统没有保护面层，裸板上墙，即使设置了隔离带，也未必能阻止火焰的传播。

当外保温系统中可燃的保温层厚度较薄时，被点燃后放出的热量较少，所产生的火焰不足以攻破具有基本厚度的保护面层，火焰不会沿外保温系统自身传播。因此，德国规定当 EPS 超过 10cm 时才设置防火隔离带。抹灰层的施工质量非常重要。

火灾条件下，窗口部位的防火隔离带或挡火梁不会完全阻止火焰对外保温系统的攻击，窗口上部的受火区域为火源的直接受火区域，外保温系统受到来自窗口的火源的攻击。外保温系统自身被引燃后产生的火焰可视为二次火焰，可能会进一步通过外保温系统自身向上传播，此时上层隔离带的作用是阻止外保温系统自身燃烧所产生的火焰。隔离带的带宽可通过试验或计算确定。

② 避免贯通的空腔构造

窗口模拟火的试验结果表明，火灾条件下，外保温系统内贯通的空腔会增加系统出现火焰蔓延的风险。对于采用热塑性保温材料的系统，防火隔离带的设置，可以避免火灾条件下，由于保温材料的熔化收缩而导致的烟囱效应。

这里需要特别注意的是，按照建筑层与层之间竖向防火分区的概念，防火隔离带的作用是阻止火焰蔓延到另一个防火分区，而防火分区的分隔层是在楼板的位置，不是在窗口的地方，因此，防火隔离带设置在窗口上方的楼板位置较为合理。

第二节　火灾自动报警系统的设计

火灾自动报警系统设计，简单来说包括两个方面，火灾探测报警系统和联动控制系统。火灾探测报警系统也就是最简单的火灾自动报警系统，系统由控制器、火灾探测器和手动报警按钮组成，相对独立。包含联动控制系统的火灾自动报警系统则要相对复杂，除了火灾探测之外，还包括对其他消防系统和设施的联动控制，与建筑屋内的供配电系统、空调系统、水系统，甚至安防系统都有关联。联动控制的前提是准确、及时的火灾探测，火灾探测准确、及时的前提是合理、科学的选型，只有选择适合被保护场所特点的火灾探测器，才能做到及时的火灾探测。因此本节的重点是火灾探测器的选择，联动控制方面则简单论述相关的控制内容。

一、系统设计

1. 保护对象的分级

设计一个建筑的火灾自动报警系统，首先要根据其使用性质、火灾危险性、疏散和扑救难度等因素划分其等级。我国规范将被保护对象分为特级、一级和二级，特级保护对象的范围很明确——建筑高度超过100m的高层民用建筑，一级和二级保护对象不仅考虑了建筑高度，而且考虑了建筑物的用途，一级保护对象和二级保护对象的具体划分如表4-16、图4-17所示：

一级保护对象　　　　　　　　表 4-16

等级	保护对象	
一级	建筑高度不超过100m的高层民用建筑	一类建筑
	建筑高度不超过24m的民用建筑及建筑高度超过24m的单层公共建筑	1. 200床及以上的病房楼，每层建筑面积1000m²及以上的门诊楼； 2. 每层建筑面积超过3000m²的百货楼、商场、展览楼、高级旅馆、财贸金融楼、电信楼、高级办公楼； 3. 藏书超过100万册的图书馆、书库； 4. 超过3000座位的体育馆； 5. 重要的科研楼、资料档案楼； 6. 省级(含计划单列市)的邮政楼、广播电视楼、电力调度楼、防灾指挥调度楼； 7. 重点文物保护场所； 8. 大型以上的影剧院、会堂、礼堂
	工业建筑	1. 甲、乙类生产厂房； 2. 甲、乙类物品库房； 3. 占地面积或总建筑面积超过1000m²的丙类物品库房； 4. 总建筑面积超过1000m²的地下丙、丁类生产车间及物品库房
	地下民用建筑	1. 地下铁道、车站； 2. 地下电影院、礼堂； 3. 使用面积超过1000m²的地下商场、医院、旅馆、展览厅及其他商业或公共活动场所； 4. 重要的实验室，图书、资料、档案库

二级保护对象 表 4-17

等级	保护对象	
二级	建筑高度不超过100m的高层民用建筑	二类建筑
	建筑高度不超过24m的民用建筑	1. 设有空气调节系统的或每层建筑面积超过2000m²、但不超过3000m²的商业楼、财贸金融楼、电信楼、展览楼、旅馆、办公楼、车站、海河客运站、航空港等公共建筑及其他商业或公共活动场所； 2. 市、县级的邮政楼、广播电视楼、电力调度楼、防灾指挥调度楼； 3. 中型以下的影剧院； 4. 高级住宅； 5. 图书馆、书库、档案楼
	工业建筑	1. 丙类生产厂房； 2. 建筑面积大于50m²,但不超过1000m²的丙类物品库房； 3. 总建筑面积大于50m²,但不超过1000m²的地下丙、丁类生产车间及地下物品库房
	地下民用建筑	1. 长度超过500m的城市隧道； 2. 使用面积不超过1000m²的地下商场、医院、旅馆、展览厅及其他商业或公共活动场所

2. 报警区域和探测区域的划分

报警区域是将火灾自动报警系统的警戒范围按防火分区或楼层划分的单元。探测区域是将报警区域按探测火灾的部位划分的单元。报警区域的划分是应按照保护对象的保护等级、耐火等级，合理正确地划分报警区域，只有这样，才能在火灾初期及早地发现火灾发生的部位。探测区域的划分则是为了迅速而准确地探测出被保护区内发生火灾的部位。

上述报警区域和探测区域的划分，在早期的火灾自动报警系统设计中确实非常关键。就当前火灾自动报警系统的技术水平来说，报警区域和探测区域划分的重要性已经大大降低。火灾报警系统的容量大幅提高，信号传输更为快速可靠，所有火灾探测器都可以有独立的地址编码，而且所有火灾探测器的安装位置都能在建筑物的电子平面图上明确显示，确认报警部位已经变得非常简单。

3. 系统形式选择

关于火灾自动报警系统的形式，我国《火灾自动报警系统设计规范》做出了分类，由小到大分别为区域报警系统、集中报警系统和控制中心报警系统。该规范同时对上述系统的适用范围做出了原则性的规定，区域报警系统宜用于二级保护对象，集中报警系统宜用于一级和二级保护对象；控制中心报警系统，宜用于特级和一级保护对象。

就实际情况来看，随着电子技术的迅速发展和软件技术在消防技术中的大量应用，火灾自动报警系统的结构、形式越来越灵活多样，很难精确划分成集中固定模式。智能化的火灾自动报警系统可以是区域报警系统，也可以是集中报警系统或控制中心报警系统，没有绝对区别，主要区别体现对联动功能要求和报警系统的保护范围上。

二、火灾探测器的选择

1. 感烟探测器的选择

1）下列场所宜选择点型感烟探测器：

（1）饭店、旅馆、教学楼、办公楼的厅堂、卧室、办公室等；

（2）电子计算机房、通讯机房、电影或电视放映室等；

（3）楼梯、走道、电梯机房等；

（4）书库、档案库等；

（5）有电气火灾危险的场所。

2）符合下列条件之一的场所，不宜选择离子感烟探测器：

（1）相对湿度经常大于95％；

（2）气流速度大于5m/s；

（3）有大量粉尘、水雾滞留；

（4）可能产生腐蚀性气体；

（5）在正常情况下有烟滞留；

（6）产生醇类、醚类、酮类等有机物质。

3）符合下列之一的场所，不宜选择光电感烟探测器：

（1）可能产生黑烟；

（2）有大量粉尘、水雾滞留；

（3）可能产生蒸气和油雾；

（4）在正常情况下有烟滞留。

4）通常火灾产生的烟雾将向顶棚方向上升，在此情况下，如果顶棚很高，则选择光束探测器较适合，例如大厅、体育馆、仓库、娱乐场所、教室、音乐厅、剧院等。相反，点型探测器通常仅适用于顶棚高度低于12m的场所。

2. 感温探测器的选择

1）符合下列之一的场所，宜选择感温探测器：

（1）相对湿度经常大于95％；

（2）无烟火灾；

（3）有大量粉尘；

（4）在正常情况下有烟和蒸气滞留；

（5）厨房、锅炉房、发电机房、烘干车间等；

（6）吸烟室等；

（7）其他不宜安装感烟探测器的厅堂和公共场所。

2）可能产生阴燃火或发生火灾不及时报警将造成重大损失的场所，

不宜选择感温探测器；温度在 0℃以下的场所，不宜选择定温探测器；温度变化较大的场所，不宜选择差温探测器。

3）下列场所宜选择缆式线型定温探测器：

（1）电缆隧道、电缆竖井、电缆夹层、电缆桥架等；

（2）配电装置、开关设备、变压器等；

（3）各种皮带输送装置；

（4）控制室、计算机室的闷顶内、地板下及重要设施隐蔽处等；

（5）其他环境恶劣不适合点型探测器安装的危险场所。

4）下列场所宜选择空气管式线型差温探测器：

（1）可能产生油类火灾且环境恶劣的场所；

（2）不易安装点型探测器的夹层、闷顶。

3. 火焰探测器的选择

1）符合下列之一的场所，宜选择火焰探测器：

（1）火灾时有强烈的火焰辐射；

（2）液体燃烧火灾等无阴燃阶段的火灾；

（3）需要对火焰作出快速反应。

2）符合下列之一的场所，不宜选择火焰探测器：

（1）可能发生无焰火灾；

（2）在火焰出现前有浓烟扩散；

（3）探测器的镜头易被污染；

（4）探测器的"视线"易被遮挡；

（5）探测器易受阳光或其他光源直接或间接照射；

（6）在正常情况下有明火作业以及 X 射线、弧光等影响。

4. 可燃气体探测器的选择

下列场所宜选择可燃气体探测器：

（1）使用管道煤气或天然气的场所；

（2）煤气站和煤气表房以及存储液化石油气罐的场所；

（3）其他散发可燃气体和可燃蒸气的场所；

（4）有可能产生一氧化碳气体的场所，宜选择一氧化碳气体探测器。

三、大空间的火灾探测

1. 大空间的火灾危险性

大空间场所（如体育馆、展览馆、音乐厅等）的建筑主体越来越高，面积越来越大，使用功能越来越多。由此引发出许多消防安全问题。

第一，大空间场所的屋架多采用钢结构网架，网架内部设有大量电线电缆，大功率灯具，扬声器等，火灾隐患较多。一旦失火，在空气对流的作用下，不仅燃烧猛烈，蔓延迅速，且不易扑救。

第二，大空间场所属于人员密集的公共场所，绝大多数观众对场地疏散路线不熟悉，更不了解建筑布局及周围环境。在火灾情况下，人员容易惊慌，拥堵疏散通道及出口，如果在消防设计和管理方面出现问题，必然会造成大量人员伤亡。

2. 大空间火灾探测的现有手段

1）红外光束感烟探测器

对于大空间的，火灾探测来说，红外光束感烟探测器是一种应用较为广泛的做法。与点型感烟探测器相比，它的安装方式比较灵活，即可以安装在屋顶下，也可以安装在建筑物两侧的墙上。但红外光束感烟探测器对火灾的探测受安装高度制约，为了躲避建筑物内由于人员、物体的移动，以及其他障碍物对光束的遮挡，通常将探测器安装于较高位置。这时，红外光束感烟探测器可以探测起火阶段或明火的火灾，一般不能探测到阴燃阶段的火灾，有可能达不到早期报警的目的，从而造成重大损失。当然，如果安装高度较低时，红外光束感烟探测器还是可以探测到阴燃阶段的火灾的。另外，红外光束感烟探测器的保护间距和保护面积与安装高度有关，安装高度高，保护间距大，保护面积也大；安装高度低，保护间距应减小，保护面积也随之减小。

2）火焰探测器

还有一种做法是在大空间场所中安装火焰探测器，但因其只能对明火加以识别，无法做到早期探测，因此使用范围受到局限。火焰探测器主要用于工业、国防等领域的防火、防爆。

3. 吸气式感烟探测报警系统和视频烟雾探测报警系统

随着科学技术的不断发展，出现了更多不同类型的火灾探测报警系统，典型代表是吸气式感烟探测报警系统和视频烟雾探测报警系统。其中，吸气式感烟探测报警系统由于技术相对成熟，而且在我国有多年的工程经验，应用越来越普遍。

1）吸气式感烟探测报警系统

吸气式感烟探测报警系统属于主动式感烟探测报警系统，该系统通过采样管路上的采样孔主动地将周围的空气吸入系统中进行检测，其灵敏度远远高于点型感烟探测器和红外光束感烟探测器。

吸气式感烟探测报警系统有两种安装方式可以考虑，分别为标准采样方式及回风管道采样方式。标准采样方式是将吸气式感烟探测报警系统的采样管网安装在大空间场所的屋顶下，由于该系统主动将周围的空气吸入系统中进行检测，因此，也可以将采样管网安装在大空间场所的钢结构网架上或更低一些。回风管道采样方式是将采样管网安装在通风系统的回风栅口或回风管道中，使采样孔直接处于气流通道中，是一种非常灵活的采样方法，在花费较少的安装费用的同时，能对较大的空间进行保护。

2）视频烟雾探测报警系统

视频烟雾探测报警系统利用高性能计算机对通用闭路电视摄像机

(CCTV) 采集到的视频图像进行分析，采用图像处理、特殊的干扰算法及已知误报现象的算法，对火灾烟雾影像进行分析，自动辨别多种烟雾模式的不同特征，快速、准确地完成火灾检测，同时将火灾现场真实影像传送至控制中心。视频烟雾探测报警系统尤其适合大空间的火灾，而且摄像机可以和安防系统的摄像机合用。

四、联动控制设计

联动控制设计的原则很简单，就是将建筑物的消防设施和消防设备纳入监控，规范对此规定得较为明确，目前，联动控制的基本内容如下：

1）停止有关部位的空调送风，关闭防火阀，接收并显示相应的反馈信号；启动有关部位的正压送风风机、排烟风机、正压送风阀和排烟阀，接收并显示其反馈信号，控制防烟垂壁等防烟设施。

2）对室内消火栓系统，能控制消防泵的起停，显示起泵按钮的位置，显示消防水池的水位状态、消防水泵的电源状态，显示消防泵的工作状态、故障状态。

3）对自动喷水灭火系统，能控制系统的启停，显示报警阀、闸阀及水流指示器的工作状态，显示消防水池的水位状态、消防水泵的电源状态，显示喷淋泵的工作状态、故障状态。

4）对管网气体灭火系统，能显示系统的手动、自动工作状态；在报警、喷射各阶段，控制室应有相应的声、光警报信号，并能手动切除声响信号；在延时阶段，应自动关闭防火门、窗，停止通风空调系统，关闭有关部位的防火阀；灭火系统防护区的报警、喷放及防火门（帘）、通风空调等设备的状态信号应送至消防控制室。

5）对泡沫灭火系统和干粉灭火系统，能控制系统的启、停，显示系统的工作状态。

6）强制控制电梯全部停于首层，接收其反馈信号。

7）切断有关部位的非消防电源，接通警报装置及火灾事故照明灯和疏散指示灯，火灾警报装置和火灾应急广播按设计控制程序启动，引导和指挥人员疏散，同时应能解除所有疏散通道上的门禁控制功能。

8）对常开防火门的控制，在门任一侧的火灾探测器报警后，防火门应自动关闭，防火门关闭信号应送到消防控制室。

9）对防火卷帘的控制，疏散通道上的防火卷帘，其任意一侧的感烟探测器动作后，卷帘下降至地（楼）面1.8m，感温探测器动作后，卷帘下降到底；作为防火分隔的防火卷帘，火灾探测器动作后，卷帘应下降到底，感烟、感温探测器的报警信号及防火卷帘的关闭信号应送至消防控制室。

除了上述联动的设施和设备外，对于建筑内的其他系统，只要能够给火灾探测、灭火、隔火和疏散提供帮助的，在技术条件允许的情况下，都应该纳入联动控制。比如将视频安防系统纳入联动控制，不仅能够参与确认火灾还能回传现场画面，这非常有利于灭火和疏散救援。

第三节　自动喷水灭火系统设计

一、室外消火栓设计

1. 室外消火栓布置的消防要求

（1）设置的基本要求

室外消火栓设置安装应明显容易发现，方便出水操作，地下消火栓还应当在地面附近设有明显固定的标志。

（2）市政或居住区室外消火设置

室外消火栓应沿道路铺设，道路宽度超过 60m 时，宜两侧设置，并宜靠近十字路口。布置间隔不应大于 120m，距离道路边缘不应超过 2m，距离建筑外墙不宜小于 5m，距离高层建筑外墙不宜大于 40m，距离一般建筑外墙不宜大于 150m。

（3）建筑物室外消火栓数量

室外消火栓数量应按其保护半径，流量和室外消防用量综合计算确定，每只流量按 10~15L/s。对于高层建筑，40m 范围内的市政消火栓可计入建筑物室外消火栓数量之内。对多层建筑，市政消火栓保护半径 150m 范围内，如消防用水量不大于 15L/s，建筑物可不设室外消火栓。

（4）工业企业单位内室外消火栓的设置要求

对于工艺装置区或储罐区，应沿装置周围设置消火栓，间距不宜大于 60m，如装置宽度大于 120m，宜在工艺装置区内的道路边增改消火栓，消火栓栓口直径宜为 150mm。对于甲、乙、丙类液体或液化气体储罐区，消火栓应改在防火堤外，且距储罐壁 15m 范围内的消火栓，不应计算在储罐区可使用的数量内。

2. 室外消火栓保护半径与最大布置间距

（1）室外消火栓的保护半径

室外低压消火栓给水的保护半径一般按消防车串联 9 条水带考虑，火场上水枪手留有 10m 的机动水带，如果水带沿地面铺设系数按 0.9 计算，那么消防车供水距离为 153m。

室外高压消火栓给水的保护半径按串联 6 条水带考虑，同样计算其保护半径为 99m，即室外高压消火栓保护半径为 100m。

（2）室外消火栓的最大布置间距

室外消火栓间距布置的原则是保证城镇区域任何部位都在两个消火栓的保护半径之间。计算得到室外低压消火栓间距 127m，室外高压消火栓间距 60m。考虑火场供水需要，室外低压消火栓最大布置间距不应大于

120m，高压消火栓最大布置间距不应大于60m。

3. 室外消火栓的流量与压力

（1）室外消火栓的流量

室外低压消火栓给水的流量取决于火场上所出水枪的数量。每个低压消火栓一般只供一辆消防车出水，常出2支口径为19mm的直流水枪，火场要求水枪充实水柱为10～15m，则每支水枪的流量为5～6.5L/s，2支水枪的流量为10～13L/s，考虑接口及水带的漏水，所以每个低压消火栓的流量按10～15L/s计。每个室外高压消火栓给水一般按出口径为19mm的直流水枪考虑，水枪充实水柱为10～15m，则要求每个高压消火栓的流量不小于5L/s。

（2）室外消火栓的压力

室外消火栓的流量与压力密切相关，若出口压力高，则其流量就大。室外低压消火栓的出口压力，按照一条水带给消防车水罐上水考虑，要保证2支水枪的流量，那么，最不利点处消火栓出口压力经计算不应小于0.1MPa。

4. 室外消火栓的选型

以前寒冷地区采用地下式，非寒冷地区宜采用地上式，地上式有条件可采用防撞型，当采用地下式消火栓时，应有明显标志。现在，随着室外直埋伸缩式消火栓的问世，其功能和地上式相比，能避免碰撞，防冻效果好。和地下式相比，不需要建地下井室，直埋安装更简单，在地面上操作，工作更方便快速。

选择地下式消火栓与地上式消火栓应因地制宜。在市政给水管网中有些城市给水管网的消火栓规划设置强调采用地下式，而有些城市则由原来的地下式又全部改造为地面式。地下式消火栓有隐蔽性强，不影响城市美观，受破坏情况少，寒冷地带可防冻等优点。但作为使用和管理部门来讲，寻找维修不甚方便，容易被建筑车辆停放，埋、占、压情况，等等大量的地下式消火栓需要井室保护，资金投入大，同时在城市地下管网规划中占据了不少的位置，给规划带来了困难。而地上式消火栓则反之，比较醒目，容易寻找，使用、维修较方便，但容易受破坏，易造成偷窃用水。若真正按规范120m设置一个消火栓，势必对城市街景造成一定影响。消火栓主要用于灭火取水之用，因此作为消火栓使用部门来讲，如何快速寻找到消火栓，取水快捷、方便、容易是消防部门的愿望和要求。既要满足使用，又要考虑市容市景，同时还要利于维护管理，消火栓的选择应因地制宜，地下式地面式相结合。且消火栓的规格型号不要太多，便于使用维护。

5. 室外消火栓的维护

消火栓作为管网附属设施之一，其管理应等同于其他设施管理，建立专门的管理队伍。一旦发现消火栓失效应视同于管网抢爆进行及时处理。

除此之外还应拟定对消火栓的周期检修维护计划，实施定期的维护保养措施。地面式消火栓还应定期进行油漆防腐，确保醒目。定期对消火栓进行排水操作检查，一方面确定消火栓是否启闭有效，水压水量是否符合正常范畴。另一方面在配水管网上也是通过消火栓排水起到改善、确保管网水质的作用。在实施消火栓排水工作中，为确保排水质量效果和防止管网二次污染，排水时应采取接软管将水排至雨水井内。排水质量通过现场水样检测评估，主要测定浊度、余氯等水质指标，另外在排水前进行管网水压测定记录，积累管网服务压力参数，便于管网运行调度。

消火栓井同其他设施井一样，时常有可能被堆、挡、埋、压，除了要加强巡视以外，还应作好消防法规的宣传和指导。尤其是应与当地消防部门密切配合，并依靠消防部门的执法力度维护和管理好消防设施。消防部门实行片区管理，因此供水企业，消火栓维护管理也应与消防部门的片区管理有机结合起来，形成共同管理，有利于事半功倍。成都水司在消防井盖上喷刷黄色油漆予以警示，方便了寻找维护，又起到醒目作用，有利消防部门使用，该方法值得推广。当然有条件的还应将消防井盖涂刷成荧光、反光标记以便夜晚找寻。

消火栓作为供水管网设施之一，建立健全其档案资料是消火栓管理的关键，其档案资料应包括单卡图、维护记录、日常巡检记录等。有条件还应建立消火栓管理信息系统，提高对消火栓管理的手段。

二、室内消火栓的设计

1. 室内消火栓用水量

1）建筑物内同时设置室内消火栓系统、自动喷水灭火系统、水喷雾灭火系统、泡沫灭火系统或固定消防炮灭火系统时，其室内消防用水量应按需要同时开启上述系统用水量之和计算。当上述多种消防系统需要同时开启时，室内消火栓用水量可减少50%，但不得小于10L/s。

2）室内消火栓用水量应根据水枪充实水柱长度和同时使用水枪数量，经计算确定。

3）水喷雾灭火系统的用水量应按现行国家标准《水喷雾灭火系统设计规范》GB 50219 的有关规定确定。自动喷水灭火系统的用水量应按现行国家标准《自动喷水灭火系统设计规范》GB 50084 的有关规定确定。泡沫灭火系统的用水量应按现行国家标准《低倍数泡沫灭火系统设计规范》GB 50151、《高倍数、中倍数泡沫灭火系统设计规范》GB 50196 的有关规定确定。固定消防炮灭火系统的用水量应按现行国家标准《固定消防炮灭火系统设计规范》GB 50338 的有关规定确定。

2. 室内消防给水管道的布置

1）室内消火栓超过 10 个且室外消防用水量大于 15L/s 时，其消防给水管道应连成环状，且至少应有 2 条进水管与室外管网或消防水泵连接。

当其中一条进水管发生事故时，其余的进水管应仍能供应全部消防用水量。

2）高层厂房（仓库）应设置独立的消防给水系统。室内消防竖管应连成环状。

3）室内消防竖管直径不应小于 $DN100$。

4）室内消火栓给水管网宜与自动喷水灭火系统的管网分开设置。当合用消防泵时，供水管路应在报警阀前分开设置。

5）高层厂房（仓库）、设置室内消火栓且层数超过 4 层的厂房（仓库）、设置室内消火栓且层数超过 5 层的公共建筑，其室内消火栓给水系统应设置消防水泵接合器。

消防水泵接合器应设置在室外便于消防车使用的地点，与室外消火栓或消防水池取水口的距离宜为 15～40m。

消防水泵接合器的数量应按室内消防用水量计算确定。每个消防水泵接合器的流量宜按 10～15L/s 计算。

6）室内消防给水管道应采用阀门分成若干独立段。对于单层厂房（仓库）和公共建筑，检修停止使用的消火栓不应超过 5 个。对于多层民用建筑和其他厂房（仓库），室内消防给水管道上阀门的布置应保证检修管道时关闭的竖管不超过 1 根，但设置的竖管超过 3 根时，可关闭 2 根。

7）阀门应保持常开，并应有明显的启闭标志或信号。

8）消防用水与其他用水合用的室内管道，当其他用水达到最大小时流量时，应仍能保证供应全部消防用水量。

9）允许直接吸水的市政给水管网，当生产、生活用水量达到最大且仍能满足室内外消防用水量时，消防泵宜直接从市政给水管网吸水。

10）严寒和寒冷地区非采暖的厂房（仓库）及其他建筑的室内消火栓系统，可采用干式系统，但在进水管上应设置快速启闭装置，管道最高处应设置自动排气阀。

3. 室内消火栓的布置

1）除无可燃物的设备层外，设置室内消火栓的建筑物，其各层均应设置消火栓。

单元式、塔式住宅的消火栓宜设置在楼梯间的首层和各层楼层休息平台上，当设 2 根消防竖管确有困难时，可设 1 根消防竖管，但必须采用双口双阀型消火栓。干式消火栓竖管应在首层靠出口部位设置便于消防车供水的快速接口和止回阀。

2）消防电梯间前室内应设置消火栓。

3）室内消火栓应设置在位置明显且易于操作的部位。栓口离地面或操作基面高度宜为 1.1m，其出水方向宜向下或与设置消火栓的墙面成 90°。栓口与消火栓箱内边缘的距离不应影响消防水带的连接。

4）冷库内的消火栓应设置在常温穿堂或楼梯间内。

5）室内消火栓的间距应由计算确定。高层厂房（仓库）、高架仓库和甲、乙类厂房中室内消火栓的间距不应大于30m。其他单层和多层建筑中室内消火栓的间距不应大于50m。

6）同一建筑物内应采用统一规格的消火栓、水枪和水带。每条水带的长度不应大于25m。

7）室内消火栓的布置应保证每一个防火分区同层有两支水枪的充实水柱同时到达任何部位。建筑高度小于等于24m且体积小于等于5000m³的多层仓库，可采用1支水枪充实水柱到达室内任何部位。

8）水枪的充实水柱应经计算确定，甲、乙类厂房、层数超过6层的公共建筑和层数超过4层的厂房（仓库），不应小于10m。高层厂房（仓库）、高架仓库和体积大于25000m³的商店、体育馆、影剧院、会堂、展览建筑、车站、码头、机场建筑等，不应小于13m。其他建筑，不宜小于7m。

9）高层厂房（仓库）和高位消防水箱静压不能满足最不利点消火栓水压要求的其他建筑，应在每个室内消火栓处设置直接启动消防水泵的按钮，并应有保护设施。

10）室内消火栓栓口处的出水压力大于0.5MPa时，应设置减压设施。静水压力大于1MPa时，应采用分区给水系统。

11）设有室内消火栓的建筑，如为平屋顶时，宜在平屋顶上设置试验和检查用的消火栓。

4. 消防水箱的一般设计要求

1）设置常高压给水系统并能保证最不利点消火栓和自动喷水灭火系统等的水量和水压的建筑物，或设置干式消防竖管的建筑物，可不设置消防水箱。

2）设置临时高压给水系统的建筑物应设置消防水箱（包括气压水罐、水塔、分区给水系统的分区水箱）。消防水箱的设置应符合下列规定：

（1）重力自流的消防水箱应设置在建筑的最高部位。

（2）消防水箱应储存10min的消防用水量。当室内消防用水量≤25L/s，经计算消防水箱所需消防储水量大于12m³时，仍可采用12m³。当室内消防用水量大于25L/s，经计算消防水箱所需消防储水量大于18m³时，仍可采用18m³；

（3）消防用水与其他用水合用的水箱应采取消防用水不做他用的技术措施。

（4）发生火灾后，由消防水泵供给的消防用水不应进入消防水箱。

（5）消防水箱可分区设置。

3）消防用水与其他用水合并的水箱，应有消防用水不做他用的技术措施。

4）发生火灾后，由消防水泵供给的消防用水，不应进入消防水箱，应在消防水箱的出水管上设置止回阀。

5）高层建筑物内的消防水箱宜采用两个，在一个水箱检修时，仍可保存必要的消防应急用水，并应在水箱的底部用联络管连接，联络管上设置阀门，此阀处于常开状态。

6）消防水箱宜与其他用水的水箱合用，使水箱内的水经常处于流动更新状态，以防水质变坏，其他用水可采用虹吸管顶钻眼等措施供给。

7）消防水箱附件配置及消防水箱安装、布置可参照一般给水水箱。

5. 消防水池的一般设计要求

1）当室外给水管网能保证室外消防用水量时，消防水池的有效容量应满足在火灾延续时间内室内消防用水量的要求。当室外给水管网不能保证室外消防用水量时，消防水池的有效容量应满足在火灾延续时间内室内消防用水量与室外消防用水量不足部分之和的要求。当室外给水管网供水充足且在火灾情况下能保证连续补水时，消防水池的容量可减去火灾延续时间内补充的水量。

2）补水管的设计流速不宜大于 2.5m/s。

3）消防水池的补水时间不宜超过 48h；对于缺水地区不应超过 96h。

4）容量大于 500m³ 的消防水池，应分设成两个能独立使用的消防水池。

5）供消防车取水的消防水池应设置取水口或取水井，吸水高度不大于 6m。

6）消防水池的保护半径不应大于 150m。

7）消防用水与生产、生活用水合并的水池，应采取确保消防用水不做他用的技术措施。

8）严寒和寒冷地区的消防水池应采取防冻保护设施。

三、自动喷水灭火系统设计原则

1. 闭式喷水灭火系统

以下情况需设闭式等自动喷水灭火系统：

1）大于等于 50000 纱锭的棉纺厂的开包、清花车间。大于等于 5000 锭的麻纺厂的分级、梳麻车间；火柴厂的烤梗、筛选部位；泡沫塑料厂的预发、成型、切片、压花部位；占地面积大于 1500m² 的木器厂房；占地面积大于 1500m² 或总建筑面积大于 3000m² 的单层、多层制鞋、制衣、玩具及电子等厂房；高层丙类厂房；飞机发动机试验台的准备部位；建筑面积大于 500m² 的丙类地下厂房。

2）每座占地面积大于 1000m² 的棉、毛、丝、麻、化纤、毛皮及其制品的仓库；每座占地面积大于 600m² 的火柴仓库；邮政楼中建筑面积大于 500m² 的空邮袋库；建筑面积大于 500m² 的可燃物品地下仓库；可燃、难燃物品的高架仓库和高层仓库（冷库除外）。

3）特等、甲等或超过 1500 个座位的其他等级的剧院；超过 2000 个座位的会堂或礼堂；超过 3000 个座位的体育馆；超过 5000 人的体育场的室内人员休息室与器材间等。

4）任一楼层建筑面积大于 1500m² 或总建筑面积大于 3000m² 的展览建筑、商店、旅馆建筑，以及医院中同样建筑规模的病房楼、门诊楼、手术部；建筑面积大于 500m² 的地下商店。

5）设置有送回风道（管）的集中空气调节系统且总建筑面积大于 3000m² 的办公楼等。

6）设置在地下，半地下或地上四层及四层以上或设置在建筑的首层、二层和三层且任意一层建筑面积超过 300m² 的地上歌舞娱乐放映游艺场所。

7）藏书量超过 50 万册的图书馆。

8）建筑高度超过 100m 的高层建筑及其裙房（除游泳池、溜冰场、建筑面积小于 5m² 的卫生间、不设中央空调且户门为甲级防火门的住宅户内用房和不宜用水扑救的部位外）。

9）建筑高度不超过 100m 的一类高层建筑及其裙房（除游泳池、溜冰场、建筑面积小于 5m² 的卫生间、普通住宅、设集中空调的住宅的户内用房和不宜用水扑救的部位外）。

10）二类高层民用建筑中的下列部位：公共活动用房；走道、办公室和旅馆的客房；自动扶梯的底部；可燃物品仓库。

11）高层建筑中的歌舞娱乐放映游艺场所、空调机房、公共餐厅、公共厨房以及经常有人停留或可燃物较多的地下室、半地下室房间等。

12）高层建筑内的燃油、燃气锅炉房、柴油发电机房宜。

13）Ⅰ、Ⅱ、Ⅲ类地上汽车库、停车数超过 10 辆的地下汽车库、机械式立体汽车库或复式汽车库以及采用垂直升降梯作为汽车疏散出口的汽车库、Ⅰ类修车库。

2．水幕灭火系统

以下情况需设水幕灭火系统：

1）特等、甲等或超过 1500 个座位的其他等级的剧院和超过 2000 个座位的会堂或礼堂的舞台口以及与舞台相连的侧台、后台的门窗侧口。

2）应设防火墙等防火分隔物而无法设置的开口部位。

3）需要冷却保护的防火卷帘或防火幕的上部。

4）高层民用建筑物内超过 800 个座位的剧院、礼堂的舞台口。

3．雨淋喷水灭火系统

以下情况需设雨淋喷水灭火系统：

1）火柴厂的氯酸钾压碾厂房，建筑面积大于 100m² 生产、使用硝化棉、喷漆棉、火胶棉、赛璐珞胶片、硝化纤维的厂房。

2）建筑面积大于 60m² 或贮存量超过 2t 的硝化棉、喷漆棉、火胶棉、赛璐珞胶片、硝化纤维库房。

3）日装瓶数量超过 3000 瓶的液化石油气储配站的灌瓶间、实瓶库。

4）特等、甲等或超过 1500 个座位的其他等级的剧院和超过 2000 个座位的会堂或礼堂的舞台的葡萄架下部。

5）乒乓球厂的轧坯、切片、磨球、分球检验部位。

6）建筑面积大于等于 400m² 的演播室，建筑面积大于等于 500m² 的电影摄影棚。

4. 水喷雾灭火系统

以下情况需设水喷雾灭火系统：

1）单台容量在 40MVA 及以上的厂矿企业可燃油油浸电力变压器、单台容量在 90MVA 及以上的电厂油浸电力变压器或单台容量在 125MVA 及以上的独立变电所油浸电力变压器。

2）飞机发动机试验台的试车部位。

3）高层建筑内的下列房间：可燃油浸电力变压器室，充有可燃油高压电容器和多油开关室，自备发电机房。

第四节　防排烟系统设计

建筑物一旦发生火灾，应尽量将高温、有毒的烟气限制在一定的范围，并及时采取有效手段迅速排出室外，为人员疏散提供条件。

一、防烟设计

1. 防烟方法概述

防烟设施是防止烟气扩散、限制烟气蔓延的构件、设备的总称。它在火灾发生后对控制烟气蔓延，限制烟气影响的范围起重要作用。

一般情况下，建筑可采用机械加压送风方式、自然排烟方式防止烟气进入或防止烟气对受保护区域造成危害。对于面积较小、楼板耐火性能较好、采用防火门窗等其密闭性好的房间，也可以采用密闭式防烟，火灾时直接关闭防火门防止烟气进入和溢出，如图 4-42 所示。

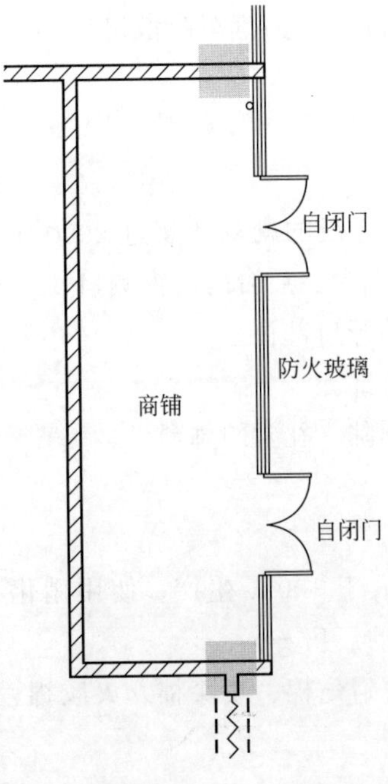

2. 需设置防烟设施的场所

对于多层民用建筑来说，防烟楼梯间及其前室、消防电梯间前室或合用前室应设置防烟设施。

对于高层民用建筑来说，下列部位应设置独立的机械加压送风的防烟设施：

（1）不具备自然排烟条件的防烟楼梯间、消防电梯间前室或合用前室。

图 4-42　密闭式防烟示意图

自闭门

防火玻璃

商铺

自闭门

（2）采用自然排烟措施的防烟楼梯间，且不具备自然排烟条件的前室。

（3）封闭避难层（间）。

3. 机械加压送风防烟原理及设计方法

（1）原理

机械加压送风防烟是采用机械加压送风的方式使重要疏散通道（包括防烟楼梯间，前室，合用前室和避难走道等）内的空气压力高于周围的空气压力，达到阻止烟气侵入的目的，为人员的安全疏散和营救创造有利条件。

机械加压送风防烟需要有一套完整的正压送风系统，它主要由设置在屋顶或局部屋顶的正压送风机、建筑送风竖井、设于每层（也可隔层设置）防烟楼梯间或消防前室的正压送风阀、送风口及其电气连锁控制装置组成。

当某层着火时，打开着火层及相邻上下层的正压送风阀，接着启动相应正压送风机，在防烟楼梯间、消防前室等区域形成正压，阻止烟气进入。图 4-43 是正压送风防烟原理示意图。

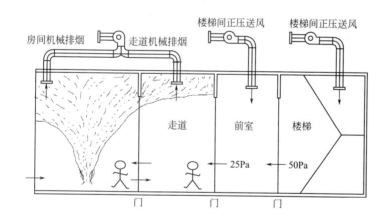

图 4-43　正压送风防烟原理示意图

（2）需设置的场所

对于多层民用建筑来说，下列场所应设置机械加压送风防烟设施：

a. 不具备自然排烟条件的防烟楼梯间；

b. 不具备自然排烟条件的消防电梯间前室或合用前室；

c. 设置自然排烟设施的防烟楼梯间，且不具备自然排烟条件的前室。

（3）加压送风量的计算

对于多层民用建筑来说，其机械加压送风防烟系统的加压送风量应经计算确定。当计算结果与下表的规定不一致时，应采用较大值。

对于高层民用建筑来说，防烟楼梯间及其前室、合用前室和消防电梯间前室的机械加压送风量应由计算确定，或按表 4-19 至表 4-22 的规定确定。当计算值和本表不一致时，应按两者中较大值确定。

最小机械加压送风量   表 4-18

条件和部位		加压送风量(m³/h)
前室不送风的防烟楼梯间		25000
防烟楼梯间及其合用前室分别加压送风	防烟楼梯间	16000
	合用前室	13000
消防电梯间前室		15000
防烟楼梯间采用自然排烟，前室或合用前室加压送风		22000

注：表内风量数值系按开启的双扇门（1.5m×2.1m）为基础的计算值。当采用单扇门时，其风量宜按表列数值乘以 0.75 确定；当前室有≥2 扇门时，其风量应按表列数值乘以 1.50～1.75 确定。开启门时，通过门的风速不应小于 0.70m/s。

防烟楼梯间（前室不送风）的加压送风量   表 4-19

系统负担层数	加压送风量(m³/h)
<20 层	25000～30000
20 层～32 层	35000～40000

防烟楼梯间及其合用前室的分别加压送风量   表 4-20

系统负担层数	送风部位	加压送风量(m³/h)
<20 层	防烟楼梯间	16000～20000
	合用前室	12000～16000
20 层～32 层	防烟楼梯间	20000～25000
	合用前室	18000～22000

消防电梯间前室的加压送风量   表 4-21

系统负担层数	加压送风量(m³/h)
<20 层	15000～20000
20 层～32 层	22000～27000

防烟楼梯间采用自然排烟，前室或合用前室不具备自然排烟条件时的送风量
表 4-22

系统负担层数	加压送风量(m³/h)
<20 层	22000～27000
20 层～32 层	28000～32000

注：表 4-19 至表 4-22 的风量按开启 2m×1.6m 的双扇门确定。当采用单扇门时，其风量可乘以 0.75 系数计算。

（4）应注意的问题

对于多层民用建筑，设置加压送风系统时应注意以下几点：

a. 防烟楼梯间内机械加压送风防烟系统的余压值应为 40～50Pa；前室、合用前室应为 25～30Pa。

b. 防烟楼梯间和合用前室的机械加压送风防烟系统宜分别独立设置。

c. 防烟楼梯间的前室或合用前室的加压送风口应每层设置 1 个。防烟楼梯间的加压送风口宜每隔 2～3 层设置 1 个。

d. 机械加压送风防烟系统中送风口的风速不宜大于 7m/s。

对于高层建筑设置正压送风系统应注意以下几点：

a. 层数超过 32 层的高层建筑，其送风系统及送风量应分段设计。

b. 剪刀楼梯间可合用一个风道，其风量应按二个楼梯间风量计算，送风口应分别设置。

c. 封闭避难层（间）的机械加压送风量应按避难层净面积每平方米 ≥30m³/h计算。

d. 机械加压送风的防烟楼梯间和合用前室，宜分别独立设置送风系统，当必须共用一个系统时，应在通向合用前室的支风管上设置压差自动调节装置。

e. 机械加压送风机的全压，除计算最不利管道压头损失外，尚应有余压。其余压值应符合两项要求防烟楼梯间为 40～50Pa；前室、合用前室、消防电梯间前室、封闭避难层（间）为 25～30Pa。

f. 楼梯间宜每隔 2～3 层设一个加压送风口；前室的加压送风口应每层设一个。

g. 机械加压送风机可采用轴流风机或中、低压离心风机，风机位置应根据供电条件、风量分配均衡、新风入口不受火、烟威胁等因素确定。

4. 自然排烟防烟原理及设计方法

（1）原理

自然排烟防烟实质上和自然排烟一样，是利用自然排烟窗等直通室外的开口将受保护区域的烟气排出室外，如下图 4-44。

图 4-44　自然排烟防烟示意图

（2）需设置自然排烟防烟的场所

对于多层民用建筑来说，除建筑高度超过 50m 的厂房（仓库）外，应设置防烟设施且具备自然排烟条件的场所均应使用自然排烟防烟。

对于高层民用建筑来说，除建筑高度超过 50m 的一类公共建筑和建筑高度超过 100m 的居住建筑外，靠外墙的防烟楼梯间及其前室、消防电梯间前室和合用前室，宜采用自然排烟防烟。

（3）自然排烟防烟排烟面积计算

对于多层民用建筑，设置自然排烟防烟时应满足如下条件：

a. 防烟楼梯间前室、消防电梯间前室，不应小于 2m^2；合用前室，不应小于 3m^2；

b. 靠外墙的防烟楼梯间，每 5 层内可开启排烟窗的总面积不应小于 2m^2；

c. 中庭、剧场舞台，不应小于该中庭、剧场舞台楼地面面积的 5%；

d. 其他场所，宜取该场所建筑面积的 2%～5%。

对于高层民用建筑，应满足以下条件：

a. 防烟楼梯间前室、消防电梯间前室可开启外窗面积不应小于 2m^2，合用前室不应小于 3m^2。

b. 靠外墙的防烟楼梯间每 5 层内可开启外窗总面积之和不应小于 2m^2。

c. 长度不超过 60m 的内走道可开启外窗面积不应小于走道面积的 2%。

d. 需要排烟的房间可开启外窗面积不应小于该房间面积的 2%。

e. 净空高度小于 12m 的中庭可开启的天窗或高侧窗的面积不应小于该中庭地面面积的 5%。

（4）应注意的问题

a. 当防烟楼梯间前室、合用前室具有满足规范规定面积的自然排烟条件的可开启外窗时，该防烟楼梯间可不设置防烟设施。

b. 作为自然排烟的窗口宜设置在房间的外墙上方或屋顶上，并应有方便开启的装置。

c. 自然排烟口距该防烟分区最远点的水平距离不应超过 30m。

5. 防烟分区原理及划分方法

（1）防烟分区的作用及原理

防烟分区是烟气控制的基础手段，其主要作用是控制火灾烟气蔓延范围，引导火灾烟气的流动路径，形成烟气层以利于火灾烟气的排出，保证人员安全疏散。

防烟分区分布于防火分区内部，防火分区边界为防烟分区的外边界，防火分区内部用隔墙、挡烟垂壁（帘），结构梁等作为防烟分区分隔物。

图 4-45 是防烟分区划分示意图，其中，防烟分区 7 是由建筑外墙、防火卷帘、挡烟垂壁作为防烟分区外边界的。

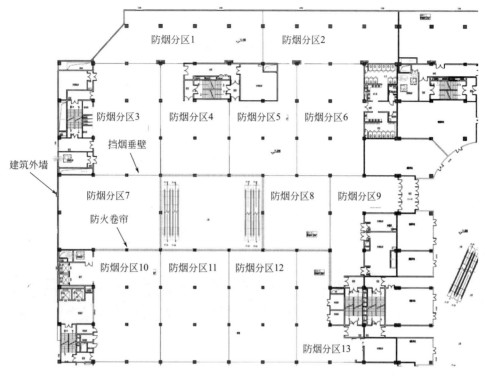

图 4-45　防烟分区示意图

（2）划分防烟分区的原则

对于多层民用建筑来说：

a. 需设置机械排烟设施且室内净高≤6m 的场所应划分防烟分区；

b. 每个防烟分区的建筑面积不宜超过 500m²，防烟分区不应跨越防火分区；

c. 防烟分区宜采用隔墙、顶棚下凸出不小于 500mm 的结构梁以及顶棚或吊顶下凸出不小于 500mm 的不燃烧体等进行分隔。

对于高层民用建筑来说：

a. 设置排烟设施的走道、净高不超过 6m 的房间，应采用挡烟垂壁、隔墙或从顶棚下突出不小于 0.50m 的梁划分防烟分区；

b. 每个防烟分区的建筑面积不宜超过 500m²，且防烟分区不应跨越防火分区。

（3）挡烟垂壁

说明及作用：

挡烟垂壁是安装在吊顶或楼板下或隐藏在吊顶内，火灾时能够阻止烟和热气体水平流动的垂直分隔物。它是用不燃烧材料制成，从顶棚下垂不小于 500mm 的固定或活动的挡烟设施。

活动挡烟垂壁系指火灾时因感温、感烟或其他控制设备的作用，自动下垂的挡烟垂壁。主要用于高层或超高层大型商场、写字楼以及仓库等场合，能有效阻挡烟雾在建筑顶棚下横向流动，以利于提高在防烟分区内的排烟效果，对保障人民生命财产安全起到积极作用。

分类：

挡烟垂壁可分为固定挡烟垂壁和活动挡烟垂壁，活动挡烟垂壁按活动方式又可分为卷帘式和翻板式。

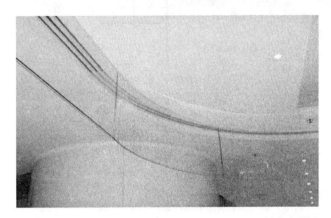

图 4-46　固定挡烟垂壁

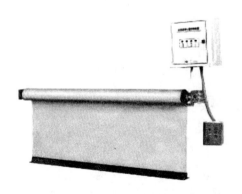
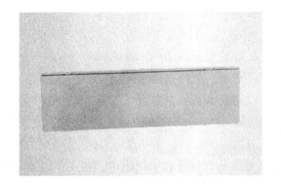

图 4-47　卷帘式活动挡烟垂壁　　　　　　图 4-48　翻板式活动挡烟垂壁

近年来，活动式挡烟垂壁越来越受到设计师青睐，它具有平时隐藏在吊顶内，少影响或不影响建筑整体美观性的特点。

执行标准和注意事项：

挡烟垂壁作为一种消防产品，执行《挡烟垂壁》（GA 533—2005）标准，并应注意：

a. 挡烟垂壁的有效下降高度应不小于 500mm；

b. 由于挡烟垂壁有宽度要求（卷帘式单节宽度≤6000mm，翻板式单节宽度≤2400mm），当单节挡烟垂壁的宽度不能满足防烟分区要求时，可用多节垂壁以搭接的形式安装使用，但搭接宽度应满足：

　　① 卷帘式挡烟垂壁应≥100mm；

　　② 翻板式挡烟垂壁应≥20mm；

　　③ 挡烟垂壁边沿与建筑物结构表面应保持最小距离，此距离不应大于20mm；

　　④ 卷帘式挡烟垂壁必须设置重量足够的底梁，以保证垂壁运行的顺利、平稳；

　　⑤ 应与烟感探测器联动，当烟感探测器报警后、接收到消防控制中心的控制信号后，系统断电时，挡烟垂壁均应自动下降至挡烟工作位置。

二、排烟设计

排烟设施的主要功能是将烟气排出保护区域，以保护建筑结构，为人员疏散提供必要的安全条件。排烟方法可分为机械排烟和自然排烟两种。

1. 需设置排烟设施的场所

对于多层民用建筑来说，下列场所应设置排烟设施：

1）丙类厂房中建筑面积大于300m² 的地上房间；人员、可燃物较多的丙类厂房或高度大于32m 的高层厂房中长度大于20m 的内走道；任一层建筑面积大于5000m² 的丁类厂房。

2）占地面积大于1000m² 的丙类仓库。

3）公共建筑中经常有人停留或可燃物较多，且建筑面积大于300m² 的地上房间；长度大于20 的内走道。

4）中庭。

5）设置在一、二、三层且房间建筑面积大于200m² 或设置在四层及四层以上或地下、半地下的歌舞娱乐放映游艺场所。

6）总建筑面积大于200m² 或一个房间建筑面积大于50m² 且经常有人停留或可燃物较多的地下、半地下建筑或地下室、半地下室。

7）其他建筑中地上长度大于40m 的疏散走道。

对于高层民用建筑来说一类高层建筑和建筑高度超过32m 的二类高层建筑的下列部位应设排烟设施：

（1）长度超过20m 的内走道。

（2）面积超过100m²，且经常有人停留或可燃物较多的房间。

（3）高层建筑的中庭和经常有人停留或可燃物较多的地下室。

2. 自然排烟原理及设计

（1）自然排烟的原理

自然排烟是利用火灾时热烟气的浮力和外部风力作用，通过建筑物的对外开口把烟气排至室外的排烟方式，如图4-49 所示。其实质是热烟气和冷空气的对流运动，其特点是经济、简单、易操作、维护管理方便。

图 4-49　自然排
　　　　　烟图

在自然排烟中，必须有冷空气的进口和热烟气的排出口。烟气排出口可以是建筑物的外窗，也可以是专门设置在侧墙的排烟口，但必须位于建筑内部空间的上部如图 4-50。对高层的建筑来说，可采用专用的通风排烟竖井。

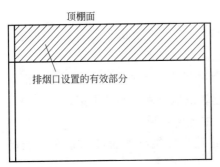

图 4-50　有效自
　　　　　然排烟
　　　　　口位置
　　　　　示意图

（2）自然排烟适用的条件

对于多层民用建筑来说，除建筑高度超过 50m 的厂房（仓库）外，应设置防烟设施且具备自然排烟条件的场所。

对于高层民用建筑来说，除建筑高度超过 50m 的一类公共建筑和建筑高度超过 100m 的居住建筑外，靠外墙的防烟楼梯间及其前室、消防电梯间前室和合用前室，宜采用自然排烟方式。

（3）自然排烟面积计算

对于多层民用建筑，自然排烟口的净面积应达到如下要求：

a. 防烟楼梯间前室、消防电梯间前室，不应小于 $2m^2$；合用前室，不应小于 $3m^2$；

b. 靠外墙的防烟楼梯间，每 5 层内可开启排烟窗的总面积不应小于 $2m^2$；

c. 中庭、剧场舞台，不应小于该中庭、剧场舞台楼地面面积的 5%；

d. 其他场所，宜取该场所建筑面积的 2%～5%。

对于高层民用建筑，自然排烟口的净面积应达到如下要求：

a. 防烟楼梯间前室、消防电梯间前室可开启外窗面积不应小于 $2m^2$，合用前室不应小于 $3m^2$；

b. 靠外墙的防烟楼梯间每 5 层内可开启外窗总面积之和不应小于 $2m^2$；

c. 长度不超过 60m 的内走道可开启外窗面积不应小于走道面积的 2%；

d. 需要排烟的房间可开启外窗面积不应小于该房间面积的 2%；

e. 净空高度小于 12m 的中庭可开启的天窗或高侧窗的面积不应小于该中庭地面积的 5%。

（4）自然排烟系统设计、施工中应注意的主要问题

a. 自然排烟窗的设置位置

由于烟气向上浮升的特点，火灾发生后，热烟气首先聚集于建筑空间顶部，因此，排烟窗应高于蓄烟高度，在房间高度一半以上设排烟窗，若房间为镂空吊顶（烟气可以进入吊顶内部），则房间高度应从地面计算至顶板；若房间为密实吊顶（烟气不能进入吊顶内部），则房间高度应从地面计算至吊顶高度。

b. 自然排烟窗的结构形式应合理

在施工过程中，自然排烟窗各项指标都应达到设计要求，有的把排烟窗做成不可开启的固定窗，有的将窗的上部做成固定窗，把可开启的排烟窗设在窗的下部，这些都将严重影响排烟功能。

3. 机械排烟原理及设计

（1）机械排烟的原理

机械排烟也叫负压机械排烟。它是利用排烟机把着火房间中产生的烟气通过排烟口排到室外的一种排烟方式，分为局部排烟和集中排烟两种方式。

① 局部排烟：在每个需要排烟的部位设置独立的排烟风机直接进行排烟。其特点是投资高，日常维护管理麻烦，管理费用高。

② 集中排烟：将建筑划分为若干个区域，单个区域通过排烟口、排烟竖井或风道，利用设置在建筑物屋顶的排烟风机将烟气排至室外。其特点是排烟稳定，投资较大，操作管理比较复杂，需要有防排烟设备，要有事故备用电源。

机械排烟一般由挡烟（活动式或固定式挡烟壁，或挡烟隔墙、挡烟梁）构件、排烟口、排烟防火阀、排烟道、排烟风机和排烟出口组成。下图是使用排烟风机进行机械排烟的示意图。

（2）机械排烟适用的条件

对于多层民用建筑来说：

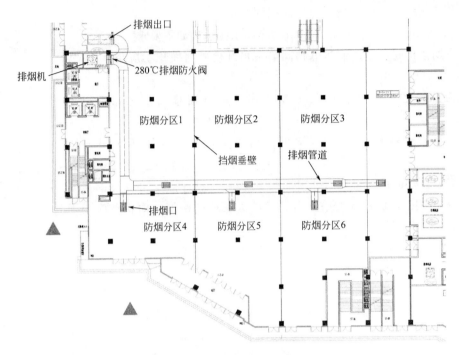

图 4-51 机械排烟示意图

应设置排烟设施的场所当不具备自然排烟条件时,应设置机械排烟设施。

对于高层民用建筑来说:

a. 一类高层建筑和建筑高度超过 32m 的二类高层建筑的下列部位,应设置机械排烟设施。

b. 无直接自然通风,且长度超过 20m 的内走道或虽有直接自然通风,但长度超过 60m 的内走道。

c. 面积超过 100m² ,且经常有人停留或可燃物较多的地上无窗房间或设固定窗的房间。

d. 不具备自然排烟条件或净空高度超过 12m 的中庭。

e. 除利用窗井等开窗进行自然排烟的房间外,各房间总面积超过 200m² 或一个房间面积超过 50m² ,且经常有人停留或可燃物较多的地下室。

(3) 机械排烟量计算

对于多层民用建筑来说,机械排烟系统的排烟量不应小于表 4-23 的规定:

由上表可以看出:

a. 当排烟风机负责一个防烟分区时,应按该防烟分区面积每平方米 ≥60m³/h 计算;

b. 当排烟风机担负 2 个以上防烟分区时,应按最大防烟分区面积每平方米≥120m³/h 计算。

机械排烟系统的最小排烟量　　　　表 4-23

条件和部位		单位排烟量 [m³/(h·m²)]	换气次数 （次/h）	备　注
担负 1 个防烟分区		60	—	单台风机排烟量不应小于 7200m³/h
室内净高大于 6m 且不划分 防烟分区的空间				
担负 2 个及 2 个以上防烟分区		120	—	应按最大的防烟分区面积确定
中庭	体积小于等于 17000m³	—	6	体积大于 17000m³ 时，排烟量不 应小于 102000m³/h。
	体积大于 17000m³	—	4	

对于高层民用建筑来说：

a. 排烟风机担负一个防烟分区排烟或净空高度大于 6m 的不设防烟分区的房间时，应按每平方米面积不小于 60m³/h 计算（单台风机最小排烟量不应小于 7200m³/h）。

b. 排烟风机担负 2 个或 2 个以上防烟分区排烟时，应按最大防烟分区面积每平方米≥120m³/h 计算。

c. 中庭体积≤17000m³ 时，其排烟量按其体积的 6 次/h 换气计算；中庭体积大于 17000m³ 时，其排烟量按其体积的 4 次/h 换气计算，但最小排烟量不应小于 102000m³/h。

（4）机械排烟设备

机械排烟设备主要包括排烟风机、排烟口、排烟阀、排烟防火阀、排烟管道、竖井等。

① 排烟风机的要求：

a. 排烟风机的全压应满足排烟系统最不利环路的要求。其排烟量应考虑 10%～20% 的漏风量；

b. 排烟风机可采用离心风机或排烟专用的轴流风机；

c. 排烟风机应能在 280℃ 的环境条件下连续工作不少于 30min；

d. 当任一排烟口或排烟阀开启时，排烟风机应能自行启动；

e. 在排烟风机入口处的总管上应设置当烟气温度超过 280℃ 时能自行关闭的排烟防火阀，该阀应与排烟风机连锁，当该阀关闭时，排烟风机应能停止运转；

f. 排烟风机的全压应按排烟系统最不利管道进行计算，其排烟量应增加漏风系数。

② 排烟口、排烟阀和排烟防火阀的设置要求：

a. 排烟口或排烟阀应按防烟分区设置。排烟口或排烟阀应与排烟风机连锁，当任一排烟口或排烟阀开启时，排烟风机应能自行启动；

b. 排烟口或排烟阀平时为关闭时，应设置手动和自动开启装置；

　　c. 排烟口应设置在顶棚或靠近顶棚的墙面上，且与附近安全出口沿走道方向相邻边缘之间的最小水平距离不应小于 1.5m。设在顶棚上的排烟口，距可燃构件或可燃物的距离不应小于 1m；

　　d. 对于多层建筑来说，设置机械排烟系统的地下、半地下场所，除歌舞娱乐放映游艺场所和建筑面积大于 50m² 的房间外，排烟口可设置在疏散走道；

　　e. 防烟分区内的排烟口距最远点的水平距离不应超过 30m，排烟支管上应设置当烟气温度超过 280℃ 时能自行关闭的排烟防火阀；

　　f. 排烟口的风速不宜大于 10m/s；

　　g. 机械加压送风防烟系统和排烟补风系统的室外进风口宜布置在室外排烟口的下方，且高差不宜小于 3m，当水平布置时，水平距离不宜小于 10m。

　　（5）排烟管道、接头的设置要求

　　a. 当排烟风机及系统中设置有软接头时，该软接头应能在 280℃ 的环境条件下连续工作不少于 30min。排烟风机和用于排烟补风的送风风机宜设置在通风机房内；

　　b. 排烟管道必须采用不燃材料制作。安装在吊顶内的排烟管道，其隔热层应采用不燃烧材料制作，并应与可燃物保持不小于 150mm 的距离；

　　c. 穿越防火分区的排烟管道应在穿越处设置排烟防火阀。

　　（6）其他注意事项

　　a. 机械排烟系统在走道内宜竖向设置，横向宜按防火分区设置，竖向穿越防火分区时，垂直排烟管道宜设置在管井内；

　　b. 在地下建筑和地上密闭场所中设置机械排烟系统时，应同时设置补风系统。当设置机械补风系统时，其补风量不宜小于排烟量的 50%；

　　c. 机械排烟系统与通风、空气调节系统宜分开设置。若合用时，必须采取可靠的防火安全措施，并应符合排烟系统要求。

三、消防风机概述

　　风机是依靠输入的机械能，提高气体压力并排送气体的机械。在以上防排烟系统的介绍中，应用到了正压送风风机和排烟风机，在机械排烟时有时还需要用到补风机。

　　1. 消防风机的分类

　　消防中常用到的风机主要包括两种，一是轴流风机，二是射流风机。

　　（1）轴流风机

　　又叫局部通风机，它的电机和风叶都在一个圆筒里，外形就是一个筒形，它内部风的流向和轴是平行的，其特点是安装方便，通风换气效果明显，安全，可以接风筒把风送到指定的区域。消防中的机械排烟风机大部分是轴流风机。

图 4-52　轴流风机

（2）射流风机

射流风机是一种特殊的轴流风机，主要用于隧道、停车库或其他体育商业场馆纵向通风系统中，风机一般悬挂在隧道顶部或两侧、房间顶部或两侧，不占用建筑面积，也不需要另外修建风道，具有效率高、噪音低、运转平稳、容易安装维护简便的特点。

射流风机运行时，将一部分空气从风机的一端吸入，经叶轮加速后，由风机的另一端高速射出，产生射流的升压作用和诱导效应，使气流在隧道内、停车库及大型场馆空间沿纵向流动，达到射流通风的目的。

图 4-53　隧道中的射流风机

由于隧道里纵向通风系统是最基本的通风方式。因此交通隧道里应用射流风机最为广泛。射流风机使得新风气流从隧道入口端沿隧道纵向流向出口端，而无需安装通风管道。隧道通风一般选用可逆转射流风机，将风机安装在隧道顶部或侧面，可向两个方向全面通风，以达到双向通风、控制烟雾、排烟的目的。

2. 消防风机选用要点

（1）排烟风机选用主要控制参数为工作温度，风量，全压，效率，噪声，电机功率，转速及轴功率。

（2）排烟通风机在介质温度不高于 85℃的条件下应能长期正常运行。

（3）排烟通风机应保证当输送介质温度在 280℃时能连续工作 30min，并在介质温度冷却至环境温度时仍能连续正常运转。

（4）在额定转速下，工作区域内，通风机的实测压力曲线与说明书中给定的曲线应满足下列规定：

a. 轴流式排烟通风机在规定的流量下，所对应的压力值偏差为±5％。

b. 离心式排烟通风机在规定的流量下，所对应的压力值偏差为±5％。

（5）排烟通风机在说明书中给定的工况点下的比 A 声级噪声限值应符合《工业通风机噪声限值》（JB/T 8690—1998）的规定。

（6）排烟风机可采用普通钢制离心式通风机或专用排烟轴流式通风机。排烟风机规格按《高层民用建筑设计防火规范》中的规定。排烟风机最小风量为 7200m/h，最大风量不宜超过 60000m/h（指一个排烟分区的最大风量）。

（7）排烟风机风量应按所需要的风量值增加≥10％～20％的富余量。

（8）防烟加压通风机的风压值应按排烟系统最不利环路进行计算，并保证在防烟楼梯间内余压值为 40～50Pa。前室、合用前室、消防电梯前室、避难层等内部的余压值为 25～30Pa。

（9）排烟系统的风机宜单独设置。排烟风机的位置宜处于排烟区的同层或上层。

（10）消防排烟风机应符合现行标准《消防排烟通风机技术条件》（JB/T 10281—2001）。

3. HTF 系列消防高温排烟专用风机

HTF 系列高温排烟专用风机系国家级"星火"项目产品，具有耐高温性能良好、效率高、占地比离心风机少、安装方便等特点。风机测试符合《高层民用建筑设计防火规范》要求，能在 300℃高温条件下连续运行60min 以上；100℃温度条件下连续 20h/次不损坏，可广泛应用于高级民用建筑，烘箱，地下车库，隧道等地合。

HTF 消防风机说明：

（1）HTF 消防风机的性能表是标准状态下的性能，列出的是最高效率范围内的性能，选用时按性能表为准。

（2）HTF 消防风机安装方式可分为卧式和屋顶式，在设计中，屋面式可根据实际需要做成阻燃型玻璃钢风帽或钢制风帽。

HTF(A)型消防轴流排烟风机

HTF(B)型消防轴流排烟风机

图 4-54　HTF 系列消防轴流排烟风机

（3）消防风机通用型号说明，例如 HTF-Ⅱ-8

"HTF"——消防高温排烟专用风机，叶型，采用轴流式；

"Ⅱ"——型号（Ⅰ为单速，Ⅱ为双速，Ⅲ为中压，Ⅳ为中压双速）；

"8"——机号（叶轮直径分米数）；

此外，消音型（进出风端加置专用消声器），在机号后面加字母"X"；屋顶形式则在机号后面加字母"W"。低压型在机号后面加字母"D"。

第五节　建筑结构防火设计

一、防火设计方法综述

目前，我国的结构防火设计方法正处于新旧交替阶段，新的科研成果及方法大量出现并趋于成熟，而现行的防火规范仍采用旧的方法。本节分别介绍我国现行防火规范规定的方法、基于抗火设计规范的方法和基于性能的结构耐火性能分析方法。我国现行防火设计规范主要包括《建筑设计防火规范》GB 50016—2014、《建筑钢结构防火技术规范》（CECS 200：2006）、广东省标准《建筑混凝土结构耐火设计技术规程》（DBJ/T 15-81-2011）——规定了基于计算的结构抗火设计及防火保护方法。现在有关部门正在《建筑钢结构防火技术规范》（CECS200：2006）的基础上编制钢结构防火规范的国家标准。

二、基于现行防火规范的防火保护方法

我国《建筑设计防火规范》GB 50016—2014 的防火保护设计方法是先根据建筑物的性质、重要性、规模、用途、层数、火灾危险性和扑救难度等确定建筑物的耐火等级，然后根据耐火等级选择承重构件的耐火极限和燃烧性能，以此保证建筑结构的耐火稳定性，这种传统的构件抗火设计

方法的优点是简单、直观、应用方便。

按这种方法进行防火保护设计的步骤：

第一步 确定建筑构件的耐火等级和耐火极限

表 4-24 为我国《建筑设计防火规范》GB 50016—2014 规定的不同耐火等级建筑相应构件的燃烧性能和耐火极限要求。

建筑构件燃烧性能及耐火极限要求（h）　　　　表 4-24

构件名称		耐火等级			
		一级	二级	三级	四级
墙	防火墙	不燃性 3	不燃性 3	不燃性 3	不燃性 3
	承重墙	不燃性 3	不燃性 2	不燃性 2	难燃性 0.5
	非承重外墙	不燃性 1	不燃性 1	不燃性 0.5	可燃性
	楼梯间和前室的墙、电梯井墙、住宅单元之间墙、住宅分户墙	不燃性 2	不燃性 2	不燃性 1.5	难燃性 0.5
	疏散走道两侧的隔墙	不燃性 1	不燃性 1	不燃性 0.5	难燃性 0.25
	房间隔墙	不燃性 0.75	不燃性 0.5	难燃性 0.5	难燃性 0.25
柱		不燃性 3	不燃性 2.5	不燃性 2	难燃性 0.5
梁		不燃性 2	不燃性 1.5	不燃性 1	难燃性 0.5
楼板		不燃性 1.5	不燃性 1	不燃性 0.5	可燃性
屋顶承重构件		不燃性 1.5	不燃性 1	可燃性	可燃性
疏散楼梯		不燃性 1.5	不燃性 1	不燃性 0.5	可燃性
吊顶（包括吊顶格栅）		不燃性 0.25	难燃性 0.25	难燃性 0.15	可燃性

《高层民用建筑设计防火规范》GB 50045—95 首先把建筑分为一类建筑和二类建筑，一类和二类建筑的耐火等级分别为一类和二类，并对建筑构件的燃烧性能和耐火极限作了具体规定。表 4-25 为建筑构件的燃烧性能和耐火极限。

建筑构件的燃烧性能和耐火极限　　　　　　　表 4-25

构件名称		燃烧性能和耐火极限(h)	耐火等级	
			一级	二级
墙	防火墙		不燃烧体 3.00	不燃烧体 3.00
	承重墙、楼梯间、电梯井和住宅单元之间的墙		不燃烧体 2.00	不燃烧体 2.00
	非承重外墙、疏散走道两侧的隔墙		不燃烧体 1.00	不燃烧体 1.00
	房间隔墙		不燃烧体 0.75	不燃烧体 0.50
柱			不燃烧体 3.00	不燃烧体 2.50
梁			不燃烧体 2.00	不燃烧体 1.50
楼板、疏散楼梯、屋顶承重构件			不燃烧体 1.50	不燃烧体 1.00
吊顶			不燃烧体 0.25	难燃烧体 0.25

第二步　确定建筑构件的防火保护层厚度

根据耐火极限的要求:《建筑设计防火规范》表 8、《高层民用建筑设计防火规范》附录 A 就可以确定混凝土构件的耐火极限是否满足要求以及钢结构构件的防火保护层厚度。

需要指出的是,防火规范给出的构件耐火极限是通过简单构件的耐火性能试验给出的。由于构件的耐火极限与结构形式、荷载等条件密切相关,规范给出的耐火极限与实际情况存在一定差异。

三、基于抗火设计规范的方法

1. 耐火等级及耐火极限要求

耐火等级和耐火极限的要求与《建筑设计防火规范》GB 50016—2014。

2. 火灾下结构构件极限状态设计要求

火灾发生的概率很小,是一种耦合荷载工况。因此,火灾下结构的验算标准可适当放宽。根据正在修订的《建筑钢结构防火技术规范》,火灾下可只进行整体结构和构件的承载能力极限状态的验算,不需要正常使用极限状态的验算。火灾下建筑结构承载能力极限状态有整体结构承载能力极限状态和构件承载能力极限状态两类。构件的承载能力极限状态包括以下几种情况:(1)轴心受力构件截面屈服;(2)受弯构件产生足够的塑性铰而成为可变机构;(3)构件整体丧失稳定;(4)构件达到不适于继续承载的变形。整体结构的承载能力极限状态为:(1)结构产生足够的塑性铰形成可变机构;(2)结构整体丧失稳定。对于一般的建筑结构,可只验算构件的承载能力,对于重要的建筑结构还要进行整体结构的承载能力验算。

基于承载能力极限状态的要求,钢构件抗火设计应满足下列要求之一:

(1)在规定的结构耐火极限时间内,结构或构件的承载力 R_d 不应小于各种作用所产生的组合效应 S_m，即：

$$R_d \geqslant S_m \tag{4-1}$$

（2）在各种荷载效应组合下，结构或构件的耐火时间 t_d 不应小于规定的结构或构件的耐火极限 t_m，即：

$$t_d \geqslant t_m \tag{4-2}$$

（3）结构或构件的临界温度 T_d 不应低于在耐火极限时间内结构或构件的最高温度 T_m，即：

$$T_d \geqslant T_m \tag{4-3}$$

而且对钢结构来说，上述三条标准是等效的。由于钢构件温度分布较为均匀，因此，钢结构构件验算时采用了上述第（3）条的最高温度标准，混凝土构件可采用前面两条标准。

3. 温度作用及火灾极限状态下的荷载效应组合

1）火灾升温曲线

发生火灾时，建筑空间温度场升高，热量通过对流和辐射自建筑空间内部向建筑构件传递，在构件截面内部热量通过热传导进行传递，截面温度逐渐升高。随着构件温度升高，结构发生热膨胀变形，产生热膨胀内力。同时，高温下构件截面材料的弹性模量和强度发生退化，构件截面承载能力降低。火灾高温使结构发生热膨胀和截面承载能力退化，热膨胀与截面承载能力退化是相互耦合的。同时，火灾下结构发生较大变形，因此，火灾下结构的反应既包括几何非线性又包括材料非线性，呈现出高度非线性特点。

结构耐火性能分析的首要工作是确定构件截面的温度场分析，而建筑火灾温度场分析又是构件截面温度场分析的基础工作。

火灾分为一般室内火灾和高大空间室内火灾，一般室内火灾为面积不超过 100m² 、高度不超过 5m 的建筑火灾，当火灾发生的建筑空间进一步增大时称为大空间火灾。一般室内火灾与大空间内火灾的根本差别是，一般室内火灾会产生轰燃现象，室内温度会快速上升；而大空间由于空间大，难以产生轰燃，因而室内温度上升不是十分迅速，烟气的最高温度可能不是很高。室内升温曲线规定一般室内火灾可采用 ISO834（1999）标准升温曲线，也可采用根据热平衡理论计算得到的火灾升温曲线。对于大空间可采用如下公式计算：

$$T_{(x,z,t)} - T_g(0) = T_z[1 - 0.8e^{-\beta t} - 0.2e^{-0.1\beta t}] \cdot [\eta + (1-\eta)e^{(b-x)/\mu}] \tag{4-4}$$

式中 $T_{(x,z,t)}$ ——对应于 t 时刻，与火源中心水平距离为 x（m）、与地面垂直距离为 z（m）处的烟气温度（℃）；

$T_g(0)$ ——火灾发生前大空间内平均空气温度，取 20℃；

T_z ——火源中心距地面垂直距离为 z（m）处的最高空气升温（℃），按表 4-27 确定；

β ——根据火源功率类型和火灾增长类型，按表 4-26 确定；

高大空间建筑火灾升温计算参数值　表 4-26

地面面积(m²)	空间高度(m)	z(m)	小功率火灾 Tz	η	μ	慢速	中速	快速	极快速	中功率火灾 Tz	η	μ	慢速	中速	快速	极快速	大功率火灾 Tz	η	μ	慢速	中速	快速	极快速
500	6	6	235	0.60	5.0	2.0	3.0	4.0	5.0	545	0.6	4.0	1.0	2.0	3.0	4.0	790	0.80	6.0	0.4	0.8	1.8	2.0
		5	210							515							750						
		4	185	0.80	1.0					460	0.7	1.0					680	0.85	3.0				
		3	185							370							500						
	9	9	230	0.65	5.0	2.0	3.0	4.0	5.0	540	0.75	2.0	1.0	2.0	3.0	4.0	780	0.55	6.0	0.4	0.8	1.8	2.0
		8	195	0.85	1.0					490							720						
		≤7	180							430	0.75	1.0					620	0.75	1.0				
	12	12	220	0.70	3.0	2.0	3.0	4.0	5.0	540	0.75	2.0	1.0	2.0	3.0	4.0	780	0.60	6.0	0.4	0.8	1.8	2.0
		11	190	0.80	2.0					495	0.75	1.0					730	0.80	1.0				
		≤10	180							460							680						
	15	15	200	0.80	2.0	1.0	2.0	3.0	4.0	530	0.70	1.0	1.0	2.0	3.0	4.0	780	0.70	6.0	0.4	0.8	1.8	2.0
		≤14	170	0.80	2.0					485	0.75	1.0					740	0.75	0.5				
	20	20	140	0.85	8.0	0.5	1.0	2.0	3.0	415	0.75	2.0	1.0	2.0	3.0	4.0	640	0.70	6.0	0.4	0.8	1.8	2.0
		≤19	130	0.85	8.0					360	0.85	1.0					550	0.8	2.0				
1000	6	6	180	0.50	0.35	2.0	3.0	4.0	5.0	465	0.70	8.0	1.0	2.0	3.0	4.0	700	0.50	7.0	0.4	0.8	1.8	2.0
		5	150							410							620						
		4	120	0.65	1.0					320	0.95	1.0					500	0.85	2.0				
		≤3	105							255							400						
	9	9	170	0.55	4.5	2.0	3.0	4.0	5.0	445	0.60	8.0	1.0	2.0	3.0	4.0	660	0.60	8.0	0.4	0.8	1.8	2.0
		8	140							385							580						
		7	125	0.70	1.0					330	0.90	2.0					500	0.85	2.0				
		≤6	115							290							440						
	12	12	155	0.60	5.0	2.0	3.0	4.0	5.0	420	0.65	7.0	1.0	2.0	3.0	4.0	630	0.60	8.0	0.4	0.8	1.8	2.0
		11	133	0.70	1.0					365	0.80	1.0					550	0.80	1.0				
		≤10	125	0.70	5.0					325							480						
	15	15	130			1.0	2.0	3.0	4.0	390	0.75	3.0	1.0	2.0	3.0	4.0	610	0.60	6.0	0.4	0.8	1.8	2.0
		14	120	0.75	2.0					355	0.80	0.5					550	0.80	1.0				
		≤13	115	0.70	4.0					315							480						
	20	20	115			0.5	1.0	2.0	3.0	365	0.70	3.0	0.5	1.0	2.0	3	580	0.60	6.0	0.3	0.5	1.5	1.8
		≤19	105	0.80	1.0					325	0.80	1.0					510	0.70	2.0				

续表

地面面积(m²)	空间高度(m)	z(m)	小功率火灾 Tz	η	μ	慢速	中速	快速	极快速	中功率火灾 Tz	η	μ	慢速	中速	快速	极快速	大功率火灾 Tz	η	μ	慢速	中速	快速	极快速
3000	6	6	145	0.40	3.0	2.0	3.0	4.0	5.0	405	0.45	5.0	1.0	2.0	3.0	4.0	630	0.35	6.0	0.4	0.8	1.8	2.0
		5	120							360							580						
		4	105	0.40	1.0					255	0.6	0.8					400	0.55	2.0				
		≤3	100							200							300						
	9	9	115	0.45	4.0	1.0	2.0	3.0	4.0	335	0.60	6.0	1.0	2.0	3.0	4.0	530	0.50	4.0	0.4	0.8	1.8	2.0
		8	105	0.45	1.0					290	0.70	1.0					450	0.60	1.5				
		≤7	95							245							380						
	12	12	110	0.45	3.0	1.0	2.0	3.0	4.0	310	0.60	4.0	0.5	1.0	2.0	3.0	480	0.50	6.0	0.4	0.8	1.8	2.0
		11	100	0.55	2.0					295	0.65	1.0					460	0.60	1.5				
		≤10	85							245							380						
	15	15	100	0.55	2.0	1.0	2.0	3.0	4.0	290	0.55	3.0	0.5	1.0	2.0	3.0	450	0.55	4.0	0.4	0.8	1.8	2.0
		≤14	88	0.55	2.0					255	0.65						400	0.60	2.5				
	20	≤20	90	0.60	3.0	0.5	1.0	1.5	2.0	235	0.60	4.0	0.2	0.5	1.0	2.0	350	0.65	6.0	0.3	0.5	1.5	1.8
6000	6	6	120	0.20	6.0	2.0	3.0	4.0	5.0	340	0.30	8.0	1.0	2.0	3.0	4.0	540	0.26	7.0	0.4	0.8	1.8	2.0
		5	100							300							490						
		4	90	0.25	2.0					225	0.50	1.0					360	0.40	2.0				
		3	80							165							260						
	9	9	100	0.40	7.0	2.0	3.0	4.0	5.0	300	0.40	6.0	1.0	2.0	3.0	4.0	480	0.30	7.0	0.4	0.8	1.8	2.0
		8	85	0.30	3.0					250	0.50	3.0					400	0.45	1.0				
		≤7	80	0.30	3.0					200							310						
	12	12	90	0.30	5.0	1.0	2.0	3.0	4.0	260	0.40	8.0	1.0	2.0	3.0	4.0	410	0.40	7.8	0.4	0.8	1.8	2.0
		11	80	0.35	4.0					225	0.50	3.0					350	0.50	1.0				
		≤10	75	0.35	4.0					200							310						
	15	15	80	0.40	3.0	0.5	1.0	2.0	3.0	240	0.45	8.0	1.0	2.0	3.0	4.0	380	0.40	7.0	0.4	0.8	1.8	2.0
		≤14	70	0.45	1.5					210	0.50	4.0					330	0.50	2.0				
	20	≤20	65	0.40	6.0					210	0.55	6.0	0.5	1.0	2.0	3.0	340	0.45	6.0	0.3	0.5	1.5	1.8

2）构件截面温度场分析

（1）材料的热工性能

材料的热工性能是结构及构件温度场分析时必需的参数。国内外对钢材、钢筋和混凝土材料的高温热工性能、力学性能进行了大量的试验研究工作，并提出了很多计算公式。在进行构件温度场分析时涉及的材料热工性能有 3 项，即导热系数、质量热容和质量密度，其他的参数可以由这 3 项推导出。

在高温下，钢材的有关物理参数应按表 4-27 采用。

高温下钢材的物理参数　　　　　　表 4-27

参数名称	符　号	数　值	单　位
热传导系数	λ_s	45	W/(m·K)
比热容	c_s	600	J/(kg·K)
密　度	ρ_s	7850	kg/m³

在高温下，混凝土的热工性能可按下列规定采用：

高温下普通混凝土的导热系数、比热和密度分别按下式计算：

$$\lambda_{cT}=1.68-0.19\frac{T}{100}+0.82\times10^{-2}\left(\frac{T}{100}\right)^2 \quad (20℃≤T≤1200℃) \quad (4-5)$$

$$c_{cT}=\begin{cases} 900 & 20℃≤T≤100℃ \\ 900+(T-100) & 100℃<T≤200℃ \\ 1000+(T-200)/2 & 200℃<T≤400℃ \\ 1100 & 400℃<T≤1200℃ \end{cases} \quad (4-6)$$

$$\rho_{cT}=\begin{cases} \rho_c & 20℃≤T≤115℃ \\ [1-0.02(T-115)/85]\rho_c & 115℃<T≤200℃ \\ [0.98-0.03(T-200)/200]\rho_c & 200℃<T≤400℃ \\ [0.95-0.07(T-400)/800]\rho_c & 400℃<T≤1200℃ \end{cases} \quad (4-7)$$

式中　T——温度（℃）；

　　　λ_{cT}——高温下普通混凝土的导热系数 [W/(m·K)]；

　　　c_{cT}——高温下普通混凝土的比热 [J/(kg·K)]；

　　　ρ_{cT}——高温下普通混凝土的密度（kg/m³）；

　　　ρ_c——常温下普通混凝土的密度（kg/m³）。

（2）构件传热分析及其 ABAQSUS 实现

结构的温度场分析是进行结构抗火性能研究的前提和基础，温度场的准确性直接影响结构高温性能的准确性。结构温度场的确定方法主要有试验方法和理论分析两种方法。由于火灾试验的代价昂贵，理论分析弥补了试验方法的不足。根据热传导方程，对于比较简单的传热，可以导出解析解，对于大多数传热问题，无法得到解析解，普遍采用数值方法进行求解，实际中一般采用传热分析软件求解。

本节首先介绍构件传热分析的基本原理，验证了 ABAQUS 在结构传热分析中的适用性。然后使用 ABAQUS 对一种广泛实用的型钢混凝土梁柱节点温度场进行了分析，验证使用 ABAQUS 进行节点温度场分析的有效性。

① 传热分析基本原理

瞬态热传导的基本微分方程

$$\frac{\partial T}{\partial t}=\frac{1}{c\rho}\left[\frac{\partial}{\partial x}\left(\lambda\frac{\partial T}{\partial x}\right)+\frac{\partial}{\partial y}\left(\lambda\frac{\partial T}{\partial y}\right)+\frac{\partial}{\partial z}\left(\lambda\frac{\partial T}{\partial z}\right)\right] \tag{4-8}$$

式中　T——温度；

ρ——密度；

其余同前。

结构构件的温度场计算就是在给定的初始条件和边界条件下求解此方程。

② 初始条件和边界条件

热传导方程建立了温度与时间、空间的关系，但满足热传导方程的解有无限个。为了确定所需要的温度场，还必须知道初始条件和边界条件。

初始条件，用下式表示：

$$T=\varphi(x,y,z)\quad t=0\text{ 时} \tag{4-9}$$

边界条件

第一类边界条件：固体表面温度是时间 t 的已知函数

$$T=T_B(t) \tag{4-10}$$

第二类边界条件：对流边界条件

固体表面与流体（如空气）接触时，通过固体表面的热流密度与固体表面温度 T 与流体温度 T_C（C 表示边界）之差成正比

$$\lambda\frac{\partial T}{\partial x}l_x+\lambda\frac{\partial T}{\partial y}l_y+\lambda\frac{\partial T}{\partial z}l_z=-\beta_1(T-T_C) \tag{4-11}$$

式中　β_1——对流换热系数。

第二类边界条件：辐射边界条件

辐射边界上的热流量

$$q_r=\phi\varepsilon_r\sigma[(T+273)^4-(T_C+273)^4] \tag{4-12}$$

式中　ϕ——形状系数；

ε_r——综合辐射系数；

σ——Stefan-Boltzmann 常数，$\sigma=5.67\times10^{-8}\text{W}/(\text{m}^2\cdot\text{K}^4)$。

设 $A=\phi\varepsilon_r\sigma$，对流和辐射两边界条件可以合成为

$$\begin{aligned}\lambda\frac{\partial T}{\partial x}l_x+\lambda\frac{\partial T}{\partial y}l_y+\lambda\frac{\partial T}{\partial z}l_z&=-\beta_1(T-T_C)-A[(T+273)^4-(T_C+273)^4]\\&=-(T-T_C)\{\beta_1+A[(T+273)^4\\&\quad-(T_C+273)^4]/(T-T_C)\}\\&=-\beta(T-T_C)\end{aligned} \tag{4-13}$$

式中　β——综合换热系数，$\beta=\beta_1+A((T+273)^4-(T_C+273)^4)/(T-T_C)$。

③ 有限元解法

方程（4-11）的理论解很难得出，在空间域可采用有限元方法，在时间域

可采用有限差分法。根据变分原理,这个问题可化为泛函的极值问题。取泛函:

$$I(T) = \iiint\limits_{R} \left\{ \frac{d}{2} \left[\left(\frac{\partial T}{\partial x} \right)^2 + \left(\frac{\partial T}{\partial y} \right)^2 + \left(\frac{\partial T}{\partial z} \right)^2 \right] + \frac{\partial T}{\partial t} T \right\} dx dy dz +$$

$$\iint\limits_{C} \frac{\beta}{cp} \left(\frac{1}{2} T^2 - T_C T \right) ds \qquad (4\text{-}14)$$

式中　d——导温系数,$d = \lambda/(c\rho)$。

解方程(4-11)变成寻找使泛函 $I(t)$ 实现极小值的解答,即寻找温度场 T,使

$$\delta I = 0 \qquad (4\text{-}15)$$

④ ABAQUS 传热分析

ABAQUS 是大型非线性有限元程序,能够解决稳态和瞬态传热的一维、二维、三维传热问题。要进行传热分析,首先需要在材料特性模块 Property 中定义热传导系数、比热和密度。然后在相互作用模块 Interaction 中定义边界条件,可包括对流和辐射边界条件。另外,还需把初始条件在预定义场变量中定义。

⑤ 实例分析

节点温度场是分析节点耐火性能的基础工作,精确的节点温度场分析有限元模型可为准确的确定节点温度场提供保证。

考虑对流和辐射传热边界条件,混凝土用实体单元、钢筋用一维连接单元、型钢用壳单元建立了型钢混凝土梁柱连接节点温度场分析的有限元模型,有限元模型得到了实验结果的验证,可用来对型钢混凝土节点的温度场进行分析。温度场分析有限元模型如图 4-55 所示,有限元模型计算结果与实验结果的对比如图 4-56 所示。

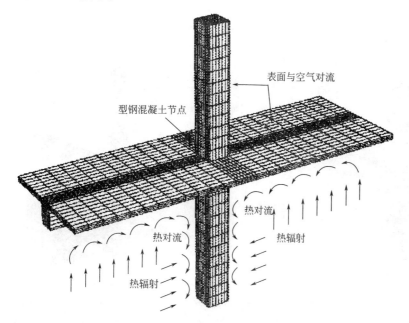

图 4-55　节点温度场分析有限元模型

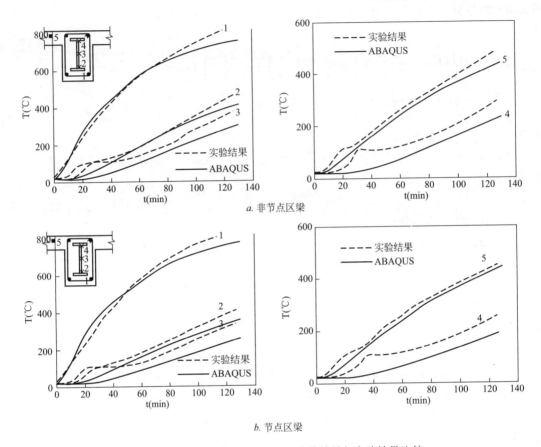

a. 非节点区梁

b. 节点区梁

图 4-56　节点测点温度 ABAQUS 计算结果与实验结果比较

　　分析表明，ISO834（1999）标准升温作用下，对于典型的节点模型，自周围的节点梁和柱到核心区温度逐渐降低，表明节点核心区升温滞后，升温 180min 时节点的温度如图 4-57 所示。

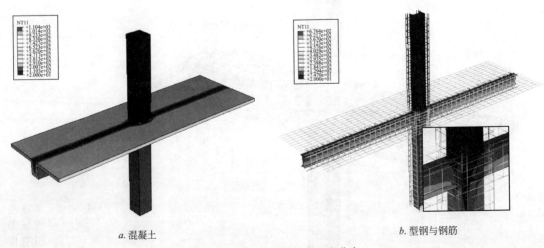

a. 混凝土　　　　　　　　　　　　　*b.* 型钢与钢筋

图 4-57　180min 时节点温度分布

温度场分析表明，ISO834（1999）标准升温作用下，节点梁柱截面温度场表现出外高内低的趋势，截面角部温度最高，距离混凝土表面50mm区域温度梯度较大，内部温度变化趋于平缓。由于内部型钢的存在，加快了截面内的热传导，在一定范围内降低了温度梯度，在型钢附近这种影响更为显著。不同受火时间下节点核心区边缘梁板、节点核心区中心和边缘柱截面温度分布分别如图 4-58～图 4-60 所示。

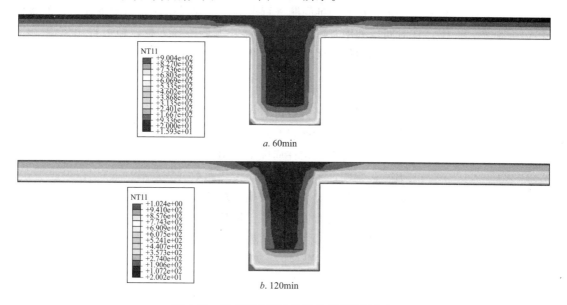

图 4-58　节点核心区边缘梁板截面温度分布

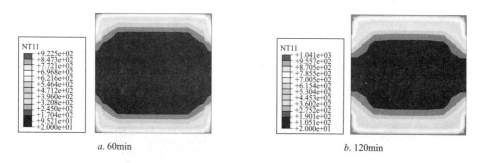

图 4-59　节点核心区中心柱截面温度分布

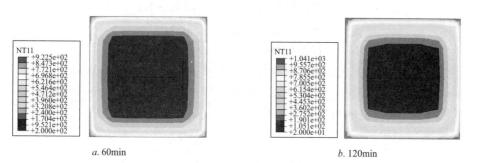

图 4-60　节点核心区下边缘柱截面温度分布

（3）钢构件温度场计算公式

当钢构件壁较厚或者壁较薄受热不均匀时，钢结构截面内温度场分布不均匀，需要在已知边界条件和初始条件的前提下求解二维热传导方程。实际计算中，一般利用成熟的软件进行钢构件截面的传热计算，例如 ANSYS 和 ABAQUS 软件都有成熟的结构传热分析功能。

当钢构件壁较薄且受热均匀时，整个构件截面温度场比较均匀，可近似看作均匀，按照一维问题进行求解。在边界条件和初始条件已知的条件下，在时间域利用有限差分法求解一维热传导方程，即可得出室温 20℃时温度均匀钢构件温度的增量计算公式：

$$T_s(t+\Delta t) = \frac{B}{\rho_s c_s}[T_g(t) - T_s(t)] \cdot \Delta t + T_s(t) \tag{4-16}$$

式中　Δt——时间增量（s），不宜超过 30s；

　　　T_s——钢构件温度（℃）；

　　　T_g——火灾下钢构件周围空气温度（℃）；

　　　B——钢构件单位长度综合传热系数 [W/(m³·K)]；

　　　c_s——钢材的比热容，按表 5 取值；

　　　ρ_s——钢材的密度，按表 5 取值。

钢构件单位长度综合传热系数 B 可按下列公式计算：

① 构件无防火保护层时：

$$B = (\alpha_c + \alpha_r)\frac{F}{V} \tag{4-17}$$

$$\alpha_r = \frac{2.041}{T_g - T_s}\left[\left(\frac{T_g + 273}{100}\right) - \left(\frac{T_s + 273}{100}\right)^4\right] \tag{4-18}$$

式中　F——构件单位长度的受火表面积（m²/m）；

　　　V——构件单位长度的体积（m³/m）；

　　　α_c——对流传热系数，对于民用建筑室内火灾，取 $\alpha_c = 25$W/(m²·K)；

　　　α_r——辐射传热系数 [W/(m²·K)]。

② 构件有非膨胀型保护层时：

$$B = \frac{1}{1 + \frac{c_i \rho_i d_i F_i}{2 c_s \rho_s V}} \cdot \frac{\lambda_1}{d_i} \cdot \frac{F_i}{V} \tag{4-19}$$

式中　c_i——保护材料的比热容 [J/(kg·K)]；

　　　ρ_i——保护材料的密度（kg/m³）；

　　　d_i——保护材料的厚度（m）；

　　　λ_1——保护材料等效热传导系数 [W/(m·K)]；

　　　F_i——构件单位长度防火保护材料的内表面积（m²/m）。

③ 构件有膨胀型保护层时：

$$B = \frac{1}{R_i} \cdot \frac{F_i}{V} \tag{4-20}$$

式中　R_i——膨胀型防火涂料的等效热阻 [(m²·K)/W]。

（5）混凝土构件截面查表法

混凝土构件内温度场分布不均匀，不能采用钢构件截面的一维传热计算公式。如果混凝土构件沿轴线长度受火均匀，混凝土构件可按照截面二维温度场进行计算，二维和三维混凝土构件的温度场可直接利用通用软件计算。如果没有通用软件，可通过查表法确定截面温度场分布，多数混凝土抗火规范都提供了截面温度场分布的查表法，图 4-61、图 4-62 为广东省标准《建筑混凝土结构耐火设计技术规程》DBJ/T 15-81-2011 提供的 ISO834（1999）标准升温作用下混凝土构件截面的温度场分布。

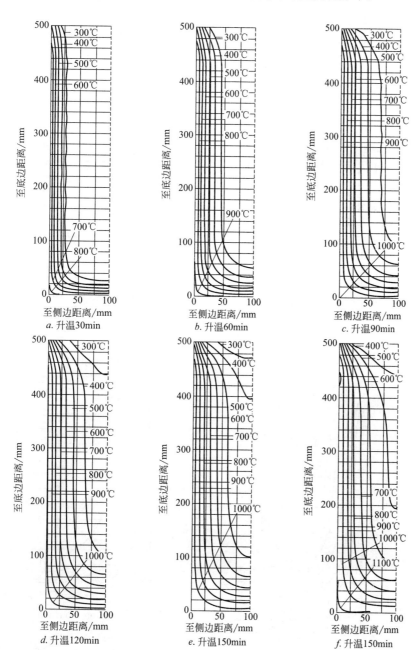

图 4-61　三面受火情况下梁或柱的截面温度场（截面尺寸：200mm × 500mm）

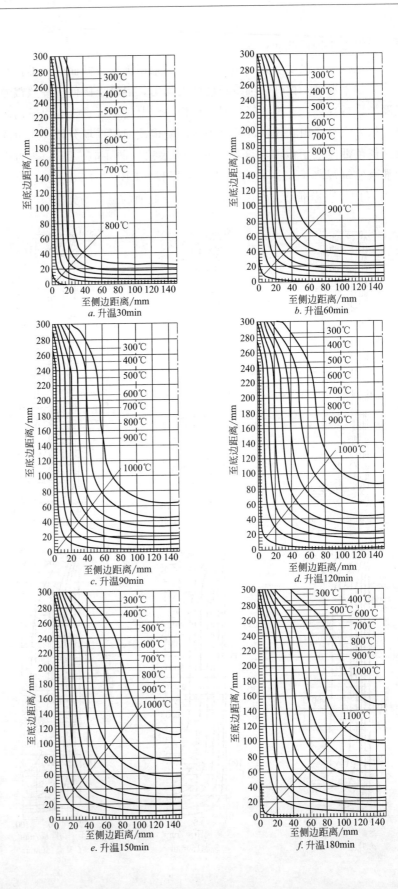

图 4-62 三面受火情况下梁或柱的截面温度场（截面尺寸：300mm × 300mm）

3）火灾下结构荷载效应组合

火灾作用工况是一种耦合荷载工况，可按耦合设计工况的作用效应组合，采用下列较不利的设计表达式：

$$S_m = \gamma_{0T}(S_{Gk} + S_{TK} + \phi_f S_{Qk}) \tag{4-21}$$

$$S_m = \gamma_{0T}(S_{Gk} + S_{Tk} + \phi_q S_{Qk} + 0.4 S_{Wk}) \tag{4-22}$$

式中　S_m——作用效应组合的设计值；

S_{GK}——永久荷载标准值的效应；

S_{Tk}——火灾下结构的标准温度作用效应，对于单层和多高层建筑钢结构，可不考虑此效应；

S_{Qk}——楼面或屋面活荷载标准值的效应；

S_{Wk}——风荷载标准值的效应；

ϕ_f——楼面或屋面活荷载的频遇值系数，按现行国家标准《建筑结构荷载规范》GB 50009 的规定取值；

ϕ_q——楼面或屋面活荷载的准永久值系数，按现行国家标准《建筑结构荷载规范》GB 50009 的规定取值；

γ_{0T}——结构抗火重要性系数，对于耐火等级为一级的建筑取 1.15，对于其他建筑取 1.05。

进行单层和多高层建筑钢结构抗火设计时，可不考虑温度内力的影响，但构件两端的连接应按与构件截面等强原则进行设计；进行大空间建筑钢结构抗火设计时，应考虑温度内力和变形的影响。按结构各构件进行抗火设计时，受火构件在外荷载作用下的内力，可采用常温下相同荷载所产生的内力。

4. 火灾下构件承载能力计算

1）材料高温特性

在高温下，普通混凝土的初始弹性模量可按下式计算：

$$E_{cT} = (0.83 - 0.0011 T_c)E_c \qquad 60℃ \leqslant T_c \leqslant 700℃ \tag{4-23}$$

式中　E_{cT}——温度为 T_c 时混凝土的初始弹性模量（N/mm²）；

E_c——常温下混凝土的初始弹性模量（N/mm²），按现行《混凝土结构设计规范》GB 50010 确定。

在高温下，混凝土的抗压强度可按下式计算：

$$f_{cT} = \eta_{cT} f_c \tag{4-24}$$

式中　f_{cT}——温度为 T_c 时混凝土的抗压强度（N/mm²）；

f_c——常温下混凝土的抗压强度（N/mm²），按现行《混凝土结构设计规范》GB 50010 确定；

η_{cT}——高温下混凝土的抗压强度折减系数，可按表 4-28 采用。

热膨胀特性

混凝土的热膨胀变形，欧洲规范采用如下

高温下混凝土的强度折减系数 η_{cT} 表 4-28

温度 T_c（℃）	混凝土强度折减系数 η_{cT}	
	普通混凝土	轻骨料混凝土
20	1.00	1.00
100	1.00	1.00
200	0.95	1.00
300	0.85	1.00
400	0.75	0.88
500	0.60	0.76
600	0.45	0.64
700	0.30	0.52
800	0.15	0.40
900	0.08	0.28
1000	0.04	0.16
1100	0.01	0.04
1200	0	0

普通混凝土：

$$\Delta l / l = 2.3 \times 10^{-11} T^3 + 9 \times 10^{-6} T - 1.8 \times 10^{-4} \quad 20℃ \leqslant T \leqslant 700℃ \tag{4-25}$$

$$\Delta l / l = 14 \times 10^{-3} \quad 700℃ < T \leqslant 1200℃ \tag{4-26}$$

或 $$\Delta l / l = 17 \times 10^{-6} (T - 20) \tag{4-27}$$

轻骨料混凝土：

$$\Delta l / l = 8 \times 10^{-6} (T - 20) \tag{4-28}$$

在高温下，普通钢材的弹性模量应按下式计算：

$$E_T = \chi_T E \tag{4-29}$$

$$\chi_T = \begin{cases} \dfrac{7 T_s - 4780}{6 T_s - 4760} & 20℃ \leqslant T_s < 600℃ \\ \dfrac{1000 - T_s}{6 T_s - 2800} & 600℃ \leqslant T_s < 1000℃ \end{cases} \tag{4-30}$$

式中　T_s——温度（℃）；

E_T——温度为 T_s 时钢材的初始弹性模量（N/mm²）；

E——常温下钢材的弹性模量（N/mm²），按现行《钢结构设计规范》（GB 50017）确定；

χ_T——高温下钢材的弹性模量折减系数。

在高温下，普通钢材的屈服强度应按下式计算：

$$f_{yT} = \eta_T f_y \tag{4-31}$$

$$f_y = \gamma_R f \tag{4-32}$$

$$\eta_T \begin{cases} 1.0 & 20℃ \leqslant T_s \leqslant 300℃ \\ 1.24 \times 10^{-8} T_s^3 - 2.096 \times 10^{-5} T_s^2 + 9.228 \times 10^{-3} T_s - 0.2168 & 300℃ < T_s < 800℃ \\ 0.5 T_s / 2000 & 800℃ \leqslant T_s \leqslant 1000℃ \end{cases} \quad (4\text{-}33)$$

式中 f_{yT}——温度为 T_s 时钢材的屈服强度（N/mm²）；

     f_y——常温下钢材的屈服强度（N/mm²）；

     f——常温下钢材的强度设计值（N/mm²），按现行《钢结构设计规范》（GB 50017）确定；

     γ_R——钢构件抗力分项系数，近似取 $\gamma_R = 1.1$；

     η_T——高温下钢材强度折减系数。

在高温下，耐火钢的弹性模量和屈服强度可分别按式（4-30）和式（4-31）确定。其中，弹性模量折减系数 χ_T 和屈服强度折减系数 η_T 应分别按式（4-34）和（4-35）确定；

$$\chi_T \begin{cases} 1 - \dfrac{T_s - 20}{2520} & 20℃ \leqslant T_s < 650℃ \\ 0.75 - \dfrac{7(T_s - 650)}{2500} & 650℃ \leqslant T_s < 900℃ \\ 0.5 - 0.0005 T_s & 900℃ \leqslant T_s \leqslant 1000℃ \end{cases} \quad (4\text{-}34)$$

$$\eta_T = \begin{cases} \dfrac{6(T_s - 768)}{5(T_s - 918)} & 20℃ \leqslant T_s < 700℃ \\ \dfrac{1000 - T_s}{8(T_s - 600)} & 700℃ \leqslant T_s \leqslant 1000℃ \end{cases} \quad (4\text{-}35)$$

2）火灾下钢构件承载力计算方法

这里只介绍基于高温下承载能力验算的方法，火灾下钢构件的验算还有极限温度计算方法，读者可参考其他资料。

高温下，轴心受拉钢构件或轴心受压钢构件的强度应按下式验算：

$$\frac{N}{A_n} \leqslant \eta_T \gamma_R f \quad (4\text{-}36)$$

式中 N——火灾下构件的轴向拉力或轴向压力设计值；

     A_n——构件的净截面面积；

     η_T——高温下钢材的强度折减系数；

     γ_R——钢构件的抗力分项系数，近似取 $\gamma_R = 1.1$；

     f——常温下钢材的强度设计值。

高温下，轴心受压钢构件的稳定性应按下式验算：

$$\frac{N}{\varphi_T A} \leqslant \eta_T \gamma_R f \quad (4\text{-}37)$$

$$\varphi_T = \alpha_c \varphi \quad (4\text{-}38)$$

式中 N——火灾时构件的轴向压力设计值；

     A——构件的毛截面面积；

     φ_T——高温下轴心受压钢构件的稳定系数；

α_c——高温下轴心受压钢构件的稳定验算参数；对于普通结构钢构件，根据构件长细比和构件温度按表 4-29 确定，对于耐火钢构件，按表 4-30 确定；

φ——常温下轴心受压钢构件的稳定系数，按现行国家标准《钢结构设计规范》(GB 50017) 确定。

高温下轴心受压普通结构钢构件的稳定验算参数 α_c　　　　表 4-29

$\lambda\sqrt{\dfrac{f_y}{235}}$	温 度(℃)															
	≤50	100	150	200	250	300	350	400	450	500	550	600	650	700	750	800
≤10	0.999	0.998	0.997	0.995	0.993	0.990	0.989	0.991	0.996	1.001	1.002	1.002	0.996	0.995	1.000	1.000
50	0.998	0.995	0.991	0.986	0.980	0.973	0.970	0.977	0.990	1.002	1.007	1.007	0.989	0.986	1.001	1.000
100	0.996	0.988	0.979	0.968	0.955	0.939	0.933	0.947	0.977	1.013	1.046	1.050	0.976	0.969	1.005	1.000
150	0.994	0.983	0.970	0.955	0.937	0.915	0.906	0.926	0.967	1.019	1.063	1.069	0.965	0.955	1.008	1.000
200	0.994	0.982	0.968	0.952	0.933	0.910	0.902	0.922	0.965	1.023	1.075	1.082	0.963	0.952	1.009	1.000
≤250	0.994	0.981	0.968	0.951	0.932	0.909	0.900	0.920	0.965	1.024	1.081	1.088	0.962	0.952	1.009	1.000

注：温度在 50℃ 及以下时 α_c 取 1.0，其他温度 α_c 按线性插值确定。

高温下轴心受压耐火钢构件的稳定验算参数 α_c　　　　表 4-30

$\lambda\sqrt{\dfrac{f_y}{235}}$	温 度(℃)															
	≤50	100	150	200	250	300	350	400	450	500	550	600	650	700	750	800
≤10	1.000	0.999	0.998	0.998	0.998	0.998	0.998	1.000	1.000	1.001	1.002	1.004	1.006	1.008	1.011	1.012
50	0.999	0.997	0.995	0.994	0.994	0.994	0.996	0.999	1.001	1.004	1.008	1.014	1.023	1.030	1.044	1.050
100	0.997	0.993	0.989	0.987	0.986	0.987	0.990	0.998	1.008	1.023	1.054	1.105	1.188	1.245	1.345	1.378
150	0.996	0.989	0.984	0.980	0.979	0.980	0.986	0.997	1.012	1.035	1.073	1.136	1.250	1.350	1.589	1.722
200	0.996	0.989	0.983	0.980	0.978	0.979	0.985	0.996	1.014	1.041	1.087	1.164	1.309	1.444	1.793	1.970
≤250	0.996	0.988	0.983	0.979	0.977	0.979	0.985	0.996	1.015	1.045	1.094	1.179	1.341	1.497	1.921	2.149

注：温度在 50℃ 及以下时 α_c 取 1.0，其他温度 α_c 按线性插值确定。

高温下，单轴受弯钢构件的强度应按下式验算：

$$\frac{M}{\gamma W_n} \leqslant \eta_T \gamma_R f \tag{4-39}$$

式中　M——火灾时最不利截面处的弯矩设计值；

W_n——最不利截面的净截面模量；

γ——截面塑性发展系数；对于工字型截面 $\gamma_x = 1.05$、$\gamma_y = 1.2$，对于箱形截面 $\gamma_x = \gamma_y = 1.05$，对于圆钢管截面 $\gamma_x = \gamma_y = 1.15$。

高温下，单轴受弯钢构件的稳定性应按下式验算

$$\frac{M}{\varphi'_{bT} W} \leqslant \eta_T \gamma_R f \tag{4-40}$$

$$\varphi'_{bT} = \begin{cases} \alpha_b \varphi_b & \alpha_b \varphi_b \leqslant 0.6 \\ 1.07 - \dfrac{0.282}{\alpha_b \varphi_b} \leqslant 1.0 & \alpha_b \varphi_b > 0.6 \end{cases} \tag{4-41}$$

式中 M——火灾时构件的最大弯矩设计值；

W——按受压纤维确定的构件毛截面模量；

φ'_{bT}——高温下受弯钢构件的稳定系数；

φ_b——常温下受弯钢构件的稳定系数（基于弹性阶段），按现行国家标准《钢结构设计规范》（GB 50017）有关规定计算，但当所计算的 $\varphi_b > 0.6$ 时，φ_b 不作修正；

α_b——高温下受弯钢构件的稳定验算参数，按表 4-31、表 4-32 确定。

高温下受弯普通结构钢构件的稳定验算参数 α_b　表 4-31

温度（℃）	20	100	150	200	250	300	350	400	450	500
α_b	1.000	0.980	0.966	0.949	0.929	0.905	0.896	0.917	0.962	1.027
温度（℃）	550	600	650	700	750	800				
α_b	1.094	1.101	0.961	0.950	1.011	1.000				

高温下受弯耐火钢构件的稳定验算参数 α_b　表 4-32

温度（℃）	20	100	150	200	250	300	350	400	450	500
α_b	1.000	0.988	0.982	0.978	0.977	0.978	0.984	0.996	1.017	1.052
温度（℃）	550	600	650	700	750	800				
α_b	1.111	1.214	1.419	1.630	2.256	2.640				

高温下，拉弯或压弯钢构件的强度，应按下式验算：

$$\frac{N}{A_n} \pm \frac{M_x}{\gamma_x W_{nx}} \pm \frac{M_y}{\gamma_y W_{ny}} \leqslant \eta_T \gamma_R f \tag{4-42}$$

式中 N——火灾时构件的轴力设计值；

M_x、M_y——火灾时最不利截面处的弯矩设计值，分别对应于强轴 x 轴和弱轴 y 轴；

A_n——最不利截面的净截面面积；

W_{nx}、W_{ny}——分别为对强轴 x 轴和弱轴 y 轴的净截面模量；

γ_x、γ_y——分别为绕强轴弯曲和绕弱轴弯曲的截面塑性发展系数，对于工字型截面 $\gamma_x = 1.05$、$\gamma_y = 1.2$，对于箱形截面 $\gamma_x = \gamma_y = 1.05$，对于圆钢管截面 $\gamma_x = \gamma_y = 1.15$。

高温下，压弯钢构件的稳定性应按下式验算：

（1）绕强轴 x 轴弯曲：

$$\frac{N}{\varphi_{xT} A} + \frac{\beta_{mx} M_x}{\gamma_x W_x (1-0.8N/N'_{ExT})} + \eta \frac{\beta_{ty} M_y}{\varphi'_{byT} W_y} \leqslant \eta_T \gamma_R f \tag{4-43}$$

$$N'_{ExT} = \pi^2 E_T A / (1.1\lambda_x^2)$$

（2）绕弱轴 y 轴弯曲：

$$\frac{N}{\varphi_{yT} A} + \eta \frac{\beta_{tx} M_x}{\varphi'_{bxT} W_x} + \frac{\beta_{my} M_y}{\gamma_y W_y (1-0.8N/N'_{EyT})} \leqslant \eta_T \gamma_R f \tag{4-44}$$

$$N'_{\mathrm{ExT}} = \pi^2 E_{\mathrm{T}} A / (1.1 \lambda_y^2)$$

式中　　　　N——火灾时构件的轴向压力设计值；

　　　　M_x、M_y——分别为火灾时所计算构件段范围内对强轴和弱轴的最大弯矩设计值；

　　　　　　　A——构件的毛截面面积；

　　　　W_x、W_y——分别为对强轴和弱轴的毛截面模量；

　　N'_{ExT}、N'_{EyT}——分别为高温下绕强轴弯曲和绕弱轴弯曲的参数；

　　　　λ_x、λ_y——分别为对强轴和弱轴的长细比；

　　　　$\varphi_{x\mathrm{T}}$、$\varphi_{y\mathrm{T}}$——高温下轴心受压钢构件的稳定系数，分别对应于强轴失稳和弱轴失稳，按式（4-38）计算；

　　　$\varphi'_{bx\mathrm{T}}$、$\varphi'_{by\mathrm{T}}$——高温下均匀弯曲受弯钢构件的稳定系数，分别对应于强轴失稳和弱轴失稳，按式（4-38）计算；

　　　　γ_x、γ_y——分别为绕强轴弯曲和绕弱轴弯曲的截面塑性发展系数，对于工字型截面 $\gamma_x = 1.05$、$\gamma_y = 1.2$，对于箱形截面 $\gamma_x = \gamma_y = 1.05$，对于圆钢管截面 $\gamma_x = \gamma_y = 1.15$；

　　　　　　　η——截面影响系数，对于闭口截面 $\eta = 0.7$，对于其他截面 $\eta = 1.0$；

　　　β_{mx}、β_{my}——弯矩作用平面内的等效弯矩系数，按现行国家标准《钢结构设计规范》（GB 50017）确定；

　　　　β_{tx}、β_{ty}——弯矩作用平面外的等效弯矩系数，按现行国家标准《钢结构设计规范》（GB 50017）确定。

3）火灾下钢筋混凝土构件截面承载力计算方法

（1）简化算法——500℃等温线法

基本原理和适用范围：

① 本方法适用于标准升温条件（即空气温度遵循标准火灾升温曲线），或与标准升温条件产生的构件温度场相似的其他升温条件。当不符合这一原则时，需根据构件截面温度场并考虑混凝土和钢筋的高温强度进行综合分析。

② 本方法适用于构件截面尺寸大于表 4-33 中最小截面尺寸的情况。对于标准升温条件，最小截面尺寸取决于构件的耐火极限；对于其他升温条件，最小截面尺寸取决于火灾荷载密度。

最小截面尺寸　　　　　　　　　　　　　　表 4-33

a)最小截面尺寸取决于构件耐火极限

耐火极限(min)	60	90	120	180	240
最小截面尺寸(mm)	90	120	160	200	280

b)最小截面尺寸取决于火灾荷载密度

火灾荷载密度(MJ/m²)	200	300	400	600	800
最小截面尺寸(mm)	100	140	160	200	240

③ 简化计算方法采用缩减的构件截面尺寸，即忽略构件表面的损伤层。损伤层厚度取为截面受压区 500℃等温线的平均深度。假设温度大于 500℃的混凝土对构件承载力没有贡献，而温度不大于 500℃的混凝土的抗压强度和弹性模量采用常温取值，其中常温抗压强度采用标准值。

压弯截面的做法在上述缩减截面方法的基础上，高温下混凝土截面的承载力计算可采用下述步骤：

a. 确定截面 500℃等温线的位置；

b. 去掉截面上温度大于 500℃的部分，得到截面的有效宽度 b_{eff} 和有效高度 h_{eff}（如图 4-63 所示）。等温线的圆角部分可近似处理成直角。

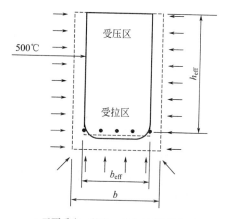
a. 三面受火，其中一个受火面为受拉区

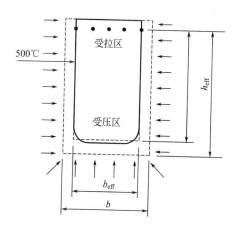
b. 三面受火，其中一个受火面为受压区

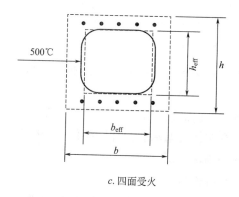
c. 四面受火

图 4-63　混凝土梁和柱缩减后的有效截面

c. 确定受拉区和受压区钢筋的温度。单根钢筋的温度可根据钢筋中心处位置由构件截面温度场曲线获得。对于落在缩减后的有效截面之外的部分钢筋（见图 4-64），在计算该截面的高温承载力时仍需予以考虑。

d. 根据钢筋的温度确定钢筋强度，确定过程中钢筋的常温强度采用标准值。

e. 针对缩减后的有效截面以及由步骤 d 获得的钢筋强度，采用常温计算方法确定截面的高温承载力。

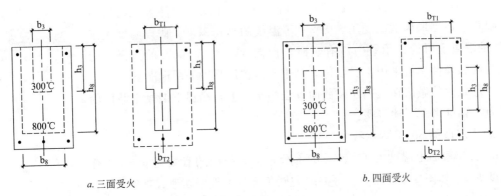

a. 三面受火   b. 四面受火

图 4-64   混凝土构件缩减截面

f. 比较并判断截面的高温承载力是否大于相应的作用效应组合。

（2）缩减截面方法

从混凝土强度-温度关系曲线可以看出，800℃混凝土的残余强度很小，而300℃以内混凝土强度下降很小。为了简化计算，可忽略超过800℃部分混凝土截面的强度，而 300℃ 以内的截面强度进行无折减，300℃～800℃近似按折减系数 0.5 考虑。详细如下：

高温下普通混凝土构件的截面可近似以缩减后的有效截面予以等效，有效截面可采用下述步骤获得：①确定构件截面上的 300℃ 和 800℃ 等温线；②将 300℃ 和 800℃ 等温线近似化整为矩形；③保留 300℃ 等温线以内的全部面积，忽略 800℃ 等温线以外的全部面积，300℃ 和 800℃ 等温线之间的部分宽度减半。图 4-64 分别举例给出了构件三面受火和四面受火时，根据上述步骤获得的有效截面。图中 b_3 和 h_3 分别为与 300℃ 等温线对应的近似矩形的宽度和高度，b_8 和 h_8 分别为与 800℃ 等温线对应的近似矩形的宽度和高度，$b_{T1} = b_3 + 0.5(b_8 - b_3)$，$b_{T2} = 0.5b_8$。

有效截面内混凝土的抗压强度和弹性模量采用常温取值，有效截面之外的钢筋在构件高温承载力计算时仍需予以考虑，钢筋强度按所在位置处的温度逐一确定。

（3）纤维模型法

首先确定某个升温时刻，将截面划分为矩形网格单元，进行截面的二维温度场分析，并取出各单元形心处的温度值。然后根据形心温度值，确定各单元形心处混凝土材料的高温本构关系，并根据钢筋所在单元的温度确定钢筋的温度，进而确定钢筋的高温本构关系。

钢筋应力应变关系、高温屈服强度、高温弹性模量按照前面介绍的取值。混凝土高温抗压强度按前述取值，抗拉强度可参考有关文献取值。受压应力-应变全曲线，参考有关资料取值。

假设不考虑材料的热膨胀，应力 σ 为应变的函数

$$\sigma = \sigma(\varepsilon)$$ （4-45）

根据截面轴向力 N 和弯矩 M 的平衡条件，并以单元形心处的应变和应力代表整个单元的平均应变和应力，根据平衡条件有

$$N = \sum_i A_i \sigma_i(\varepsilon) \tag{4-46}$$

$$M = \sum_i A_i \sigma_i(\varepsilon) y_i \tag{4-47}$$

式中 A_i、σ_i——分别为各单元面积和形心处的应力；

$\quad\quad\quad$ y_i——各单元形心相对于截面形心轴的竖坐标。

以截面的平均应变和曲率作为迭代变量，可计算出某轴力作用下截面在特定的升温时刻的弯矩——曲率关系曲线，进而可求得屈服弯矩和破坏弯矩。然后，将时间增至下一时刻，计算下一时刻的弯矩——曲率关系。计算过程如下：

① 将截面划分为许多矩形网格，每一网格为一计算单元。每根钢筋作为一个计算单元。

② 确定升温时间，进行传热分析，确定截面温度场。确定钢筋温度，钢筋温度可取混凝土截面上相应位置处的温度。

③ 给定合力 N。假设截面的曲率 φ，迭代截面的平均总应变 ε_0，按平截面假定计算出各单元的应变及钢筋的应变 $\varepsilon_i = \varepsilon_0 + kx_i$，$k$ 为截面曲率，x_i 为各单元至截面形心轴的距离。

④ 根据混凝土和钢筋材料高温的应力——应变关系，求出对应单元混凝土和钢筋的应力后，可算出各单元和钢筋的合力。

⑤ 将计算出的截面合力与截面所受的轴力比较，判断二者之差是否满足容许误差。如不满足，修改平均应变，重新迭代，直至计算得到的合力与给定的合力之差满足容许误差。

⑥ 计算各单元的力与钢筋的力对截面形心的力矩和，得到截面的弯矩。

⑦ 将升温时间增加 Δt，重复 (2)～(6)。

程序计算框图如图 4-65 所示。

通过上述方法编制程序，即可方便地计算钢筋混凝土受弯、压弯构件的极限承载力。

5. 验算步骤

采用承载力法进行单层和多高层建筑结构各构件抗火验算时，其验算步骤为：

(1) 设定防火被覆厚度。

(2) 计算构件在要求的耐火极限下的内部温度。

(3) 计算结构构件在外荷载作用下的内力。

(4) 进行荷载效应组合。

(5) 根据构件和受载的类型，进行构件抗火承载力极限状态验算。

(6) 当设定的防火被覆厚度不合适时 (过小或过大)，可调整防火被覆厚度，重复上述 (1)～(5) 步骤。

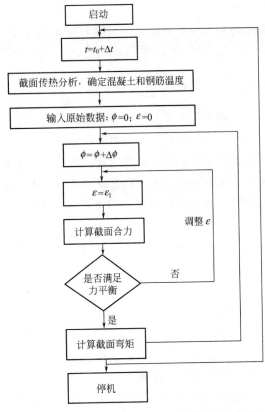

图 4-65　程序框图

采用承载力法进行单层和多高层混凝土结构各构件抗火验算时，其验算步骤为：

（1）计算构件在要求的耐火极限下的内部温度。

（2）计算结构构件在外荷载作用下的内力。

（3）进行荷载效应组合。

（4）根据构件和受载的类型，进行构件抗火承载力极限状态验算。

（5）当设定的截面大小及保护层厚度不合适时（过小或过大），可调整截面大小及保护层厚度，重复上述（1）～（4）步骤。

采用承载力法进行单层和多高层建筑钢结构整体抗火验算时，其验算步骤为：

（1）设定结构所有构件一定的防火被覆厚度。

（2）确定一定的火灾场景。

（3）进行火灾温度场分析及结构构件内部温度分析。

（4）荷载作用下，分析结构整体是否满足结构耐火极限状态的要求。

（5）当设定的结构防火被覆厚度不合适时（过小或过大），调整防火被覆厚度，重复上述（1）～（4）步骤。

采用承载力法进行单层和多高层钢筋混凝土结构整体抗火验算时，可采用如下步骤。

（1）确定一定的火灾场景。

（2）进行火灾温度场分析及结构构件内部温度分析。

（3）荷载作用下，分析结构整体是否满足结构耐火极限状态的要求。

（4）当整体结构承载力不满足要求时，调整截面大小及其配筋，重复上述（1）～（3）步骤。

四、基于性能的结构耐火性能分析

1. 基本原理

上一节给出的规范抗火设计方法是基于计算的抗火设计方法，要求结构的设计内力组合小于结构或构件的抗力。这种方法中，结构的内力是按照弹性本构关系进行计算，然后按照通常结构设计方法进行验算。火灾高温作用下，结构的材料力学性质发生较大变化，与弹性本构关系相差较大。基于防火设计性能化的要求，对于一些复杂、重要性高的建筑结构，需要考虑高温下材料本构关系的变化、结构的内力重分布、整体结构的倒塌破坏过程，这就需要对火灾下建筑结构的行为进行精确的模拟。对火灾下建筑结构的内力重分布、结构极限状态及耐火极限精确确定需要采用基于性能的结构耐火性能计算方法。基于性能的结构耐火性能计算方法需要采用非线性有限元方法完成。

计算步骤：

（1）确定材料热工性能及高温下材料的本构关系和热膨胀系数；

（2）确定火灾升温曲线及火灾场景；

（3）建立建筑结构传热分析和结构分析有限元模型；

（4）进行结构传热分析；

（5）将按照火灾极限状态的组合荷载施加到结构分析有限元模型，进行结构力学性能非线性分析；

（6）确定建筑结构的火灾安全性。

2. 计算示例

钢管混凝土柱-钢梁平面框架耐火性能研究

1）火灾下钢管混凝土平面框架结构有限元计算模型

某居民小区住址楼高度 11 层，为钢管混凝土柱-钢梁框架-剪力墙结构，标准层建筑平面图如图 4-66 所示。由于需进行非线性分析，整体结构耐火性能的计算十分耗时。欧洲规范规定，对整体结构的耐火性能计算可以采取子结构以简化计算，子结构的范围要充分考虑火灾的影响范围。为了节约计算时间，这里选择典型的 3 层 3 跨钢管混凝土平面框架子结构作为典型代表进行分析，选择的平面框架计算模型如图 4-67 所示。平面框架的结构布局及荷载均取自某居民小区钢管混凝土框架住宅的底部。平面框架的跨度分别为 4.8m、4.4m、4.6m，层高 2.8m，梁截面为 H350×150×6.5×9。柱钢管外径 320mm，壁厚 8mm。

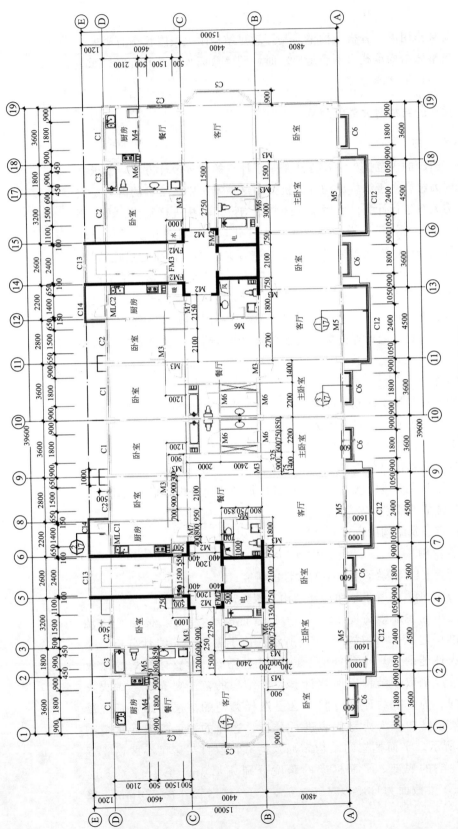

图 4-66 某居民小区标准层建筑平面图

混凝土采用 C30 混凝土，钢梁采用 Q235 钢，钢管采用 Q345 钢，材料强度根据现行结构设计规范取标准值。

顶层柱顶作用集中荷载 N_i（$i=1$，2，3 和 4），梁上作用均布荷载 q，荷载布置见图 4-67。根据国家标准《建筑结构荷载规范》GB 50009—2001 确定恒载和活载，并根据《建筑钢结构防火技术规范》（CECS 200：2006）进行了火灾时的荷载效应组合。柱顶荷载情况 1（$N_1=1024$kN、$N_2=1036$kN、$N_3=1322$kN、$N_4=773$kN）、$q=59$kN/m 对应于火灾时实际结构底部 3 层顶部节点上层柱的轴力组合值。

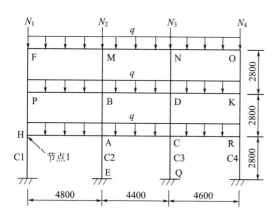
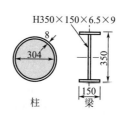

图 4-67 框架计算模型（尺寸单位：mm）

为研究荷载变化对结构耐火性能的影响规律，适当变化了柱顶荷载和梁均布荷载。荷载参数的变化有两种，第一种在保持 $q=59$kN/m 不变的条件下变化柱顶荷载 N_i，对应于当实际建筑结构总高度变化的情况。第二种是在保持柱顶荷载情况 1 和 $q=59$kN/m 作用下框架荷载总值不变的条件下变化梁均布荷载 q，计算中取 q 分别为 32kN/m、59kN/m 和 86kN/m，分别对应于跨度与左跨梁相等的两端固结梁的塑性极限荷载的 0.30、0.56、0.83 倍。

实际结构设计中，根据结构抗侧刚度不同，平面框架分为有侧移框架和无侧移框架。本例参考的工程实例为无侧移框架，而且局部火灾下没有发生火灾的结构部分会约束发生火灾的部分的侧移，因此，本例研究无侧移框架的耐火性能，有限元模型中在最上层中部约束水平位移。

考虑火灾发生位置的偶然性，共设计了 9 种火灾工况进行分析，各火灾工况见图 4-68。室内升温采用 ISO834（1999）标准升温曲线，室温取 20℃。受火区域内柱采用周边受火，受火区域边柱靠近内侧的 3/4 的柱表面受火，外侧 1/4 面积为散热面。框架传热分析中考虑楼板对结构温度场的影响。

钢管混凝土柱—钢梁平面框架采用厚涂型防火涂料，并采取两种防火保护层厚度。第一种采用实际建筑结构的保护层厚度，梁和柱保护层厚度分别取 20mm 和 12mm，实际建筑保护层厚度满足国家标准《建筑设计防火技术规范》GB 50016—2006 对耐火等级为二级建筑的防火要求，即梁的耐火极限为 1.5h，柱的耐火极限为 2.5h。

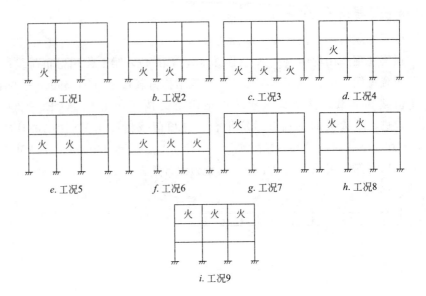

图 4-68 火灾工
况设计

分析表明，由于混凝土吸热作用，框架中钢管混凝土柱耐火性能较好，而钢梁耐火性能较差，采用第一种防火保护层厚度时框架均首先出现了梁的失稳破坏，而柱则没有破坏。实际建筑工程中，当建筑结构的高度进一步增加、低层的柱轴压比（此处的柱轴压比定义为柱轴压力与短柱轴向抗压承载力的比值）进一步加大时，结构就可能出现钢管混凝土柱破坏、而钢梁没有破坏的情况。为了对这种破坏方式的框架耐火性能进行研究，选取第二种梁、柱保护层厚度时减小了柱保护层厚度，增加了梁保护层厚度。分析表明，梁和柱分别取 50mm 和 7mm 时，并在柱顶荷载情况 2（$N_1 = 2304\text{kN}$、$N_2 = 3060\text{kN}$、$N_3 = 2976\text{kN}$、$N_4 = 1740\text{kN}$）、$q = 59\text{kN/m}$ 时出现了柱首先破坏的情形。

2）材料热工参数和热力学模型

（1）材料热工参数

采用前面给出的钙质混凝土热传导系数和比热容的计算公式。

（2）材料高温本构关系

钢筋采用各向同性强化弹塑性模型，高温下钢筋的应力-应变关系采用前面提出的模型，钢筋的热膨胀变形采用前面提出的模型。

混凝土采用 ABAQUS 提供的塑性损伤混凝土本构模型，采用王卫华（2009）提出的适合钢管混凝土柱约束的混凝土单轴受压应力应变关系。当用梁单元建模时，对于常温区的钢管约束下的混凝土单轴受压应力—应变关系，本例采用韩林海（2007）提出的考虑约束效应并适合于纤维模型法的应力—应变关系。

3）有限元模型概述

采用 ABAQUS 建立钢管混凝土框架的有限元模型，利用 ABAQUS 软件的顺序耦合计算进行火灾下力学性能分析，即首先进行结构的传热分析，然后进行升温条件下的力学分析。

由于钢管和钢梁容易发生局部屈曲，结构火灾下的力学性能分析很难顺利进行，这里采用联合利用结构静力学和动力学共同求解的方法。对受火前施加静力荷载过程采用静力非线性分析，对升温条件下力学性能分析采用隐式动力学方法计算，这种方法顺利地解决了结构（或构件）局部失稳后的计算收敛问题。

为了精确地了解结构受火部分的力学行为，采用有限元模型梁单元、壳单元和实体单元混合建模方式，受火钢梁和钢管用壳单元 S4R 模拟，受火混凝土用实体单元 C3D8R 模拟。当火灾发生在第二层或第三层时，底部受火梁也采用壳单元模拟。由于钢管和混凝土柱热膨胀系数不同，钢管和混凝土之间存在滑移，有时钢管还会发生局部屈曲，本章中钢管和混凝土之间设立硬接触，钢管为主面，混凝土为从面，二者之间的黏结力通过设立库仑摩擦近似模拟。根据刘威（2005）的研究成果，摩擦系数近似取常温下的值 0.6。非受火部分的钢框架梁采用梁单元 B32 模拟，而框架柱的钢管和混凝土部分均采用 B32 模拟，二者通过绑定约束方式连接共同变形。与力学分析模型相对应，温度场分析中框架受火部分采用与力学模型相同的网格划分，钢梁和钢管用热传导壳单元 DS4 模拟，混凝土采用三维热传导单元 DC3D8 单元划分网格，防火涂料和楼板采用热传导壳单元 DS4 模拟。钢管混凝土框架的温度场和高温下力学性能分析有限元模型及其网格划分见图 4-69，在力学分析模型柱底层底端均施加了固结边界条件。

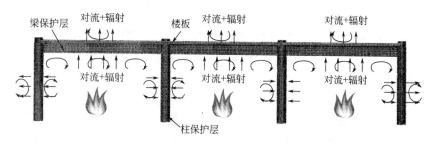

a. 温度场分析有限元模型(工况3)

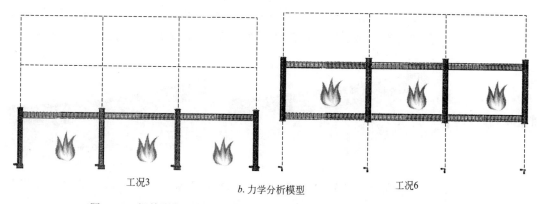

工况3　　　　　　b. 力学分析模型　　　　　　工况6

图 4-69　钢管混凝土框架温度场和力学性能分析有限元模型及网格划分

实际工程中，钢梁通过抗剪连接件与楼板相连，楼板限制了钢梁上翼缘的侧移。为了模拟楼板对钢梁的侧向支撑作用，在钢梁上翼缘的中心线上施加垂直框架平面方向平动约束和转动约束。

3. 火灾下钢管混凝土平面框架结构破坏形态和破坏机理

1）局部破坏形态

分析表明，梁柱保护层厚度分别为 20mm 和 12mm 情况下，当柱顶荷载情况 1（$N_1=1024kN$、$N_2=1036kN$、$N_3=1322kN$、$N_3=773kN$）、梁荷载 $q=59kN/m$ 时，各火灾工况下均发生了跨度最大的左跨受火梁的整体屈曲破坏。

（1）破坏形态

图 4-70 中给出了典型工况 3、6 框架破坏时的变形，图中框架的变形放大系数为 3。首先以上述荷载情况下工况 3 为例对框架的破坏过程进行分析。从图 4-70（a）可见，跨度最大的左边跨发生的挠曲变形发展最大，最右跨的挠曲变形次之，跨度最小中间跨挠曲变形最小。可见，跨度越大，受火梁挠度发展得越快。受火过程中，框架左跨受火钢梁首先发生了自下翼缘开始的整体失稳破坏，而右跨梁出现了梁端附近下翼缘和腹板的屈曲破坏，但整个梁尚未发生整体失稳破坏。

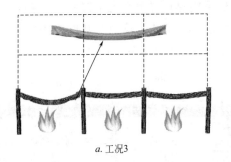 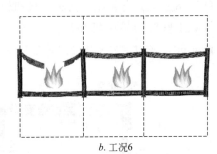

图 4-70　框架破坏时的变形

a. 工况3　　　　　　　　　　　　　*b. 工况6*

工况 3 左跨受火梁的屈曲过程如图 4-71 所示。首先，受火梁两端腹板发生了受剪屈曲，下翼缘发生了受压屈曲。然后，由于两端腹板和下翼缘的局部屈曲，引发了梁中部下翼缘的扭转和侧移。最后，由于梁跨中下翼缘的扭转和侧移，梁中部腹板在竖向发生屈曲变形，从而加剧了下翼缘的扭转和侧移变形。随着受火梁局部变形的累加，逐步形成了整体失稳。

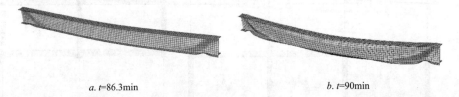

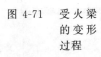

图 4-71　受火梁的变形过程

a. t=86.3min　　　　　　　　　　　　*b. t*=90min

左跨受火梁跨中上翼缘挠度（f）和下翼缘跨中（取下翼缘中部节点）侧移（v）与受火时间（t）的关系曲线分别如图 4-72、图 4-73 所示。可见，受火前期，左跨梁跨中上翼缘挠度和下翼缘侧移发展较慢，受火后期增加明显加快。A点（A点对应梁并始整体失稳时刻）时，跨中上翼缘挠度和下翼缘侧移开始快速增加，表明受火梁开始整体失稳。左跨受火梁两端的水平位移（u）-受火时间（t）的关系曲线如图4-74所示，图中位移方向以向右为正。可见，由于整层框架的热膨胀及框架构件的相互作用，左跨梁两端节点位移方向均发生了向左的位移，其中左端节点的热膨胀位移较大。受火后期，由于钢梁的挠曲变形增加，钢梁左端节点位移开始向右恢复。同时，又由于中跨梁和右跨梁的热膨胀作用，梁右端节点水平位移向左加快增加。

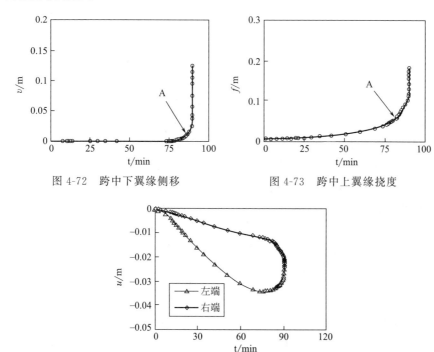

图 4-72　跨中下翼缘侧移　　　　　图 4-73　跨中上翼缘挠度

图 4-74　左跨受火梁两端水平位移

　　分析表明，随温度升高，框架中左边跨梁两端腹板首先发生屈曲，带动下翼缘整体侧向变形，导致跨中下翼缘侧移。由于跨中下翼缘侧移，跨中腹板在竖向压应力作用下屈曲，最后形成受火梁自下翼缘开始的整体屈曲。横向荷载作用下梁端剪力较大，形成斜向主压应力有使梁两端腹板屈曲的趋势。受火梁受热膨胀产生压应力与荷载产生的斜向主压应力的共同作用也加剧了梁端腹板屈曲的趋势。在上述两种主压应力共同作用下，当温度升高引起钢材强度下降达一定程度，钢梁两端腹板就会发生局部屈曲，进而逐步诱发钢梁的整体屈曲。因此，梁横向荷载和钢梁受热膨胀的共同作用导致了钢梁的整体屈曲。为了保证框架结构受火时构件的安全，可将受火梁的整体屈曲当作框架的耐火极限状态。根据《钢结构设计规范》GB 50017—2003，常温下本文框架梁的腹板和翼缘都能保持局部稳定，不需要加劲肋；由于楼板的存在，梁也不会发生整体弯扭屈曲。而在高温下，钢梁不仅发生了局部屈曲，而且发生了受火梁的整体屈曲，其破坏形式与常温下有明显的差别。

目前还没有关于框架结构耐火极限的判定标准。火灾下，框架结构到达承载能力极限状态时，部分构件的变形和部分特征点的位移出现快速增加的现象，当这些变形和位移及其增加速率达到一定的标准时才可认为结构到达耐火极限状态，此时的受火时间即为耐火极限。本例计算表明，钢管混凝土框架出现了受火梁的整体失稳破坏和受火柱受压破坏导致的框架破坏。因此，在没有框架结构耐火极限标准的情况下可通过评价这些框架中发生破坏的受火构件的变形获得框架的耐火极限。本例通过考察受火柱的变形、受火梁跨中挠度的大小及其增加速率判断结构是否到达耐火极限，而梁柱构件的耐火极限标准仍参照 ISO834（1999）执行。

（2）框架内力分布规律

本例以柱顶荷载情况 1、梁荷载 $q=59\mathrm{kN/m}$ 情况下、工况 3 为例分析框架梁柱的内力分布规律，工况 3 左跨受火梁跨中截面的轴力（N）、弯矩（M）与受火时间（t）的关系曲线如图 4-75 所示。可见，受火后，跨中截面轴力经历了压力先增加后减小、最后转变为拉力的过程。受火梁跨中截面轴力增加的主要原因是受火梁受热膨胀时受到周围构件约束引起的。受火后期，由于梁的挠曲变形和材料的高温软化，轴力绝对值开始减小。梁整体失稳后，轴力由压力迅速转变为拉力。从图 4-75b 可见，受火过程中梁跨中弯矩经历了一个略为减小然后又增加的过程，除梁接近破坏时弯矩大幅度减小外，受火过程中弯矩变化的幅度不大。

图 4-75 左跨梁跨中截面轴力、弯矩-受火时间关系

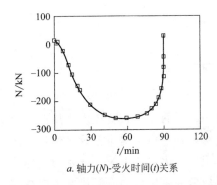

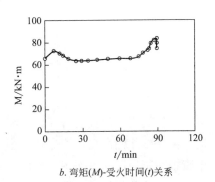

a. 轴力(N)-受火时间(t)关系

b. 弯矩(M)-受火时间(t)关系

工况 3 底层柱底端的轴力和弯矩与受火时间的关系如图 4-76 所示，图中轴力以拉力为正，柱端弯矩以顺时针方向为正。可见，受火过程中，各柱底截面轴力变化不大。从图 4-76（b）还可看出，随受火时间的增加，各柱底弯矩绝对值首先增大，然后减小，而两根边柱的柱底弯矩变化幅度更大。这是因为框架底层受火后发生热膨胀作用，导致底层边柱梁端水平位移之差增加，从而使柱底弯矩绝对值增加。随受火时间增加，受火梁挠度增加，轴压力减小，导致边柱上端向外膨胀的位移减缓；又随温度增加，柱材料性能劣化，二者的共同作用导致了边柱底端弯矩绝对值减小。

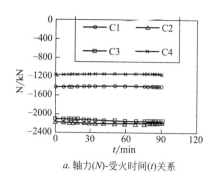

a. 轴力(N)-受火时间(t)关系

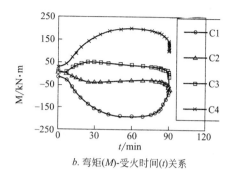

b. 弯矩(M)-受火时间(t)关系

图 4-76　柱底轴力、弯矩-受火时间关系

2）整体破坏形态

分析表明，当柱和梁保护层厚度分别 7mm、50mm 时、柱顶荷载情况 2（$N_1=2304kN$、$N_2=3060kN$、$N_3=2976kN$、$N_3=1740kN$）、梁荷载 $q=59kN/m$ 情况下钢管混凝土平面框架发生了包括柱的框架破坏形式，破坏的范围较大，称为框架的整体破坏方式。根据受火区域破坏的柱数量不同，整体破坏形式中又包括两种典型的破坏形式：第一种为破坏区域中有两根柱破坏，这种破坏形式中框架破坏的范围较大；第二种为破坏区域中只有一根柱破坏，这种破坏形式中框架破坏的范围较小。非顶层火灾工况条件下，当火灾作用在左边一跨或两跨时，两根中柱的温度场相差较大，出现了一根左边受火中柱破坏引起的破坏子结构的出现。分析表明，工况 3、6 及顶层火灾工况 7、8、9 发生了第一种破坏形式，其余工况发生了第二种破坏形式。两种典型的破坏形式见图 4-77。

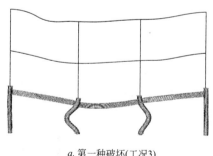

a. 第一种破坏(工况3)

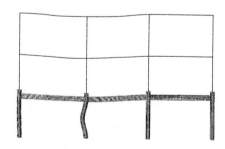

b. 第一种破坏(工况1)

图 4-77　框架破坏时变形图

（1）变形及破坏规律

非顶层火灾工况条件下，当火灾范围扩大至整个楼层时，中部两根柱的轴压比较大，两根中柱的挠曲带动上端节点的转动，从而导致跨中受火梁的挠曲，因此发生了第一种破坏。例如底层火灾工况 3 发生了两根中柱和中跨受火梁同时破坏导致的框架整体破坏。工况 3 框架破坏时的变形如图 4-77（a）所示。从图 4-77（a）中可以看出，三跨框架梁和两根中柱的变形均较大，框架破坏的范围覆盖框架的三跨。因此，在平面框架中，当结构到达耐火极限状态时，框架破坏的范围不再局限于某一构件，而是扩大至某一范围，甚至是整个框架，可以把这种破坏范围大于一个构件的破

坏形式定义为整体破坏，破坏范围内的受火构件和非受火构件形成的子结构称为破坏子结构。火灾中，随温度升高，结构发生内力重分布，框架受火部分的内力逐渐向非受火部分转移，当破坏子结构的承载能力小于所承担的荷载时，子结构发生破坏导致位移迅速增加。因此，破坏子结构的承载能力小于它所承担的外荷载是子结构破坏的根本原因，而受火构件承载能力的降低是破坏子结构形成的直接原因。

顶层火灾工况时，工况 7 和工况 8 均发生了包括顶层左边两根柱及左跨受火梁组成的受火框架的破坏，塑性铰出现在左跨受火梁的跨中和左边两柱的中上部。与下层火灾工况相比，顶层火灾工况下，顶层左上边柱上端节点缺乏常温区框架的支撑作用，致使左上边柱上部更容易发生受弯破坏，从而与左跨受火梁和左中柱共同形成破坏机构，工况 9 时框架的破坏机理与非顶层火灾工况相似。需要指出，计算表明，框架的破坏是一个过程，刚开始破坏时，左边柱上端的弯曲变形较大。随破坏程度加深，在柱顶竖向荷载和梁端拉力作用下，左边柱最大曲率的位置向下移动。

本例以工况 3 为例，对其耐火性能进行详细分析。框架受火部分的节点 A、C 的竖向位移（v）与受火时间（t）的关系曲线如图 4-78 所示，梁 AC 跨中挠度（f）与受火时间（t）的关系曲线如图 4-79 所示，以上各节点编号的位置见图 4-66。可见，框架破坏时，中间两受火柱顶端位移、框架顶部节点位移、受火梁 AC 的跨中挠度增长速度加快，这说明这两根柱发生了失稳破坏，梁 AC 挠度迅速增大。此时，框架受火柱 C2 和 C3 的柱顶变形已经达到了 ISO834（1999）关于柱耐火极限的标准，按此标准，这两根柱已经发生破坏。框架破坏时梁 AC 沿梁轴向塑性应变云图如图 4-80 所示，图中 PE11 表示梁截面正向塑性应变。可见，梁跨范围内上下翼缘出现了反号的塑性应变，特别是靠近跨中偏左的部分梁段上下翼缘塑形应变的绝对值更大，这说明中跨梁出现了较大的弯曲塑形变形。

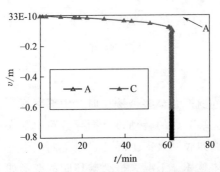

图 4-78　柱顶竖向位移-受火时间关系

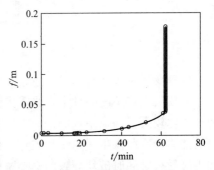

图 4-79　梁 AC 挠度-受火时间关系

梁 AC 的 A 端转角（θ）-受火时间（t）关系曲线如图 4-81a 所示，柱自顶端截面（与梁下翼缘高度相同）和距顶端截面 0.4m 的下部截面两截面之间的相对转角（θ）-受火时间（t）关系曲线如图 4-81b 所示。可见，

图 4-80 梁 AC 塑性应变云图

框架破坏时节点 A 发生了快速转动，柱上端也出现了较大的转角变形。柱上端较大相对转角的出现说明柱上端出现了塑性铰。中部两根受火柱为四面受火，比三面受火的两边柱升温快。而且，静力荷载作用下，中部受火柱的轴压比较大（柱 C2 为 0.71，C3 为 0.69，受火区域左边柱 C1 为 0.53，右边柱 C4 为 0.41），因此，发生了柱 AB 和柱 CD 的失稳破坏，柱破坏时两端和高度中间附近出现了三个塑性铰。在柱失稳破坏过程中，柱产生挠曲变形。另外，由于采用了钢管混凝土柱，柱上端抗弯承载力较高，柱 C2 和 C3 的挠曲变形带动了上端节点 A、B 的转动，从而导致梁 AB 出现较大挠曲变形。由于中部节点 A、C 的转动，以及梁 AB 出现较大挠曲变形，这样就形成了以底层中部受火框架形成的一个局部变形较大的区域。另外，由于底层两中柱失稳破坏，荷载由柱向框架梁转移，上部两边跨梁梁端产生塑性铰，这样就形成了整体破坏机构。然而，由于框架受火部分节点 A、C 的转动，使得整体破坏结构中底层边跨受火梁的塑性铰向外移动。由此可见，整体破坏结构与局部变形过大的框架受火部分存在着相互作用，也可以说，框架的常温区和高温区存在着明显的相互作用。综上分析，工况 3 破坏时结构的塑性铰大致分布如图 4-82 所示，从图中可明显地看出框架破坏机构的组成。

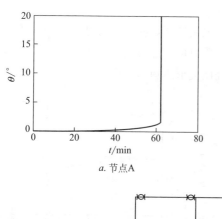

a. 节点A

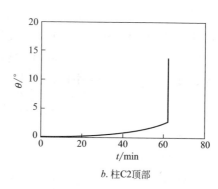

b. 柱C2顶部

图 4-81 转角-受火时间关系

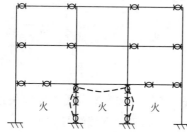

图 4-82 塑性铰的分布

（2）内力分布规律

以工况 3 为例进行分析。受火前和破坏时框架常温区弯矩图如图 4-83
所示，图中 SM1 表示弯矩，单位为 N·m，图中对于常温区的钢管混凝
土柱，钢管和混凝土部分承担的弯矩进行了分别显示。可见，受火前，梁
端弯矩 M_{MF}（M_{MF} 表示梁 FM 的 M 端的弯矩）、M_{MN}、M_{NO} 均为负弯矩。
破坏时，由于受火柱 C2、C3 的竖向压缩变形和节点的转动，这三个弯矩
转变为正弯矩，说明受火梁的受力状态发生了明显的变化（注：此处梁端
弯矩以下翼缘受拉为正，上翼缘受拉为负）。由于受火内柱发生破坏导致
整个（三跨）框架梁发生类似一根简支梁的挠曲变形，导致了常温区梁端
弯矩的变化。

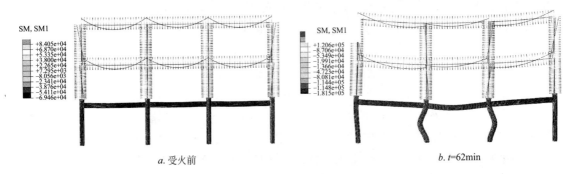

a. 受火前   b. t=62min

图 4-83　常温区钢梁弯矩图

柱 C2 底端水平截面的竖向力和两端弯矩如图 4-84 所示，竖向力以使柱
受拉为正，柱端弯矩以顺时针方向为正。可见，受火后期，柱底截面竖向力
绝对值缓慢减小，到达耐火极限时，柱底截面竖向力迅速减小。这是因为柱
轴压比较大，热膨胀变形较小，随温度升高，柱的轴力减小，荷载由受火柱
向其他部分转移。耐火极限时，柱发生失稳破坏，柱的轴力迅速减小。受火
前期，弯矩变化不大。受火后期，弯矩绝对值增加较快。破坏时，弯矩值增
加更快，这是由于受火中柱失稳时的挠曲变形迅速增加引起的。

图 4-84 柱 C2 底端截面轴力、两端弯矩-受火时间关系

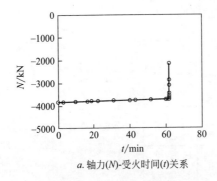 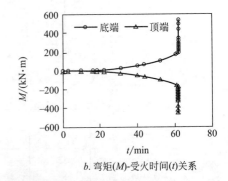

a. 轴力(N)-受火时间(t)关系   b. 弯矩(M)-受火时间(t)关系

受火梁 AC 左端截面的轴力和弯矩与受火时间关系如图 4-85 所示，图
中弯矩符号以梁上翼缘受拉为正，下翼缘受拉为负。可见，受火过程中梁

AC 的轴力先减小后增加，特别当框架破坏时，拉力增加较快。受火初期，梁 A 端为负弯矩。之后，负弯矩减小并转变为正弯矩，并快速增加。因此，梁 AC 由于左端支座的转动，并带动梁端转动，从而加速了梁 AC 跨中挠度的增加，导致梁弯曲变形的增加。

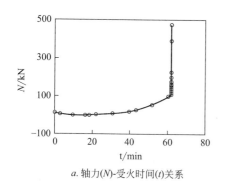

a. 轴力(N)-受火时间(t)关系

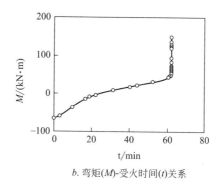

b. 弯矩(M)-受火时间(t)关系

图 4-85 梁 AC 左端截面轴力、弯矩-受火时间关系

4. 平面框架结构耐火极限参数分析

根据前述框架结构耐火极限标准可确定各种荷载情况和火灾工况下平面框架结构的耐火极限。分别对两种保护层厚度和荷载组合条件下框架的耐火极限规律进行参数分析。

1）梁柱保护层厚度分别为 20mm 和 12mm

（1）火灾作用位置对框架耐火极限的影响

柱顶荷载情况 1、梁荷载 $q=59$kN/m 情况下，火灾作用位置不同时的各火灾工况下框架结构的耐火极限见表 4-34。从表中可见，各火灾工况下框架结构的耐火极限均满足《建筑设计防火技术规范》GB 50016—2014 的耐火等级二级要求的耐火极限为 1.5h 的规定。分析知，耐火极限有如下规律。

各工况耐火极限（min） 表 4-34

火灾工况	1	2	3	4	5	6	7	8	9
耐火极限	110	91	90	121	102	100	112	109	110

① 火灾发生在相同楼层时的耐火极限

同层火灾作用下，火灾只作用在左边跨时的耐火极限最大，火灾作用在左边两跨和全部三跨时的耐火极限相近。以火灾发生在第一层的火灾工况为例进行分析，工况 1、2、3 受火破坏的左跨梁跨中截面轴力与受火时间的关系曲线如图 4-86 所示。可见，耐火极限时，三种工况下左跨梁跨中截面的轴压力不同。如前所述，受火梁的失稳破坏与梁上的荷载和轴压力有关，在其他条件相同时，梁的轴压力越大，梁越容易失稳。由于左边两跨火灾或三跨火灾时，受火梁热膨胀变形较大，梁中产生的轴压力较大，因此，多跨火灾时框架的耐火极限较小。从图 4-86 可见，接近耐火极限时工况 1 的压力最小，耐火极限最大，火灾作用在其他层时的情况类似。

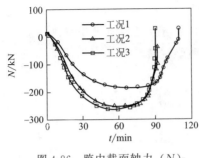

图 4-86　跨中截面轴力（N）-
受火时间（t）关系

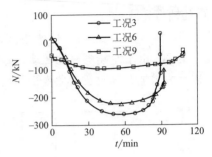

图 4-87　跨中截面轴力（N）-
受火时间（t）关系

② 火灾发生在不同楼层时的耐火极限

从表 4-35 可见，除个别情况外，同跨火灾工况下，随楼层增高框架的耐火极限增加。以整层火灾工况 3、6、9 为例进行分析，工况 3、6、9 左跨受火梁跨中截面轴力（N）与时间（t）的关系曲线如图 4-87 所示。由于火灾发生位置较低时受火梁所受约束较大，受火梁受热膨胀时产生较大轴压力。从图 4-87 可见，受火过程中，工况 3、6、9 跨中截面轴压力依次减小，工况 3、6、9 的耐火极限依次增加。

（2）梁荷载对框架耐火极限的影响

以柱顶荷载情况 1 和梁荷载 $q=59kN/m$ 作用下结构总荷载不变的条件下，通过调整柱顶荷载，分别计算了梁荷载 $q=32kN/m$、$59kN/m$、$86kN/m$ 时工况 3 的耐火极限，工况 3 不同梁荷载 q 作用下框架结构的耐火极限见图 4-88。可见，工况 3 时，随梁荷载 q 的增加，框架耐火极限减小。计算表明，这三种荷载情况下均发生了左跨受火梁的整体失稳破坏。前面已经指出，在框架发生受火梁整体失稳破坏条件下，受火框架梁荷载和梁端轴压力是影响其整体失稳的主要因素，在其他条件相同时，梁上荷载越大，耐火极限越小。

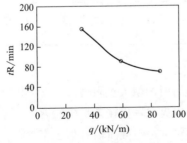

图 4-88　工况 3 梁荷载不同时
的耐火极限

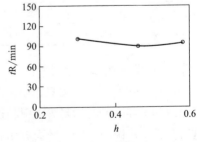

图 4-89　工况 3 轴压比不同时
的耐火极限

（3）轴压比对框架耐火极限的影响

当梁荷载 $q=59kN/m$ 时，按比例变化柱顶集中荷载可以变化轴压比，分别计算了工况 3 柱 C2 底端截面的轴压比 n 为 0.30、0.46、0.58 时工况 3 的耐火极限，如图 4-89 所示。可见，工况 3 时，柱轴压比对耐火极限影响不大。柱轴压比主要影响柱的轴力，对梁的内力影响不大，在受火梁发生破坏的条件下，轴压比对梁的耐火极限影响不大。

2）梁柱保护层厚度分别为 50mm 和 7mm

梁和柱保护层厚度分别 50mm、7mm 时、柱顶荷载情况 2、梁荷载 $q=59kN/m$ 情况下框架各火灾工况的耐火极限见表 4-35。从表中可以看出，框架的耐火极限有如下变化规律。

各工况耐火极限（min）　　　　　　　表 4-35

火灾工况	1	2	3	4	5	6	7	8	9
耐火极限	109	66	62	124	85	79	93	80	80

（1）火灾发生在相同楼层时

从表中可以看出，同层火灾工况下，随受火范围的扩大，耐火极限减小。火灾发生在左边第一跨时的耐火极限最大，火灾发生在左边两跨或三跨时耐火极限相近。

当火灾发生在左边第一跨时，左边两根柱均为三面受火，温度明显比两跨和三跨火灾的相应柱低。由于这种保护层和荷载组合情况下框架破坏时出现了柱破坏，柱温度场降低能明显提高结构的耐火极限。

（2）火灾发生在不同楼层时

同跨火灾情况下，当火灾发生在第二层时，框架的耐火极限最大。当火灾发生在第一层和第二层时，由于框架破坏子结构中包含框架柱，框架柱的承载能力对破坏子结构的承载能力有明显的影响。楼层越高，柱轴压比越小，柱的承载能力越高，导致框架破坏子结构的承载能力也就越大，耐火极限越大。因此，火灾发生在第二层时的耐火极限大于第一层。当火灾发生在第三层时，受火框架受周围构件的支撑作用较少，框架的耐火极限较小。

5. 结论

基于性能的结构耐火性能分析是一种更为精确的结构耐火性能分析方法。本节建立了基于性能的火灾下可考虑钢管与混凝土相互作用的多层多跨钢管混凝土柱-钢梁平面框架温度场和耐火性能分析的有限元计算模型，对典型的钢管混凝土柱-钢梁平面框架进行了火灾下的力学性能有限元分析，研究了火灾下钢管混凝土平面框架的工作机理和破坏机理、耐火极限规律。通过分析可得到如下结论：

（1）随着梁柱保护层厚度和柱轴压比的变化，钢管混凝土柱-钢梁平面框架出现了两种典型的破坏形式，即局部破坏和整体破坏。梁柱保护层厚度分别为 20mm 和 12mm 时、柱顶荷载情况 1 条件下，$q=59kN/m$ 时各工况火灾下框架出现了跨度最大的左跨受火梁自下翼缘开始的整体失稳破坏。梁柱保护层厚度分别为 50mm 和 7mm 时、柱顶荷载情况 2、$q=59kN/m$ 情况下，框架出现整体破坏。

（2）当梁柱保护层厚度分别为 20mm 和 12mm 时、柱顶荷载情况 1、梁荷载 q＝59kN/m 情况下，同层火灾作用下，火灾只作用在左边跨时的耐火极限最大，火灾作用在左边两跨和全部三跨时的耐火极限相近；同跨火灾情况下，除个别工况外，随楼层增高，框架的耐火极限降低。柱和梁保护层厚度分别 7mm、50mm 时、柱顶荷载情况 2、梁荷载 q＝59kN/m 情况下，同层火灾工况下，随受火范围的扩大，耐火极限减小；一般情况下，随楼层增高，火灾发生在第二层时耐火极限最大。

第六节　建筑电气防火设计

本节主要论述如何从设计的角度去防范和减少建筑物电气火灾的发生，并阻止电气火灾在建筑物内的蔓延，并不涉及火灾发生后的消防供电问题。

严格来说，电气防火并不是一项独立的设计，原因有两点，一是电气设计的要求已经综合考虑了供电、用电的安全可靠问题，其中也包括火灾的防范；二是防范电气火灾目前并没有系列化的产品，单一种类的产品更多作为现有电气设计的一种补充防范，独立存在的必要性不是很强。从电气设计的角度去考虑防范电气火灾，并没有什么深奥的东西，更多是对现有建筑电气设计的补充。电气火灾的防范，科学、完善的设计是最根本的，从电气火灾的实际情况来看，却并非最重要的，毕竟设计完后，还有施工、装修和使用。

因此，本节所说的电气防火设计主要包括两个方面，一是现有电气设计针对电气防火的一些补充，主要指插座和电线电缆的防火封堵；二是现有电气防火产品的设计应用，主要是指剩余电流电气火灾监控系统。

一、电气防火设计

从实际情况来看，主要有两个方面设计要求与实际需求之间存在较大差异，主要指插座的设计，尤其是住宅；二是电线电缆的防火封堵。

1. 插座的设计

之所以把插座单独提出来，看似小题大做，其实不然，理由有四点，一是插座在建筑里的用量十分巨大，出现故障的概率高；二是插座属于活动连接，火灾风险高；三是插座和人们的日常使用密切相关；四是实际中插座的数量与需求有较大差距。

（1）插座回路

不同用途的插座应该分回路设计，《住宅设计规范》GB 50096—2011 对此也提出了要求，一般来说有如下几种分法：

a. 两个插座回路：空调电源插座，其他电源插座；

b. 三个插座回路：空调电源插座，厨房和卫生间插座，其他电源插座；

　　c. 四个插座回路：空调电源插座，厨房和卫生间插座，其他电源插座。

　　当然上述分法还可能因为建筑面积的增大而增加，比如空调电源插座可根据实际空调的数量调整为多个回路，其他电源插座也可以因为实际家用电器的数量调整为多个回路，因此具体的回路数由住宅的建筑面积和住宅的档次决定。

　　由于空调负荷较大，而且在夏季连续使用时间较长，一般来说一个空调单独设计一个插座回路为宜。

　　（2）插座数量

　　插头/插座连接原理决定了单个插座的带载能力有限，固定安装的墙壁插座一般只设计为接入 $1 \sim 2$ 个用电器，且用电器功率不能大于插座额定容量。然而在实际使用中，由于墙壁插座的安装数量、安装间距不能满足实际用电器的要求，往往需要使用多个插口适配器或带延长线的插线板，这样很容易造成墙壁插座过载而起火。

　　防止此类问题最有效的办法是：增加室内墙壁插座数量，减小插座间距。发达国家十分重视这一火灾危险，他们安装的墙上固定插座远比我国多。以住宅客厅为例，我国一般安装 3 组，回归后的香港仍执行英国 IEE 标准，他们的客厅面积较小，墙上固定插座却为 $6 \sim 10$ 组。美国《国家电气规范》（NEC）中对墙壁插座的安装数量，自 1933 年版开始几乎每次修订都有增加，直到 1959 年，一直沿用至今，即沿墙角脚线水平测量，每隔不超过 12 英尺（3.6m），设置 1 个电源插座。这样，无论用电器靠墙放置在任何地方，都不需要使用转接或插线板，从而降低了火灾风险。

　　（3）插座计算负荷的确定

　　插座数量的增加必然需要插座计算负荷的提高，这就牵扯到插座回路的导线选择。《住宅设计规范》GB 50096—2011 规定分支回路应采用截面不小于 $2.5 mm^2$ 的铜芯绝缘线，这是最低要求，实际中应该根据插座数量和实际负荷需求核算。

　　（4）插座是否设置剩余电流保护装置

　　按《住宅设计规范》GB 50096—2011 的要求，除壁挂式空调电源插座之外的电源插座回路应该设置剩余电流保护装置。这样的规定主要是为了防止人身触电，壁挂式空调插座因为安装较高，人不易接触到，防范触电的必要不是很强，所以可以设置剩余电流保护装置，这样的规定显然考虑了经济因素。剩余电流保护装置不仅可以防范人身触电，同时也有助于防范剩余电流可能引起的电气火灾，因此实际设计中，在预算允许的情况下，所有插座回路都应该设置剩余电流保护装置。

　　2. 电线电缆的防火封堵

　　建筑火灾中，火和烟气往往通过电线电缆和各类管道等穿越的孔洞向其他区域或楼层扩散，使得火灾事故扩大，造成严重的后果。电线电缆具有较高的火灾危险性，不仅本身具有成为火源的可能性，而且其绝缘材料具有燃烧性能，外部火源也可能引燃电线电缆。

现代建筑中，电线电缆的用量非常大，而且各种管道纵横穿越，一旦发生火灾，由于这些孔洞、竖井的烟囱效应，火灾蔓延扩散的危险性大大增加。实践证明，采用可靠的防火封堵材料堵塞电线电缆穿越留下的孔洞、缝隙能够有效地阻止火焰蔓延，控制烟气的流通，避免火灾带来更大损失。

1）电线电缆封堵的具体做法

电线电缆防火封堵，应根据不同的情况采取不同的方法。

（1）电线电缆穿墙孔洞

电线电缆贯穿隔墙、楼层的孔洞处，均实施防火封堵，使用耐火、防火电缆的重要回路，如消防、报警、应急照明、计算机监控也应实施防火封堵。具体做法是将需实施防火封堵的部位清理干净，整理电缆，清除表面油污、灰尘；将有机堵料揉匀后，用合适的工具将其铺于需封堵的缝隙中，如遇气温偏低，堵料较硬时，可将其置于温水（40℃～80℃）中加热，待柔软后再施工。封堵较大的孔洞时，建议无机防火堵料配合使用，电缆两侧各1m处涂刷防火涂料。

（2）电线电缆穿楼层孔洞

穿越楼层的电缆孔、洞若较小，可直接用有机堵料封堵，如果穿孔面积较大时应作配筋处理或采用与分隔体相同耐火极限的防火板在底部衬托，其结构强度不得低于分隔体。对电缆穿楼层孔洞的封堵，由于楼层上方有设备，增加了施工难度。由下而上实施防火封堵的方法是将电缆四周用有机堵料包裹电缆，长约10cm，四周用防火包填实严密，底部用防火隔板托住防火包，并用膨胀螺栓固定；若是小孔洞，则直接用有机堵料嵌于需封堵的缝隙中，电缆两侧各1m处涂刷防火涂料。

（3）电缆竖井

一般竖井若电缆排列整齐，可采用防火隔板、有机、无机防火堵料、防火包进行封堵；大型竖井采用防火隔板、有机、无机防火堵料、防火包进行封堵，电缆穿越部位应保证封堵厚度和强度。

（4）电缆管穿孔

电缆管穿孔的防火封堵应严格按相关要求，用灰沙或混凝土填充穿孔，其余部分孔隙应用软性受热膨胀型的防火堵料严密封堵。

（5）电缆桥架

电缆桥架（线槽）的贯穿孔口应采用无机堵料防火灰泥，有机堵料如防火泡沫，或阻火包、防火板或有机堵料如防火发泡砖并辅以有机堵料如防火密封胶或防火泥等封堵。当贯穿轻质防火分隔墙体时，不宜采用无机堵料防火灰泥封堵。具体实施时应拆除桥架盖板，将防火堵料填塞至电缆，并不得有任何缝隙。软性防火堵料两面应分别用大于其面积的防火板翻盖，防火板与分隔体之间应用高强度螺丝钉紧固连接。用阻火包进行封堵时，施工前应整理电缆，检查阻火包有无破损，施工时，在电缆周围宜裹一层有机防火堵料。

　　2）电线电缆防火封堵的相关产品

　　（1）防火封堵喷胶和缝隙密封胶

　　防火密封胶是一种阻燃、膨胀型材料，其特点是具有良好的阻燃性且遇火体积膨胀，能阻止火焰和热量传递，广泛应用于电缆穿墙需要防火封堵的孔洞。

　　（2）阻火包带

　　阻火包带用于电力电缆、通讯电缆的防火阻燃，具有防火阻燃性、可操作性等特点，使用时无毒无味、无污染，运行中不影响电缆的载流量。由于防火包带缠绕于电缆护套外表，当火灾发生时，能迅速形成阻火隔热的炭化层，从而阻止电缆的燃烧。

　　（3）防火板

　　无机不燃防火封堵板材，适用于电缆明敷时，大型孔洞的防火封堵与分隔，防止电缆着火延燃。防火板用于大型孔洞的防火封堵，需按贯穿电缆的形状进行裁减加工，确保电缆能够穿入的同时保证最大程度的封堵缝隙，如图 4-90 所示。

图 4-90　防火板安装示意图

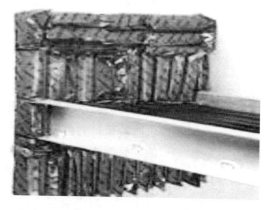

图 4-91　阻火包安装示意图

　　（4）阻火灰泥

　　用于大中小型贯穿孔洞封堵的混合型无机材料，应用于电缆和电缆桥架的防火封堵，可与其他增强材料如焊接网、钢筋等配合使用。

　　（5）阻火包

　　阻火包是用于阻火封堵又易作业的膨胀式柔性枕袋状耐火物，防火材料包装制成的包状物体，适用于较大孔洞的防火封堵或电缆桥架的防火分隔（阻火包亦称耐火包或防火包），如图 4-91 所示。

（6）防火胶泥

防火胶泥属于有机防火堵料，又称柔性或塑性防火堵料。其主要特点是可塑性、柔韧性，长久不固化，耐火极限高，耐油，耐水，耐热，耐寒，耐腐蚀，耐老化。与金属、橡胶、塑料、油漆、木材、陶瓷等有良好的黏合性，施工维修时比较方便能防鼠咬，有良好的阻火堵烟性能，可以任意地进行封堵，并具有可拆性、重复施工性等特点。

（7）防火槽盒

防火槽盒使用后，若盒内电缆起火可因其自身结构的封闭性导致缺氧自熄，外部起火也因其槽盒材料不燃性而不会殃及盒内电缆。防火槽盒安装方便，能进行锯、钻、刨等机械加工，适用于电缆敷设时的耐火分隔，有效防止电缆着火时火焰延燃。

图 4-92　电线电缆防火密封套管安装示意图

（8）电缆槽盒安全保护片

电线槽盒安全保护片用于电线盒与建筑构件空隙的防火封堵，可直接粘附于接线盒内，安装简单，能有效防止电线着火延燃。

（9）防火密封套管

电缆防火密封套管为电缆穿越墙体和楼板提供保护和密封，套管内外都进行防火封堵，内置套管保护电缆，如图 4-92 所示。

二、剩余电流电气火灾监控系统的设计应用

剩余电流电气火灾监控系统，顾名思义，就是通过剩余电流的测试来发现配电系统的异常泄漏电流，从而发现可能存在的火灾隐患。必须说明的是，剩余电流电气火灾监控系统对电气火灾的防范是有针对性的，只能防范某一具体类别的原因引起的电气火灾，关于这一点，国家标准《剩余电流动作保护装置安装和运行》GB 13955—2005 第 4.3.1 条有如下规定"为了防止电气设备或线路因绝缘损坏形成接地故障引起的电气火灾，应装设当接地故障电流超过预定值时，能发出报警信号或自动切断电源的剩余电流保护装置"，可见剩余电流式电气火灾监控只能防范电气设备或线路因绝缘损坏形成接地故障引起的电气火灾。

下图 4-93 是一种剩余电流电气火灾监控系统的一种形式，该类型的电气火灾监控系统通过安装在配电箱（柜）内的电流和剩余电流探测器探测受监控线路的电流和剩余电流信号，经单片机系统分析处理后，将结果上报至集中控制器，实现对被监控线路的电流和剩余电流监测，而且可以通过断路器的脱扣装置自动切断电源。

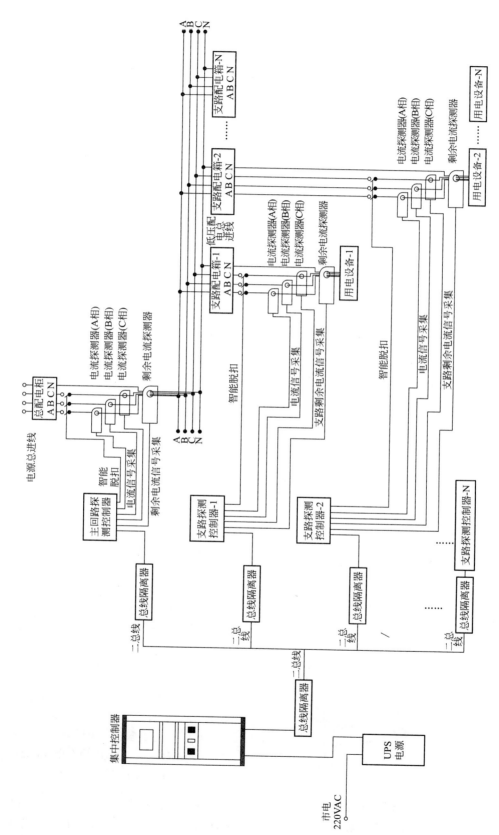

图 4-93　一种剩余电流电气火灾监控系统示意图

1. 功能分析

1）与断路器功能的分析比较

为了防止线路故障导致过热造成损坏，甚至导致电气火灾，低压配电线路应按《低压配电设计规范》GB 50054—1995 设置短路保护和过负载保护，用以分断故障电流，这正是一般意义上断路器的功能。显然，断路器也具有通过探测过电流和短路电流来防范电气火灾的功能。

对于被保护回路来说，发生过电流和短路电流的部位与产生异常泄漏电流的部位一样不可预测，断路器的安装位置越靠近电源侧，其保护范围越大，剩余电流电气火灾监控系统，剩余电流探测器的设置部位同样要遵循该原则，因此在各级别的配电柜（箱）处设置剩余电流探测装置是非常必要的。

低压配电线路上下级保护电器的动作应具有选择性，各级之间应能协调配合，要求在故障时，靠近故障点的保护电器动作，断开故障电路，使停电范围最小，使得受保护的范围最大。

剩余电流电气火灾监控系统同样存在分级保护的问题，这种配合目的在于使得保护更加全面。如图 4-94 所示，如果仅在图中 S1 处设置剩余电流探测器，不在 S0 处设置剩余电流探测器，则 S1 与 S0 之间的线路如果发生接地故障，则无法探测，必然存在保护死角。

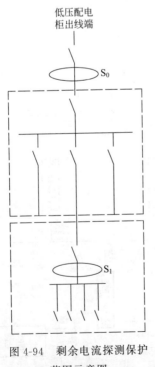

图 4-94　剩余电流探测保护
范围示意图

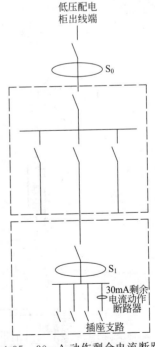

图 4-95　30mA 动作剩余电流断路器
和电气火灾监控系统共存示意图

剩余电流电气火灾监控系统的设置同样包含各级之间的配合，这种配合不如保护设备的上下级配合复杂，由于不要求瞬间动作，因此一般不必考虑时间上的配合，仅需要考虑上下级报警参数设置的合理性和科学性。

2）与剩余电流动作断路器功能比较

剩余电流动作断路器与剩余电流电气火灾监控系统的功能最为相似，同样也是探测剩余电流，既具有防止人身触电的功能，也具有防范电气火灾的功能。目前来说，剩余电流动作断路器一般设置在总电源进线处和末端插座电源支路，安装在总进线处的作用是防范接地故障可能引起的电气火灾，安装末端电源插座支路的作用是防止人身触电。

剩余电流电气火灾监控系统的功能在于探测可能引起火灾的剩余电流，报警后并不一定要瞬间断开电源，而安装在线路末端电源插座支路的剩余电流动作断路器则是通过探测电流来判断电压，目的在于使得人触电后不安全电压施加在人身上的时间足够短，因此必须要瞬间断开电源。

对于低压配电系统来说，保护人身触电安全的重要性不容置疑，防范电气火灾的重要性也不能忽视，从防护的必要性来讲，二者应该共存。末端插座电源支路的 30mA 剩余电流动作断路器必须存在，其他各级配电柜（箱）处则设置剩余电流电气火灾监控系统。示意图如图 4-95 所示，S0、S1 为剩余电流电气火灾监控系统设置在各级配电柜（箱）处的剩余电流探测器。

2. 设计应用

1）系统适用范围

这里所说的适用范围是指适用的低压配电系统形式，由于剩余电流电气火灾监控系统的基本探测形式是三相探测，需要三路相线和一路中性线或者一路相线和一路中性线同时穿过剩余电流互感器，因此对低压配电系统的系统接地形式有一定要求。

对于 TN-S 系统，由于 PE 线和 N 线全程分开设置，因此全系统可以采用剩余电流探测。

对于 TN-C-S 系统，PE 线和 N 线分开之后可以采用剩余电流探测。

2）探测方式

剩余电流电气火灾监控系统的探测方式有两种，分别为单相探测方式和三相探测方式。单相测试时相线和中性线穿过剩余电流互感器，三相探测方式时三相的相线和中性线穿过剩余电流互感器，三相测试方式是最基本的探测方式，对于单相探测方式则要分析其适用性和必要性。

对于低压配电系统，一般来说，除了末级配电箱处外，其他各级配电箱处无法实施单相探测方式。单相探测方式只能设置在配电支路上，这与设置在末级的剩余电流动作断路器，比如 30mA 动作剩余电流断路器，在功能上有重复之嫌，因此一般不考虑单相探测方式。对于某些特别重要的单相回路或者特殊环境的单相回路，为了提高防护等级，可以考虑单相探测方式，毕竟单相探测方式能够明确发生漏电的具体回路，有利于更快地找到故障点。

3）设置位置

剩余电流电气火灾监控系统的设置位置，一般来说就是配电室低压配电柜出线处以及各级配电箱进线处。仅设置在上一级的配电柜（箱）处经济性最好，但是保护效果较差，上一级和下一级的配电柜（箱）处均设置，保护效果好，但经济性较差。为了实现更好的保护，综合考虑经济性和保护效果，剩余电流电气火灾监控系统在低压配电系统中的具体设置应考虑以下因素：

a. 正常剩余电流

如果计划设置位置正常情况下的剩余电流大小，大于规范所允许的最大剩余电流探测报警阈值的 40%，则要考虑设置在下一级配电柜（箱）处，以保证报警的可靠性。

b. 系统规模的大小

系统规模越大，线路越长，回路越多，越应该设置在靠近负荷侧，除了考虑到越靠近电源侧，正常情况下的剩余电流越大之外，还必须考虑保护的效果。对于规模很大的系统，报警后，故障回路查找的工作量也是必须考虑的。

c. 保护对象的级别

根据建筑物保护对象的分级和规范的要求，不同的保护对象有不同的考虑，保护对象级别越高，越应该设置在靠近负荷侧的配电柜（箱）处。

整体保护级别较低的建筑，对于局部重要部位，应提高保护等级，将设置位置向负荷侧下移一级。

结　语

　　一本著作总会翻到完结的那一页，但是消防工作作为影响社会长治久安的重大工程永远不会有结束的那一天。虽然我国社会防灾意识正在逐步提升，减灾能力有所增强，但少数人防灾减灾意识淡薄、自救互救能力低、灾难预防措施少等现象应引起我们的高度重视。从实践中我们更加深切地体会到将科普知识纳入国民素质教育体系和工作计划中，领悟到"有备无患"深刻含义的重要性。希望通过本书能够较大范围地普及有关火灾防御知识与自救互救技能，为我国的消防工作作出应有的贡献。

　　本书得到了中国建筑科学研究院自筹基金重大课题《城市工程建设综合防灾减灾技术体系研究》（20110106330730001）的支持，对此深表感谢！

编　者